DAVID T. SUZUKI
デイヴィッド・T・スズキ著
柴田譲治訳

生命の聖なるバランス

地球と人間の新しい絆のために

THE SACRED BALANCE

REDISCOVERING OUR PLACE IN NATURE

日本教文社

本書を、愛をこめて次の人々に献げたい。

わたしの両親であるカオルとセツ、
彼らはわたしに、自然への愛と、年長者に敬意を払うことを教えてくれた。
わたしの子供たちであるタミコ、トロイ、ローラ、セヴァンそしてサリカ、
彼女らはわたしのまなざしを未来へと向けてくれた。
そしてわたしの妻であり、パートナーにして親友であるタラ、
彼女はわたしに、愛と献身の意味とを教えてくれた。

新版への序文

わたしが環境問題と関わるようになったのは一九六〇年代のことで、それ以来森林の大規模な伐採や巨大ダムの建設、化学物質汚染などをめぐる闘争で、対立する双方のいがみ合う姿を見せつけられてきた。そこには必ず敗者の姿があった。どの場合も敵対する両勢力の信念と価値観はまったく異なっていた。こうした条件のもとでは、選択肢もフクロウか人間か、公園か雇用か、環境か経済かとなってしまう。しかし、わたしたちの取り組みが孫たちの未来のためであり、来たる世代のためであるなら、敗者を出すわけにはいかない。

しかし、これまでの闘争でわたしと反対の立場にあった人々も、わたしと変わらず人の子の親でありその将来を憂い、また同じように自らの立場を断固として信じていることを考えたとき、共通の土台を見いださなければならないことに気づいた。これ以上地球上で小競《こぜ》り合いを繰り返し、地球をバラバラに寸断してしまうわけにはいかない。問題は、すべての人が支持できる基本ラインを設定することだった。

さまざまな政治勢力が存在する中で、環境問題の位置づけは各勢力の優先課題と政策によって異なる。つまり環境の現状も、税金の払い戻しや債務の返済あるいは将来の医療と同様、政治に依存すると言っていい。

環境はわたしたちが生活し生存してゆくうえで必要不可欠だ。だからこそ社会の一人ひとりが環境を価値の中核に据《す》えることで、政治の限界を乗り越えなければならない。もう少しわかりやすく説明しよう。わたしが少年だった一九四〇年代までさかのぼってみると、あちこちに「痰《たん》吐き厳禁」という注意書きがあった。そうしなければ当時の人たちは路面電車や建物の床などあたりかまわず痰を吐いていたからだ。いまでも誰かが床に痰を吐くようなことがあれば、おぞましく思うが、かといって禁止の注意書きや貼り紙があるわけではない。現在の社会には痰吐きはしないものという共通理解があるからだ。公共の場で痰を吐かないということが、誰もが認めるひとつの価値となっている。人間と自然の関係においてもこうした状況を実現しなければならない。

本書は、一九七〇年代後半からわたし自身が世界の先住民とのつながりを深めていく中で育まれたもので、彼らを通してわたしは世界を見通すまったく新しい洞察力を身につけることができた。先住民らにとって、自分のからだは皮膚や指先では終わらない。「母なる地球」とは先住民にとってはまさにリアルな存在であり、歴史や文化そして生きる目的までもが大地に編みこまれている。世界のあらゆる存在が互いに関係しあっているとする先住民の考え方は、科学的にみても明白な事実であり、反論の余地はない。

わたしたち誰もが自分自身、文字どおり土であり水であり太陽光や空気であること、そしてこの生命の「四大基本元素」(地・水・火・風)を洗い浄め、再生しているのが、ほかでもない地球の生命の織物《ウェブ》であるということ。この科学的に立証された事実こそが本書の核心となっている。さらに、豊かで充実した人生をめざすとすれば、社会的・精神的生物である人間にとって、愛と精神性を欠くことはできない。これらは、本書が示す持続可能な生活と持続可能な社会にとって不可欠な基本要素となっている。

本書のメッセージが肯定的な大反響をよんでいることがわかったのは、カナダとオーストラリアをまわる長い巡回講演の最中のことで、本書の提案に幅広い支持が得られたものと感じている。新版の刊行にあたり、本書のメッセージがさらに多くの方々に伝わり支持していただけることを願ってやまない。

デイヴィッド・T・スズキ

謝辞

情報提供のお願いに快く応えて下さった多くの方々に感謝したい。ブライアン・ホール博士（ブリティッシュコロンビア大学）、クレイグ・ラッセル博士（ブリティッシュコロンビア大学）、ダリン・レーマン博士（ブリティッシュコロンビア大学）、ロバート・ジン博士（ブリティッシュコロンビア州リッチモンド）、ビル・ファイフ博士（ウェスタンオンタリオ大学）ならびにトニー・バイ博士（ブリティッシュコロンビア州バンクーバー、セントポール病院）、どうもありがとう。

寛大にも短期間で拙文をチェックして下さった方々には驚きを感じるとともに、ここでお礼を申し上げたいと思う。ディグビー・マクラーレン博士（第1章）、デイヴィッド・ベイツ博士（第2章）、ジャック・ヴァレンタイン博士（第3章）、レス・ラヴクリッチ博士（第4章）、デイヴィッド・ブルックス博士（第5章）、チャールズ・クレブス博士（第6章）、ジェニン・ブロディー博士（第7章）、ピーター・ハメル師（第8章）、どうもありがとう。もちろん本書の内容に関する責任はすべて著者にある。

また仕事が順調に進むようとりはからってくれた「デイヴィッド・スズキ・ファウンデーション」のボランティアの方々にも厚くお礼を申し上げたい。ジーナ・アジェリディス、ロビン・バッタチャリア、レスリー・コッター博士、キャサリン・フィッツパトリック、アンナ・レムケ、ニコル・ライクロフト、キャシー・セント・ジャーメイン、ニック・スカピラーティ、どうもありがとう。カテリーナ・ゴイヤーの協力にも感謝したい。また彼女のパートナーであるクリス・ナイトのおかげで、ハーロー・シェイプリーの素敵な文章を引用することができた。どうもありがとう。掲載許諾の確認という重要な仕事を担当してくれたクリスチャン・ジェンセンにも感謝したい。

公私ともどもわたしの著作についてもご理解をいただき、長年にわたって出版のお世話をいただいたジャック・ストッダートには、本書が「デイヴィッド・スズキ・ファウンデーション」の出版物としてグレイストーン・ブックスから出版できるようはからっていただいた。心よりの感謝を申し上げたい。

ナンシー・フライトはあいかわらず優れた編集者であり、チアリーダーかつ現場監督をつとめてくれた。ロブ・サンダースは多くの空気分子をわたしと分かちあいながら、本書の主旨を十分くみとり、熱意を注いでくれた。

エヴェリーネ・デ・ラ・ジロデイはわたしが原稿の仕上げにあたふたしている間、事務所の運営をつねにスムーズに保ってくれた。

本書が刊行できたのはタラ・カリスが子供たちの世話をし、家事、友人、そして「デイヴィッド・スズキ・ファウンデーション」に関するありとあらゆる面倒をみてくれたおかげである。

アマンダ・マコーネルはわたしの思想やアイデアに叙情的で詩的な要素を与えてくれただけでなく、人間のもつ精神的・霊的な必要性に関するすばらしい章を提供してくれた。今回、アマンダという執筆協力者をもてたことはなにより光栄なことである。

そして最後になったが、資金面でご支援をいただいた「アルカンジェロ・リア・ファミリー・ファウンデーション」に感謝したい。

生命の聖なるバランス

・・目次・・ Contents

…第2章…風——緑の息吹

…第3章…水――わたしたちの身体を海が流れる　74

…第4章…「土」から生まれて　107

…第9章…聖なるバランスの回復へ　303

生命の聖なるバランス……地球と人間の新しい絆のために

はじめに

二〇万年前に他の銀河からやってきた生物学者が、宇宙生命体の探索中に地球を発見し、東アフリカのリフトバレー（大地溝帯《ちこう》）上空で宇宙船をとめたとする。広大な草原に動植物が満ちあふれているのをじっと眺めたことだろう。その中には新たに進化してきた種「ホモ・サピエンス」もいた。

しかし、われわれの銀河系の外からきたこの宇宙生物学者が、進化したての直立猿人がほんの二〇万年そこそこでたちまちにしてとびぬけた能力を発揮するのを予期し、その活動に注目していたとはとうてい考えられない。なにしろ初期の人類は小さな家族集団で生活していたわけで、野獣やアンテロープの大きな群にくらべればたわいもない存在だったのである。他の多くの生物とくらべてもとくに大きかったわけでもなく、速くも強くもなく、鋭敏な感覚器をそなえているわけでもない。

初期の人類がもっていた生存能力は、目には見えないところにあった。それは頭蓋骨の中にしっかりおさめられ、行動をつうじてしか表に現れない。巨大で複雑な脳は人類にとてつもない知性を授け、さらに巨大な記憶容量、とどまることを知らない好奇心、そして驚くべき創造力と能力を与え、その子孫らが地球を支配する位置にまで登りつめることを可能にしたのである。

著名なノーベル賞受賞者フランソワ・ジャコブによれば、人間の脳には秩序をつくりあげようとする内的要求が組みこまれているという。無秩序状態であるカオスほど恐ろしいものはない。物事の因果関係を把握できなければ、わたしたちの生活を左右する宇宙の力を制御することはできないからだ。古くから人類は、自然には日周運動、メトン周期〔陰暦のもとになる月の周期〕、潮の干満、季節、動物の移動と植生の遷移《せんい》といった予測可能なパターンが存在することに気づいていた。人類はこうした規則性をうまく利用し、災いを未然に防ぐことができたのである。

人間社会は長い時間をかけて文化を発展させ、地球そして宇宙における人間の位置についての理解を根づかせてきた。そしておのおのの社会で共有される知や信念、言語や歌が、人類学者の言う「世界観」をつくりあげていた。古《いにしえ》の世界観にはみな、存在するものは他のすべての存在と結びついていて、孤立、独立して存在するものは一切ないことが示されていた。人々は自然界に深く埋めこまれ、自然に依存していることを忘れることはなかった。

このように存在どうしが相互に関連しあった世界では、あらゆる行為が世界に影響を与えるため、その一員であれば、世界を正常に保つために適切に行為する責任というものを心得ていた。多くの慣習や歌、祈りの言葉、儀式は、わたしたち人間が自然に依存していることを再確認し、適切にふるまうことを誓うための場でもあった。人類誕生以来ほとんどの期間、世界中の人間はそうやって生きてきたのである。

■裸のサルから「超種」へ

ところが二十世紀になると、ホモ・サピエンスは突如として新たな力をもった存在へと劇的な変貌をとげた。この存在形態をわたしは「超種」(superspieces)と呼んでいる。

生命が地球上に存在するようになってから推定で約三八億年たつが、はじめて単一の種つまり人間が、地球の生物的、物理的、化学的性質を地質学的スケールで変貌させているのである。この「超種」への変化は、多くの要因の相乗効果によって爆発的な速度で展開した。ひとつの要因は人口だ。世界人口が一〇億に達するのに十九世紀初頭までかかった。それが百年後、わたしが生まれた一九三六年には、地球上に二〇億の人間がいたのである。わたしの生きている一世代のうちに人口が倍増する期間は現在の一二〜一三年にまで短縮し、人口は三倍の六〇億に達した。こうしてその数だけでみても、人間が地球上に残すエコロジカル・フットプリント(生態学的足跡、環境への影響範囲)は爆発的にひろがっていることがわかる。

人間は地球上でもっとも個体数の多い哺乳類だが、他の哺乳類とは異なり、人間が生態系におよぼす影響はテクノロジーによって大きく増幅されている。実質的にすべての近代的テクノロジーは二十世紀中に開発されたわけだが、それによって人間の環境開発能力は規模、適応範囲ともに飛躍的に増大した。また消費者の商品に対する猛烈な需要によって資源開発が促進され、その需要を満たすことが経済成長の重要な要件となってきた。こうした先進諸国における過剰消費は発展途上国のモデルとしても機能し、いまではグローバリゼーションによって全世界が潜在的な市場となりつつある。

人間の個体数とテクノロジー、消費、そしてグローバル化する経済をひとまとめに考えてみれば、人類がこの惑星上で新しいかたちの支配力をもったことがわかる。過去の進化の過程において、人間はヒトという種全体がもたらす集団的影響力について何ら心配する必要はなかった。かつては人間のエコロジカル・フットプリントといっても微々たるもので、それに対して自然は広大でたえまなく自己再生できたからだ。しかし、「超種」という人間の新たな状態はあまりに急激に実現したため、わたしたちはまったく新しい水準での集団的責任についてようやく気づいてきたばかりだ。つまり地球の全生物を支える生物圏の豊かな多様性と生産性が、現在みられるように劣化してきたのは、全体を見わたしてみれば人類の生産活動に主要な原因があると、ようやく理解できるようになってきたのである。

■疲弊した世界

「超種」という状態へ移行したため、わたしたちが古代にもっていた全生物間の絶妙な相互連係性に関する知の体系は崩壊してしまった。かつて故郷や仲間意識の意味を与えてくれたこの相互の連係について理解することは、ますます困難になってきている。なにしろ世界中から供給される食材と商品であふれかえり、真冬にフレッシュなイチゴやサクランボが買えることを不思議に思うこともほとんどないのである。地域や季節による制約は、グローバル経済によってわきに押しのけられている。

世界の断片化を激化させたのは、人間のおもな居住地が農村共同体から大都市での集住へとものすごい勢いで移行したことだった。大都市で、人間は他の生物より優れていると思いこみやすい。人間は自らの居住環境をつくりだし、それによって自然の制約から解放されたというわけだ。水を浄化し、空気を生産し、汚水を分解し、汚物を吸収し、電気をもたらして食糧を生産しているのは本当は自然界であるにもかかわらず、都市ではこうした「生態系によるサービス」も経済のおかげで実現していると思いこんでいる。

さらに問題を悪化させているのは、情報が増殖する一方でその内容そのものはどんどん痩せ細っている点だ。新たな「事実」や事象を根拠づけるために必要となる文脈や歴史性、背景知識が失われ、世界はバラバラの小片に分解されてしまっている。わたしたちは科学が宇宙の秘密を明らかにしてくれるだろうと期待をかけるが、その主要な方法論である還元主義では、自然の各部分にしか着目しない。そして周囲の世界を小片化して分析する過程で、自然全体が統合的につくりだしていたリズムやパターン、周期性が見失われる。直観的にこのパターンの存在をとらえたとしても、それは幻想にすぎないと軽視される。そして最後に、多国籍企業と政治、電気通信がグローバルな段階へとすすんだことで、地域性の意味が破壊された。

これが、二十一世紀が始まるにあたってのわたしたちの現状だ。人間は他のほとんどの生物と同じように環境との調和のうちに生活する「種」という存在から、空前の影響力をもつ「超種」へと爆発的な速度で変貌をとげた。新たな環境を得て大繁殖する外来種のように、人間も自らを維持する環境容量を超えるまでに増殖した。過去二百年間の歴史をふりかえれば明らかなように、十八世紀後半の産業革命以降わたしたちが走り出した経路は、ますます自然と対立する方向へとすすんでいる。環境運動の数十年の経験にもかかわらず、わたしたちはいまだに新たな進路へ舵を切れないでいるのだ。

■環境保護の芽生え

世界の数百万の人々と同じく、わたしも一九六二年のレイチェル・カーソンの著書『沈黙の春』(邦訳・新潮社)の説得力ある行動の呼びかけに奮い立たされた。そして後に「環境運動」となるものに集い合った。ブリティッシュコロンビア州で環境運動に参加することは、アリューシャン列島のアムチトカでのアメリカの核実験への抗議(バンクーバーでグリーンピースが発足するきっかけになった抗議運動)、州全域で実施されている大規模な伐採や沖合での油田開発計画、ピースリバーに計画されたダム建設、パルプ工場による大気と水質の汚染などに抗議することだった。

そのころのわたしの頭の中では、問題は人間が環境から大量に奪いとり、大量の廃棄物にして環境に戻していることにあると思っていた。この考え方によれば、解決策としては人間が利用するために生物圏から収奪する資源の量と種類、そして環境中へ放出する廃棄物の量と種類を制限することになり、それには規制強化が欠かせない。環境運動の多くの仲間も抗議やデモ、封鎖活動にくわえ、政治家へのロビー活動を展開し、不要な公園建設はとりやめ、水質汚染防止法と大気汚染防止法を制定し、絶滅危惧種を保護するための法律を可決し、行政が規制を強化するようはたらきかけていた。

しかし、カーソンの著書が示していたのは、問題をさらに深くまで分析することの必要性だった。

そして環境問題に深く関わるほど、わたしの単純な考え方では問題は解決しないことがわかってきた。というのも知識があまりに不十分で、人間の活動の帰結を予測することができず、そのため適切な規制も敷くことができないからだ。

『沈黙の春』が取りあげたのはDDTだった。一九三〇年代、スイスの化学企業ガイギー社にいたパウル・ミュラーがDDTで昆虫が殺せることを発見すると、化学農薬の経済効果はすぐさま疑う余地のないものとなった。害虫とそれによる作物の障害を科学が克服するのも目前だという大合唱のもとで、ガイギー社はこの発見の特許を取得し、DDTの大量生産を続け、ミュラーは一九四八年にノーベル賞を受賞した。しかし数年後バード・ウォッチャーたちがワシとタカの個体数の減少に気づき、生物学者が調査した結果、これまで知られていなかった「生物濃縮」がいたるところで生じていることが発見された。化合物は、食物連鎖の上位に位置する生物が摂食するにつれて体内で濃縮されていくのである。しかし、一九四〇年代初頭のまだ鳥類の個体数の減少も始まっていないころ、生物学的過程としての生物濃縮さえ知らないときに、DDTをどうやって規制できただろうか?

同じように、フロンガス(クロロフルオロカーボン、CFCs)も化学による画期的発明としてもてはやされた。この複雑な分子は化学的には不活性で他の化合物と反応しないため、スプレーの優れた充填剤《じゅうてん》として利用され、デオドラント商品などに含まれて出回っている。フロンガスは安定しているので環境中に残留し大気圏高層にまで漂ってゆき、そこで紫外線によって分解され、オゾンを破壊する塩素のフリーラジカル(活性化した分子)を生成する。これも誰にも予期できないことだった。大部分の人はオゾン層のことなど聞いたこともなかったし、フロンガスの長期的影響など誰にも予測できなかった。そんなときにどうしてこの化合物を規制できただろう？　わたしは遺伝子組み替え生物の場合も、バイオテック企業がそのメリットを大言壮語してみたところで、予期できない影響が明らかになることは間違いないと考えている。しかし、人間のテクノロジーが開発したものの長期的影響が十分予測できないままで、その影響をどうやって制御できるのだろう？　このことが科学者であるわたしにとって、とてつもない難問となって立ちはだかったのである。

■解決への糸口

わたしがこの難問から解放されることになる重要な洞察を得たのは、一九七〇年代も終わりごろだった。カナダの長寿テレビ番組「ザ・ネイチャー・オブ・シングズ」（*The Nature of Things*）のホスト役だったわたしは、カナダのブリティッシュコロンビア州沖にあるクィーン・シャーロット諸島での大規模伐採をめぐる紛争を番組で取りあげることにした。この諸島は数千年にわたってハイダ族の故郷であり、彼らは自らの土地をハイダ・グワイと呼ぶ。

林業界の巨大企業であるマクミラン・ブローデル社は、長年この諸島の広大な地域を大規模伐採してきたが、その開発に対してだんだんと反対の声があがるようになった。わたしはハイダ・グワイへ飛び、伐採労働者、林業を管轄する役人、政府官僚、環境運動家そして先住民のおのおのにインタビューをした。取材したうちの一人にハイダ族の若いアーティストがいた。グージョーという名で、長年にわたって伐採反対運動をリードしていた。

ハイダ族のコミュニティーでは失業率が非常に高く、森林伐採は背に腹はかえられない貴重な雇用の場となっていた。そこでわたしはグージョーになぜ伐採に反対するのか聞いた。グージョーは、もちろん木が一本もなくなったとしても、ハイダの人々はこの地にとどまることになるだろうとしたうえで、さらに「そうなれば、わたしたちは他の人となんら変わりない存在となり、もうハイダ族には戻れなくなる」と語った。シンプルな言葉だが、その意味することが当時のわたしを難問から解放してくれたのである。

いま考えてみれば、グージョーは世界を理解するまったく別の視点をかいま見せてくれたのだ。グージョーの言葉が示していたのは、ハイダの人々や森、鳥、魚、水、風、これらすべてがハイダ族のアイデンティティーになっているということだった。ハイダ族の歴史と文化、そしてなぜハイダ族が地上にいるのかという重要な意味が、彼らの土地には刻まれている。この取材をしてからというもの、わたしはまるで学生のようになって世界中の先住民たちと出会っては学んだ。日本、オーストラリア、パプアニューギニア、ボルネオ、カラハリ、アマゾン、北極とめぐったが、どの地の先住民も生きてゆくために土地との絆が欠かせないという。先住民は大地を母と呼ぶ。そして彼らによればわたしたち人間もこの大地から生まれたのである。

■世界の見方を変える

一九九〇年、妻のタラ・カリスとわたしは生態系破壊の根本的原因を調査する組織を立ち上げ、現在の生き方とは異なる新たな生活スタイルを探る決意をした。わたしたちは立ち上げるべき財団の世界観と展望を伝える宣言文を起草することにし、それを一九九二年リオデジャネイロで開催される地球サミットで公表できればと思っていた。わたしたちはこの文書を『相互依存宣言』と名づけた。タラとわたしで草稿を書き、そのうえでグージョーや、民族生物学者ウェイド・デイヴィス、子供に人気の歌手ラフィに書き足してもらうことにした。最初の案文を練っているとき、「わたしたちは空気と水、土から得られる分子で構成されている」と書くつもりでいた。しかしこれでは科学論文のようで、わたしたちと地球との関係性という簡潔な真理が心に響いてこない。この部分を数日考えていると、突然ひらめいて「わたしたちは空気であり、水であり、大地であり太陽である」となった。

　このことに気づいてみると、わたしをはじめ環境保護主義者らは問題の立て方を間違っていたことがわかった。環境はわたしたちと分離したかたちで「外部に」存在するのではない。わたしたち自身が環境そのものであるならば、環境を脅かすことはできないではないか。先住民はまったく正しかったのである。わたしたちは地球から生まれ、「四つの聖なる元素」である地（土）、水、火、風（空気）からできているのである（ヒンドゥー教ではこの四つの元素にさらに第五の元素、「空《くう》」（無）を含めている）。

　また、こうした古代の知恵の教える真理にようやく気づくと、わたしたちは環境と緊密に結びついており、それを分離したり孤立させるという考え方が幻想にすぎないことも納得できた。文献をひもとくうちに、科学がこうした古代の真理の奥深さを何度も繰り返し証明していることもわかるようになった。生物学的な存在としてみれば、わたしたちは他の生物と同様に自然から離脱することはできないのである。そして動物としての性質がわたしたちのもつ本質的な必要性を決定づけている。すなわち、きれいな空気、きれいな水、きれいな土壌、そしてきれいなエネルギーを必要としているのである。

このことから、わたしはもうひとつの洞察を得ることができた。それは、この四つの「聖なる元素」は生命自身の織物《ウェブ》によって生みだされ、浄化され、再生されているということだ。第五の聖なる元素が存在するとすれば、それは生物多様性そのものだ。さらに、これらの元素にはたらきかければ、それがどのような作用であれ、わたしたち自身に直接はたらきかけていることになる。

さらに書籍をひもとくうち、わたしは著名な心理学者で、人間の欲求の多くが入れ子状の階層構造をなしていることを指摘したアブラハム・マズローの存在を知った。

もっとも基本的なレベルでは、豊かで充実した生活を送るために、わたしたちは今のべた「五つの聖なる元素」を必要としている。ところが、これらの必要性が満たされると、新たに一群の必要性が立ち現れてくるのである。人間は社会的な動物であり、その社会の中で人間らしさをかたちづくるうえで必要となるもっとも奥深い力が「愛」だ。この社会的必要も満足されると、こんどは精神的必要性という新たなレベルでの必要性が何にもまして優先的なこととして浮かびあがってくる。こうして人間と地球との関係を根本的に見直すことで、本書が結実した。

初版の刊行から五年の年月を経たが、これらの必要性が現実的で重要なことに異論を唱える方々にはまだめぐり会ったことがない。生命を支える重要な諸要素を損なうことなく、豊かで充実した人生を送るために何が必要なのかを知ること、それが二十一世紀の課題だ。

第1章
ホモ・サピエンス……地球に生まれて

重要なのは物語だ。すばらしい物語の不在が、現在の困難を生みだしている。現在は、次なる物語への幕間《まくあい》だ。説教のような古い物語ではもう役に立たない。しかし新しい物語もわれわれはまだ知らないでいる。

——トーマス・ベリー『地球の夢』(*The Dream of the Earth*)

これまで人類が生き残ることができたのは、他の種でも同じことだが、この地球で生息の場を確保する有利な特徴をもっていたからだ。とはいっても人間に羽根や牙、鋭い爪のような特別な武器がそなわっていたわけではない。驚異的なスピードも、腕力や敏捷性もない。感覚器官の鋭敏さにおいても他の動物にかなわない。コウモリのような聴力はもちあわせていないし、イヌのように鋭く嗅ぎ分けることもできない。ワシの視力もない。それでも人間は生き残ってきた。しかも進化という時間的尺度でみれば、きわめて短時間のうちに繁栄してきたのだ。この人類の成功の鍵は、地球でもっとも複雑な構造体を獲得できた点にあった。それが「脳」だ。

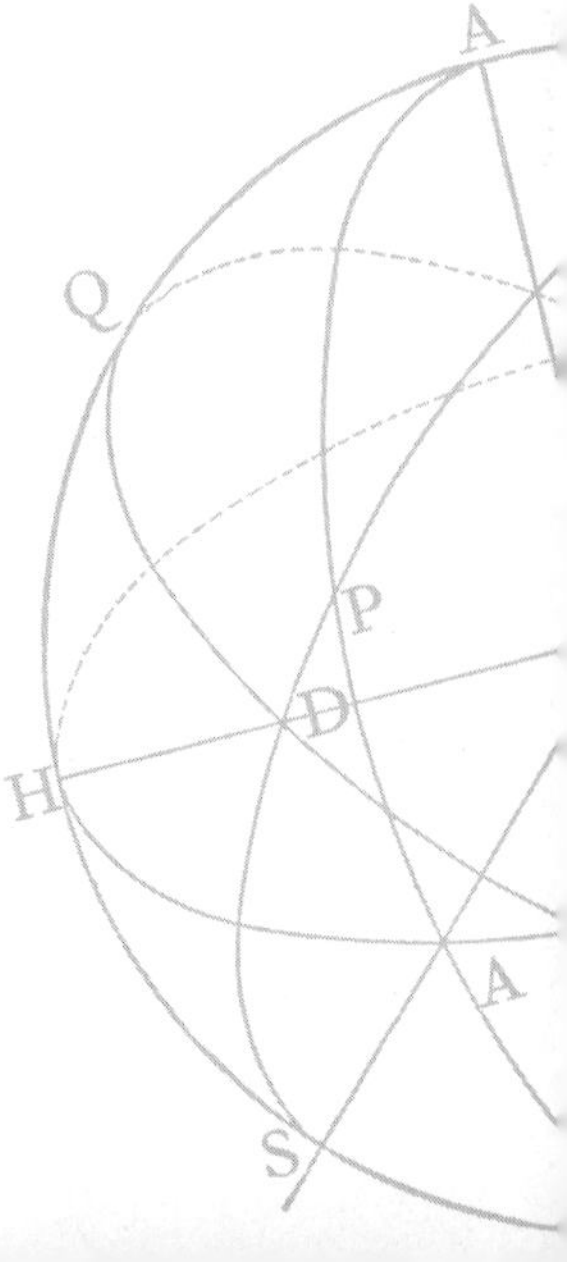

重さわずかに一・五キログラム、拳《こぶし》二つ分ほどの脳には一〇〇〇億個のニューロン（神経単位）が詰まっている。さらに一つひとつのニューロンは、一万個もの他のニューロンと結合している。このニューロンの組み合わせの可能性は、宇宙の星の数よりも多くなる。

■秩序を生みだす脳

脳については、入力信号と外部への応答を組み合わせるたんなる中継基地だという科学者もいれば、情報を処理し適切な反応を導き出す高性能コンピュータととらえる学者もいる。しかし、ノーベル賞を受賞したフランスの分子生物学者フランソワ・ジャコブによれば、人間の脳はそれ以上の存在だ。脳は感覚器官から入るたえまない情報の流れから「秩序」を形成しているのである。

わかりやすく言えば、脳が「物語」を紡ぎだしているのだ。出来事を導入部、展開部、結末と時間を追って順序づけ、意味づけしているのである。物語に利用する情報を取捨選択しつなぎ合わせ、互いに関連づけながら、脳は「意味の網目」をつくりだしている。この物語はたんに「出来事が生じたこと」以上のことを明らかにし、その出来事がなぜ生じたかまで説明する。入力情報を選択し、秩序づけて「意味」を生産することで、脳はひとつのストーリーを語っていくのである。

古代の人々は世界に順序や繰り返しが存在することを理解していた。入れ替わる昼と夜、めぐり来る季節、潮の満ち引き、そして星が予想どおりの軌道にそって天空を移動するありさまを知っていた。さらに動物群の移動や植物の季節的な遷移《せんい》といったパターンを利用することも学んだ。また周囲の地形を読み、必要なものを見つけだすこともできた。情報を秩序化する能力をそなえた驚異的な器官である脳を駆使し、人間は自分が生きている世界をよく知り、また世界について考えることもできたのである。

わからないのは、なぜプラトンやアインシュタインのような才能をもった頭脳が出現するまで、人類はこれほど長く待たねばならなかったのかということだ。二、三〇万年以上前でもすでに、同等の能力をもった人間が存在していただろうに。(……)

たしかに、野生の思考で接近できる物事の性質は、科学者の関心を引いてきた性質とまったく同じものではないだろう。この二つの視点は、物理的世界に対しまったく反対の方向から接近していくものだ。一方はきわめて具体的な見方で、他方はきわめて抽象的な方法である。一方が感覚的な質という側面から理解しようとするのに対し、他方は形式的な属性という視点から接近する。

——クロード・レヴィ＝ストロース「原始の概念」(The Concept of Primitiveness)(リチャード・B・リー、アーヴェン・デ・ヴォア編『狩猟者としての人間 *Man the Hunter*』より)

■世界観を紡ぎあげる

各民族の知識は、何世代も受け継がれた観察、経験や推定によって獲得し蓄積されたもので、生存上欠くことのできない大切な遺産だった。かつては移住しながら狩猟採集をなりわいとする小さな家族集団が世界中に存在したが、彼らは各地の動植物群、気候や地質にもとづいた地域固有の知識と技術を頼りに生活していた。人類学者の言う彼らの「世界観」は、こうした知識から編みあげられたものだ。それはひとつの物語でもある。

どの民族においても、「世界」と、世界に属する全存在が物語のテーマだった。人間もその「世界」の奥深くに埋めこまれ、そこから抜け出すことはできなかった。各民族の世界観は土地の固有性と結びつき、精霊や神々で満ちあふれていた。そして物語の中心に位置するのが、物語を紡ぎ、世界に意味を与えてきた人々だ。この人々の語りによって、「わたしたちは誰なのか」「どうやってここに来たのか」「世界とは何か」といった昔からの問いに答えが与えられていたのである。

【父なる太陽、母なる地球】

アマゾン北西部デサナの人々にとって「パグ・アベ」つまり太陽は宇宙の創造者だった。月は太陽の双子の兄弟だ。太陽と月の起源にまつわる物語に、太陽が自分の長いおもちゃのガラガラを、大地の奥深く、地底世界の肥沃《ひよく》な楽園まで突き刺したという話がある。この楽園はアーピコンディアといい「乳の川」を意味する。次にガラガラの棒を垂直に固定して、棒の影が落ちないようにした。パグ・アベが超自然的な精子の滴《しずく》を放出すると、それらはガラガラをつたって滝のように流れ落ち、大地は受精して人間が誕生する。人間は太陽のガラガラを登り、宇宙論的子宮を出る。そして完全なデサナ人となって地上に現れた。こうした創世の行為によって世界はかたちづくられ、太陽の黄色い光が生命と安定をもたらした……。

デサナの人々によれば、自然の本質的な安定性を支えているのは、自然のあらゆる要素間につねに存在する、相互関係性の巨大な織物だという。山や森そして河を生み出した大地と、最初に現れた生命である動物、植物、そしてデサナ人との相互関係は、宇宙全体との調和のうちに存在する。伝説を重んじるデサナの人々は「太陽の慎重な計画のもとに創造はなされ、その結果は完璧だった」と言う。

——ジェラルド・レイチェル＝ドルマトフ『アマゾンという宇宙——ツカノ・インディアンの性と宗教の象徴』(*The Sexual and Religious Symbolism of the Tukano Indians*)

各民族の世界観には必ず「宇宙」に関する説明があり、そこではあらゆるものが相互に結びついている。この唯一のシステムの中に、星、雲、森や海そして人間が、相互に関係しあう要素として存在する。「宇宙」では、何ひとつ孤立して存在することはできないのである。

星、地球、石、あらゆる種類の生命、これらは互いに関連し合ってひとつの統一体系を形成しており、しかもこのつながりは非常に緊密なものであるので、偉大なる太陽について何らかの理解がなければ、わたしたちは一つの石を理解することもできません！　わたしたちが触れるものは何であれ、原子であれ、細胞であれ、広大な宇宙についての知識がなければ、それを説明することはできません。(……)宇宙を支配している法則は、子どもにとって興味深く驚くべきものとなります。そして、法則自身の中にある事物よりも、もっと興味深いことを子どもは問い始めます。わたしって何だろう? この素晴らしい宇宙での人間の仕事とは何だろう?

（田中正浩訳）

――マリア・モンテッソーリ『人間の可能性を伸ばすために』（邦訳・エンデルレ書店）

このように相互に関係しあった宇宙の中で、古代の人々は非常に大きな責任を負っていた。一人ひとりの行為に責任がともなっていたのである。行為は必ず残響のように次に影響し、それは行為のなされた時をはるかに越えて響いていくからだ。過去、現在、未来はひとつの連続体をなしており、その連続体の中で各世代の人々は先人の努力によって築きあげられた世界を継承していった。そしてすべての未来の世代のために、その世界を維持していた。また、多くの民族の世界観では、人間には非常に重要な仕事が授けられている。システム全体の管理人という仕事だ。この仕事には星々を一定の軌道に保ち、生物界を保全する責任があった。こうして多くの古代人は世界観を創造し、まさに生態学的に持続可能で、実りあるまっとうな暮らしを築きあげていたのである。

■コペルニクス的転回

世界はひとつの全体であって、人間はその世界の中心的な場所を占めている――これが人間が長年にわたって理解してきた世界の姿だった。その後一五四三年になって、天文学者ニコラウス・コペルニクスがその記念碑的な著書『天体の回転について』（邦訳・岩波書店）で宇宙の新しい見方と、宇宙における人間の新たな位置を提示した。コペルニクス説では太陽が中央にあり、その周囲を随伴するように惑星が円を描いていた。一六一〇年にはガリレオ・ガリレイが『星界の報告』（邦訳・岩波書店）を刊行している。同書では、「筒眼鏡」で発見した月面の特徴、天の川の形態、そして木星をまわる「新しい星」について報告されている。この「新しい星」がコペルニクスの仮説を立証する証拠となり、地球はその中心的地位を失った。多くの太陽で充ちた宇宙に数多く存在する惑星のひとつにすぎなくなったのである。この革新的な宇宙論によって、それまでの西洋世界の知と精神の秩序は崩壊した。イギリスの詩人ジョン・ダンはこう嘆いている。

新しい学問が、総てのものに懐疑をかけるようになり、
その結果、火という元素は、すっかり消えてしまった。
太陽が失われて、地球も行方不明となり、賢い人でも、
誰一人、何処にそれを探したらよいのか、分からない。（……）
総《すべ》てが粉々の破片となって、あらゆる統一が失われた。
総ての公正な相互扶助も、総ての相関関係も喪失した。
——「記念日の歌」（湯浅信之訳）

宇宙は有限かつ不変の存在で、その中心には神の特別な創造物として人間が鎮座《ちんざ》していた。こうした中世の宇宙観が、果てしない暗黒の空間が続く無限大の宇宙に置きかわったのである。さらに、人間もたいそう粗末な居場所に移された。天文学的にこれといった特徴もない銀河系という星雲の、

その渦巻きの長い腕の外側の方にごくふつうの恒星があり、それを周回する九つの惑星の第三番目という存在におさまったのだ。

こうして人間はコペルニクスによって宇宙の中心から追い払われたわけだが、その後なんとか中央の座に戻ろうとさまざまな試みを続けてきた。それは創造の織物をなす一存在としてでも、管理人の役目をはたす者としてでもなかった。機械である宇宙の支配者として、人間は力に訴えたのである。

人類のいかなる世代も、この惑星・地球の一時の乗客にすぎない。このことを全世代の人々に説得しなければならない。地球は人類のものではないのだ。まだ見ぬ世代の希望を奪う自由や、人類の過去を消し去る自由や、未来を薄暗いものにする自由は誰にもない。

——バーナード・ラウン、エブジュエニ・チャゾフ（P・クリーン、P・コメ編『平和——夢ひらくとき *Peace, A Dream Unfolding*』より）

コペルニクスから二百年の後、偉大な物理学者アイザック・ニュートンは物体の運動を支配する法則と光の性質に関する法則性を発見し、その法則が全宇宙に適用できると考えた。ニュートンの結論によれば、宇宙は巨大な時計仕掛けであり、その複雑なしくみの基本部品や原理は、科学によって究明できるということになった。こうした見方をすれば、自然は機械となり、部分の総和以上のものではなくなる。科学者は宇宙の全体像が得られるまで、情報の断片をジグソーパズルのようにして寄せ集めていけばよい。ニュートンの考え方を認めるとすれば、機械と同じように自然もそのしくみを理解し調整することができ、制御も可能なものとなる。

チャールズ・ダーウィンの壮大な著作『種の起源』（邦訳・岩波書店）は、生物学における「コペルニクス的転回」といえるものだった。神は自分の姿に似せてアダムとイヴを造り、二人に全地球の支配権を授けた。これが神による創造の瞬間だったわけだが、ダーウィンはこの瞬間をサルやチンパンジー一族の長期にわたる武勇伝に置きかえ、人類という種の高慢な鼻をへし折ってしまったのである。さらにダーウィン以降の進化生物学者たちは、自然淘汰が必ずしも複雑さや知性の水準には結びつかないことを示し、人間の優位性を特徴づける最後の砦をも否定した。進化生物学者スティーヴン・ジェイ・グールドが『ワンダフル・ライフ――バージェス頁岩と生物進化の物語』（邦訳・早川書房）でたくみに説明しているように、種の進化はつねに環境に依存するものであって、基本原理に忠実にのっとって進行するような過程ではない。確実に前進と上昇を続け、ホモ・サピエンスの高みへと登っていく荘厳な進化の階段のようなものは存在しないのである。

デカルトの有名な言葉に「コギト　エルゴ　スム」――考える故に我あり――がある。自我あるいは意識は人類の偉大な到達点であって、この固有の性質によって人間は全生物の上に立つことができる――この言葉にはそういう信念がこめられている。しかし神経生物学者が神経系の電気化学、生理学、解剖学をきわめていくと、こうした自惚《うぬぼ》れさえも崩れ去った。ロックフェラー大学名誉教授のドナルド・R・グリフィンはこう述べている。

人間の意識や主観的な感情はきわめて重要かつ有用なものであり、ただ一種にだけしかそなわっていないとは思えない(……)。人間だけが意識的な思考を独占しているという前提は、動物たちがその日常生活において難問をいかにみごとに処理しているかについて多くを学ぶほど、支持しがたいものとなる。

――『動物は何を考えているか』(渡辺政隆訳)(邦訳・どうぶつ社)

■異種間の腹を割った話

ヒト――わたしは創造者の贔屓《ひいき》にあずかったもので、すべての存在者の中心……

サナダムシ――あなたには多少自己賛美の気《け》がありますね。もしあなた自身が創造神だとおっしゃるなら、あなたの内臓を支配し、あなたを食しているわたしはさしずめ何になりましょう?

ヒト――サナダムシに理性はないし、不滅の魂もないではないか。

サナダムシ――神経系の集中と複雑化は、動物の進化という切れ目のない物差しの目盛りの上での出来事なのですから、どこでわたしたちを切り離すことができるでしょう? 魂やわずかな理性をもつにはどれくらい脳細胞があればいいとおっしゃるのですか?

――サンティアゴ・ラモン・イ・カハル『わが人生の回想』(*Recuerdos de mi vida*)

ダーウィンの進化論によって、人間は明瞭な自己意識をもち、自らを「宇宙のジョークのようなもの」と言い放てるだけのウイットをもった、「偶然の落とし子」という役回りを授かった。コペルニクスからダーウィン、そして現代の著名な科学者の思考にいたるまで、西洋世界ではホモ・サピエンスが容赦なく矮小化《わいしょうか》され、ついには宇宙の辺境の地でたまたま進化した、ありふれた種のひとつとなってしまったのである。

■絆の切断

旧来の世界観が宇宙をひとつの総体ととらえていたのに対し、科学の場合は（その本質でもあるのだが）、決して完結することのない知識を生産する。科学者が注目するのは自然の部分だ。各部分を孤立させ、その部分に影響する因子を制御する。科学者によるこうした観測や測定によって、自然の断片に関する奥深い理解が得られるようになった。しかしそうして得られるものは、結局バラバラの砕片や断片でできた不完全なモザイクにすぎない。部分を足し合わせていったところで、決して一貫した物語にはならないのである。

さらに、部分の性質を足し合わせて全システムを理解しようとするニュートン的な手法には、重大な欠陥があることがわかっている。次第に明らかになってきたことだが、どんな階層においても、部分から全体を知ろうとする努力は実らないのである。

今世紀の初頭、物理学者は物質のもっとも基本的な領域である原子の構造を研究し、太陽系に似た原子モデルを考案した。太陽をまねて陽子と中性子を中心に配置し、その原子核の周囲を電子が惑星のようにめぐる。しかし、量子力学の登場によってこの安心感のあるモデルは崩れ去った。原子のイメージは、その属性を統計的にしか予測できない存在に変わったのである。どういうことかというと、粒子の位置と運動量を同時に、完全に正確に決定することはできず、統計的確率でしか表現できないのだ。もっとも基本的な階層で絶対確実なものが存在しないとなれば、全宇宙をその要素から理解し予測するといった考え方は、まったく不合理なものになる。

さらにまずいことに、自然界の異なる部分を一緒にすると協同的な相互作用が生じる。ノーベル賞を受賞した精神生物学者ロジャー・スペリーは、こうした複合体に生じる新たな性質は、各部分のそれまで知られていた性質からは予測できないと指摘している。

このような「創発的性質」〔訳註・各部分の総和としては理解できず、全体として新たに生まれる性質〕はシステム全体の中にあってはじめて現れてくる。だから個々の要素を孤立させて分析するだけでは、決してシステム全体の機能を理解することはできない。

……………【トリュフ、ユーカリ、ポトルーの結びつき】……………

❦ オーストラリアにあるグリフィス大学の環境保護論者イアン・ロウ教授の話は、精緻で予想だにできない生命間の相互のつながりを示している。ニュー・サウスウェールズ州の乾燥したユーカリ林で成長する菌類であるトリュフを研究しているうちに、トリュフが近くにあるユーカリの木に恩恵をもたらしていることに気づいた。トリュフとユーカリはともに土壌から水分を吸い上げている。だから根にトリュフがついたユーカリは多くの水分とミネラルを吸収でき、トリュフのない木よりも成長がいい。またトリュフは、長い手足をもつポトルーという動物の大好物だ。ポトルーは現在希少種に分類される有袋類《ゆうたいるい》だが、その糞にはトリュフの胞子が含まれている。

こうした相互関係の中でユーカリ林の健康が増進されることになる。ポトルー、トリュフ、ユーカリ。哺乳動物、菌類、植物とまったく異なる三種類の生物が、驚くべき相互依存性という織物となって相互につながりあっているのである。

■われわれが無知であることへの自覚

統計的不確定性や協同現象《シナージズム》によってニュートン的宇宙像が退けられたにしても、科学者は原子核レベル、原子レベル、分子レベル、細胞レベルなどなどの生命現象の異なる階層に適用できるような普遍的原理を探求できるだろう。しかし問題は、二十世紀のめざましい科学的発見にもかかわらず、未知の世界はとてつもなく大きいままで、人間の知など微塵にすぎないことだ。

たとえば新種の発見といっても、それは分類学上の位置を見つけ、種に命名するだけのことだ。個体数やその分布、基本的な生態あるいは他の種との相互関係など、その種に関するすべてが理解できたというわけではない。こうした研究はひとつの種についてでさえ一生を費やす場合もあるのだ。

生物学者エドワード・O・ウィルソンが、現存する生物多様性の総量を見積っている。

「ほとんど未知の生物群のひとつに菌類がある。すでに知られているのは六万九〇〇〇種だが、一六〇万種が存在するとみられている。熱帯雨林の節足動物についてもほとんど調査されていないが、少なくとも八〇〇種、おそらくは数千万種が存在するだろう。また、広大な深海の底には数百万の無脊椎動物の種が存在する」

全生物中でもバクテリア（細菌類）はもっとも解明が遅れているグループといっていいだろう。確認されている種は四〇〇〇種にすぎない。ウィルソンによると、

「ノルウェーでの最近の研究によると、森林の土壌一グラム中に平均四〇〇〇から五〇〇〇種、個体数で一〇〇億の生物が発見されている。しかもほとんどが新種だ。また付近の海底堆積物からも一グラムあたり、前述とはまた別の四〇〇〇から五〇〇〇種が発見され、この場合もほとんどが新種だった」

それでは地球上には生物が何種いるのか？　ここで私たちはぐっと答えにつまる。およその桁数すら見当がつかないのだ。その数は一〇〇〇万に近いかもしれず、ひょっとすると一億にのぼるかもしれない。（……）他の系統分類学者たちの協力を得て、私は最近動植物、微生物を含めたすべての生物の既知の種数を一四〇万と見積もった。（……）進化生物学者は全体として、この見積りが実際に地球上に住むものの一〇分の一にも満たないだろうという点で一致しているくらいだ。

――エドワード・O・ウィルソン『生命の多様性 I』（邦訳・岩波書店、大貫昌子、牧野俊一訳、訳文は邦訳より引用）

これらの数字は、人間の能力が実際にはいかに非力なものかを示している。自然のシステム、とくに森林や湿地、草原、海洋、大気圏といった複雑なシステムの管理にいたっては、いまだに妥当な推測さえままならない。ノーベル賞受賞者の物理学者リチャード・ファインマンはこうたとえている、「科学の目で自然を理解しようとするのは、チェスの試合を観戦してそのルールを理解するようなもの。しかも一度に見ることができるのは二マス分だけという条件つきでね」。

同じように、この惑星に関する地質学的、地球物理学的な構造の知識も微々たるもので、断片的なものにすぎない。現在進行中の地球温暖化の速度や激しさについて結論が出ないとして、科学者が批判されることがある。しかし気象学者にしてみれば、狭い範囲で毎日の天気を予測するのもとてつもなく難しいのである。数十年にわたる気候を予測するのはなおさらで、困難なのも当然だ。そもそも知識の蓄積は始まったばかりで、気候変動の数値モデルの仮定をあちこち微調整すると、氷河時代が差し迫っているという予測から、熱的死滅にいたるまで予測は一変してしまう。このことで科学者を責めてもしかたがない。それよりも、人間の知識には地球の未来が消えてなくなるほど大きな穴があいていることを学ぶべきだ。

ニュートン的方法論および科学全般には、もうひとつ問題点がある。それは科学者がいつでも、どこででも通用する普遍的で再現性のある原理を探求していることだ。普遍的原理は時代や場所に依存する特殊性を排除できるからだ。さらに科学者は主観を入れず、客観的に自然の断片を観察することに努め、最初に科学者自身の好奇心をかきたててくれた自然に対する情熱と愛情を捨て去ってしまう。注目した対象をあまりに客観化しすぎれば、関心が失せてしまうこともよくあることだ。

歴史的、地域的文脈から切り離されてしまえば、科学的探求はおのずと虚無、すなわち意味を喪失した物語の中での活動となる。しかし目的と力を失った物語では、感動もなく道しるべにもならないのである。

ある日アルバート・アインシュタインは友人から「本当に何でも科学的に表現できると思うかい」と聞かれ、「ああ、可能だろうね」と答えた。「ただし面白くはないよ。意味のない記述さ。ベートーヴェンの交響曲を音圧の変化で記述するようなものだから」

——ロナルド・W・クラーク『アインシュタイン——人生とその時代』(*Einstein:The Life and Times*)

科学主義つまり科学者が携える権威というアウラによってわたしたちが信じこまされているのは、科学者の獲得した知識には絶大な権威があり、知識の蓄積とともに環境への理解もすすみ、世界を制御し管理する能力もおのずと増大するということだ。ところがこのような信念は科学研究の基本原理と矛盾する。知識とは経験的な観測に由来し、仮説によって意味づけられるものだ。さらに仮説は実験によって検証できる。つまりすべての知識は反証が可能なのである。分子人類学者ジョナサン・マークスはこう指摘する。

(……)大多数の科学者が生みだしてきたアイデアのほとんどは誤りだった。多くの発想が論破され棄却《ききゃく》されてきた。そしていつの日にか、現在大多数の科学者が提唱しているアイデアも、最終的には論破され棄却される運命にある。（……）言いかえるなら、科学そのものが科学主義の根幹を揺るがしているのだ。

――『人間の生物的多様性』(*Human Biodiversity*)

残念ながらわたしたちは、一歩前進するごとに目的地から遠ざかる旅をしているようだ。科学が物事を記述する能力は強力だ。そのうえ手持ちの知識はじつは空っぽ状態だから、科学者は好きなところを探れば新たな発見にぶつかる。しかしこうした発見はたんに人間の無知の大きさをさらけだしているにすぎない。ジグソーパズルの完成にはほど遠く、未知の部分がいかに多く残っているかを思い知らされる。これまで科学者が蓄積してきた全知識でさえごくごく限られたもので、科学的な知が規範となることはまずありえない。

これほど無知な状態では、環境を管理する科学的な政策や解決法を見いだすことなどはほとんど不可能だ。蠟燭を一本もって洞窟内に立ちつくしているようなもので、蠟燭の炎では暗闇を照らしきることはできず、どこに壁があるかもわからず、ましてやこの先まだ洞窟が続いているのかなどまったく見当もつかない。時と場所から切り離され、宇宙の中で孤立し、暗闇に立ちつくし、自らの孤独な行為を理解しようともがいている。それがわたしたち人間の姿だ。

人間になるには、自分自身の中に宇宙の不思議がおさまる余裕が必要なのです。

――南アメリカ先住民の伝承

■消費によって満足を得る

現実世界の中にいるべき場所を失い、人間であることの優位性、さらには神までも失って、人間は大きな苦痛、喪失感、孤独感、そして恐ろしいほどの空虚感にさいなまれることになった。この空しさを埋める方法のひとつとして人間が試みてきたのは、新たな神秘をもちこむことだった。それが市場という神殿であり、そこで宗教儀式のように貨幣を交換し商品を得るのである。物理学者ブライアン・スイムはこう述べている。

人間は集団をつくり、宇宙の意味すなわち宇宙論を学ぶ。そして現在、われわれがこぞって拝んでいるのがテレビのコマーシャルだ。つまりすべてのコマーシャルは宇宙論的な説教なのだ。宇宙は、消費対象の商品となるべくして存在する物質の集まりとなった。人間に与えられた役割は、コツコツ働いてその商品を買うことにある。

――『宇宙の秘めたる心』(*The Hidden Heart of the Cosmos*)

シェイクスピアの『テンペスト』に出てくる醜悪で野蛮な怪物キャリバンは、孤島の岩屋に漂っているのは「いろんな音やいい音色や歌でいっぱいなんだ、楽しいだけで害はない」のに、ときぎれとぎれで耳ざわりな歌だと思いこんで悩まされた。わたしたちも、長らく忘れ去っていた古代における調和の暗示や記憶を、あまりに刹那的な要求と誤解している。キャリバンが岩屋に閉じこめられていたように人間は物質世界に囚われ、富の中に癒しの力を夢見ているのだ。目が覚めてみれば「夢の続きが見たくて泣いたもんだ」ということになる。〔訳註・キャリバンの台詞は松岡和子訳（筑摩書房）を引用〕

二十世紀にはいると商品に対する集団的、個人的要求の高まりが顕著になった。早くも一九〇七年には経済学者サイモン・ネルソン・パッテンが「新たなモラルは節約ではなく、消費の拡大にある」とし、近代を食いつくしていくことになる思想を支持している。経済学者ポール・ワクテルはこう述べている。

> 毎年、より新しいものをより多く所有することは、われわれにあって単に望ましいことではなく、必要なことになっているのである。「より多く」の観念、絶えず富をふやしつづけるという観念は、われわれの存在と安心の中心的要素になり、中毒患者が麻薬に引かれるように、われわれはその観念に引きつけられている。
>
> ――『「豊かさ」の貧困』（邦訳・TBSブリタニカ）（土屋政雄訳）

一九三〇年代の大恐慌が終息したのは、第二次世界大戦が強力な経済的ショック療法となったためだった。アメリカ産業界は戦争を支援するため、白熱するような勢いでフル回転していた。ところが勝利が見えてくると、戦時中の経済成長をどう維持するかが問題になった。その答えが「消費」だ。第二次世界大戦が終結して間もないころ、商業アナリスト、ヴィクター・リボーはこう述べている。

アメリカの驚くべき生産的経済は……消費をわれわれの生活様式とし、品物の購買と使用を儀礼化し、消費のなかに精神的満足、自我の満足を覚えるように命じている。……われわれは、いよいよ早いスピードで品物を消費し、焼き、使い古し、取り替え、そうして捨てなければならない。

――ヴァンス・パッカード『浪費をつくり出す人々』(邦訳・ダイヤモンド社、南博・石川弘義訳、訳文は邦訳より引用)

一九五三年にはアイゼンハワー大統領の経済諮問《しもん》委員会が、アメリカ経済の「究極の目的」は、「より多くの消費財を生産すること」にあるとした。

商品が長持ちすれば、最後には買い手が不足してしまう。その解決法は商品を計画的に陳腐化することと、潜在的市場をとめどなく掘り起こし第三世界にまで市場の触手を伸ばして、高齢者、ヤッピー、子供や特定の民族をターゲットにすることだった。コカコーラのドナルド・R・キーオ社長は「市場機会」について宗教的ともいえる態度を表明している。「インドネシアは赤道上にあり、人口は一億八〇〇〇万。年齢の中間値は一八歳、しかもイスラム教によってアルコールは御法度《ごはっと》――これこそ、天国のような国ではないでしょうか」

とどまるところを知らない消費者の欲求を満足させるには、絶えざる経済成長が必要になる。

P・M・マケンらは、消費増大と経済成長の理論的根拠についてまとめている。それによると「経済成長が富の増大を生む。このことによって、人間に必要なあらゆるものを市場システムを介して供給する基盤が提供できる」。富が人間のあらゆる必要性を満たすというのだから驚くべき主張だ。祖父母が教えてくれた節約の価値や美徳、人生の真の価値や幸福の本質についての教訓とは似ても似つかない。

新製品の購入、とくに車やコンピュータなどといった「高額商品」を購入すると快楽と達成感が即座にこみあげてくる。モノを所有することがステイタスとなり、一目置かれるようになる。しかし目新しさも陳腐化し、再び虚しさが襲う。ごく普通の消費者は、この虚無感を癒すため、注目を浴びそうな新たな商品に目をつける。

——アレン・D・カナー、メアリー・E・ゴメス「すべてを消費する自己」(The All-Consuming Self)

わたしたちは、現在のようにおのおのが消費のプロとなり、どこまでも経済成長を加速させてゆく社会で幸福なのだろうか？　答えは「幸福」の意味による。アメリカ合衆国は、消費社会が行き着くところまでいったもっともいい例だ。アメリカ市民はどれほど理想社会に近づいているのだろう？　若さとダイエットに価値をおくこの国は、世界一の肥満大国でもある。しかもドルが支配するアメリカ社会は、先進工業諸国の中で貧富の格差がもっとも大きい。平和はもっとも崇高な理想のひとつだが、アメリカ合衆国には暴力がはびこっていることもよく知られている。この「機会平等の国」の麻薬常習者数は、他のすべての国の常習者の合計より多い。さらにこの自由の国では、全人口に占める囚人数の割合が西洋諸国随一だ。長時間労働、高水準のストレス、家族崩壊、薬物依存、幼児虐待、こうした問題はある程度まで大量消費社会の病理といっていい。この世界最大の百貨店で節操なく生きていれば、買いすぎ病にかかり、商品を買えない者の怒りや妬みという社会的な病を生むことになる。

しかし、どこの政府もこの大量消費主義が依存する経済成長にしがみついたままで、それが幸福の鍵だと思いこんでいる。インドや中国といった国々でも西洋諸国並みの豊かさの獲得をめざしており、達成されればその消費水準は現状の一六〜二〇倍にもなる。厖大な人口をかかえる両国で、人口一人あたりの自動車所有台数がアメリカ合衆国と同水準になったらどうなるだろう? 生態系は破局的な影響をこうむるだろう。しかしインドと中国の両国が西洋諸国より目標を低く設定すべき根拠などあるのだろうか?

一九九〇年四月、ワシントンDCで各国の議員が集合したある国際会議で、当時ブラジルの環境大臣だったホセ・ルッツェンバーガーが演説をしている。このときルッツェンバーガーが指摘したのは、世界中のマイカー所有台数がアメリカや日本と同水準になったとすれば、二十一世紀に入ってまもなく地球人口が一〇〇億に達すると、全世界の車は七〇億台に達するということだった。彼は声を荒らげてこう主張した。

「これは想像を絶することです。現在の三億五〇〇〇万台でもすでに過剰状態なのです。しかし、開発過剰諸国における現在の生活様式がその他の国々にまで拡張できないのだとすれば、その生活様式にはどこかに欠陥があるということです」

消費の増大が「進歩」の定義となり、モノを所有することが幸福への主要な手段となっているご時世では、経済成長にストップをかける国など現れはしない。

しかし、幸福や充足感を求めるうえで消費の増大が重要でないことは、多くの人が理解している。アメリカで民主主義の実験が始まったころ、憲法起草者の一人ベンジャミン・フランクリンは「いまだかつて金が人間を幸福にしたことはないし、将来もありえない。金は本質的に幸福を生産するものではない。金をもてばもつほど金がほしくなる。虚しさを埋めるどころか、新たな虚しさを生産する」と述べている。

………………【消費社会】………………………………………

●現世代は曾《そう》祖父母の生きていた一九〇〇年当時と比較すると、平均四・五倍の資産持ちになった。

●一九六五年と比較すると、アメリカの親が子供とともに過ごす時間は四〇パーセント減少した。

●北アメリカで家族の構成人数が急激に減少していたまさにその時代に、住宅の平均床面積は大きくなった。一九四九年に一〇〇平方メートルだったものが、一九九三年には一八五平方メートルとほぼ二倍になった。

●アメリカでは十代の少女の九三パーセントが、「大好きなこと」としてショッピングをあげている。

●一九八七年、アメリカのショッピングセンターの数は高校の数を上回った。

●アメリカ人は毎週平均六時間かけてショッピングをし、子供の相手をするのは週に四〇分だけだ。

●スーパーマーケットでは二万五〇〇〇点の商品から買いたいものを選択できる。シリアルなら二〇〇種類、雑誌なら二万一〇〇〇種以上ある。

●一九四〇年以降アメリカは、過去の全世代が消費したのと同量の地球鉱物資源を一国だけで使い果たした。

●過去二〇〇年のあいだに、アメリカ合衆国では五〇パーセントの湿地が消え、北西部の古い森林の九〇パーセントを失い、トールグラス大草原〔ミシシッピー河流域の肥沃な大草原〕の九九パーセントが消失した。

——「ニュー・ロードマップ・ファウンデーション」発行の小冊子『すべてを消費しつくす情熱——アメリカンドリームからの目覚め』(*All-Consuming Passion:Waking Up from the American Dream*)より

■自然との絆を切り捨てる

消費と経済が順調に成長していくと、人口はますます農村から都市へと移動していった。現在では世界人口の半数以上が都市部で生活し、しかも都市の規模がもっとも成長しているのは発展途上国だ。

都市のもっとも破壊的な側面は、人間と自然を奥深くまで分断することにある。人工的な環境に好みの動物や植物を配して、人間は自然の限界を克服したつもりになっている。天気や気候が生活に影響するといっても、いますぐどうこうという問題ではない。ほとんどの食品が入念に加工、包装されているので産地はわからないし、汚れや血液、羽根や鱗など痕跡すらない。さらに水やエネルギーがどこから来るのか、ゴミや下水がどこへいくのか気にかけることもない。

他の生き物と同じく、人間も生物である以上清潔な空気と水、汚染されていない土壌、そして生物多様性に依存していることを、人間は忘れ去っている。食糧の生産現場や水源、さらに現在の暮らしがもたらす結果を無視しておいて、世界を制御していると思いこんでいる。そして現在の生活様式を維持するためならほとんどあらゆるものを危険にさらし、犠牲にする。世界中の都市人口がこのまま増大し続ければ、わたしたちが現実だと信じこんでいる幻想のバブルが政策決定にますます反映されていくことになる。

自然から遠く離れ、周囲に人工的なものが増えると、人間はそれに依存するようになった。便利なテクノロジーが開発されればその虜《とりこ》となり、それなしではやっていけなくなる。たとえばしつこく鳴り続ける電話に出たり、コンピュータの指示に従順に対応する様子を思い出してみるといい。人間としての存在の故郷《ふるさと》を捨て、生存の知恵を忘れ、いまも農村で生きる人々の現実から遠く離れ、わたしたちは鈍感で無表情になり、気力をなくしている。

わたしたちは世界観を失い、身も心も消費社会に捧げ、都市に移動して自然と別れを告げた。その結果、この生きている惑星の他の部分とのつながりも失うことになった。歴史家・作家のトーマス・ベリーが語るように、わたしたちは新たな物語を探さなければならない。地球固有の時間と空間が織りなす連続体の中に人間を連れ戻し、地球の全生物と運命を分かちあっていることに気づかせてくれる物語、人間が存在する意味と目的を取り戻してくれる物語を、わたしたちは必要としている。

もしわれわれが普通の人間生活のすべてに対して鋭い洞察力と感受性をもっているならば、草の葉の伸びる音や、栗鼠《りす》の心臓の鼓動までが聞こえ、沈黙の彼方のあのどよめきを聞いて死んでしまうかもしれない。ところがさいわいにも、われわれのもっとも感じやすい者も鈍感さに五官をふさがれて、のんきに歩きまわっているのである。

——ジョージ・エリオット『ミドルマーチ』(邦訳・講談社、工藤好美・淀川郁子訳、訳文は邦訳より引用)

■新たな物語を求めて

現代科学が統一的な世界観を生みだせず、物語を失った人生の虚しさを消費社会では埋め合わせることができないなら、どうすれば地球の他の生命との絆を回復し、豊かで充実した人生を送ることができるのだろう? 新しい物語はどこにあるのか?

人類は宇宙という「全体」の一部分である。全体を時間的、空間的に限定した一部分だ。ところが人間は自分自身のことや、自らの思考や感覚について、宇宙の他の部分とは無関係であるかのように経験する。意識の中で錯視《さくし》のようなことが生じているのだ。この錯視は人間にとって牢獄のようなもので、利己的な欲望に縛りつけ、ごくわずかな親しい人しか愛せなくなる。

人間がなすべきことは、思いやりの輪を広げて自らを牢獄から解放し、すべての生き物を抱きしめることだ。

——アルバート・アインシュタイン（P・クリーン、P・コメ編『平和——夢ひらくとき』より）

伝統的社会にいまも伝わる豊富な知識の蓄積に学ぶべきことは多い。ノルウェー首相のグロ・ハーレム・ブルントラントが委員長を務めた「環境と開発に関する世界委員会」が一九八七年に発表した報告書にもそれは指摘されている。『我ら共有の未来』（*Our Common Future*）と題されたこの報告書は、科学者には天然資源の管理の方向性を示すだけの能力はないことを認め、伝統的社会がつちかってきた知恵を理解し、大いに尊重することを求めている。

そうした人々の生活は、生態系への認識を深め、生態系へ順応することによって維持されてきたのである。（……）これらの社会は、人類をその太古の起源と結びつける伝統的な知識と経験を広く集めた貯蔵庫とも言える。それが消滅することは、社会にとって大きな損失である。社会は非常に複雑な生態系のシステムが持続可能なものとなるように管理する伝統的な技能から、多くのことを学べるからである。公的な開発が多雨林地帯、砂漠などの孤立した環境の中により深く侵入していくにつれ、このような環境の中で繁栄してきた唯一の文化を崩壊させることにつながるのは、恐るべき皮肉である。

——環境と開発に関する世界委員会『地球の未来を守るために：Our common future』（大来佐武郎監修、

福武書店、訳文は同書より引用）

科学と技術が爆発的な成長をとげた世紀が終わろうとするとき、科学界の指導的立場の人々が、科学だけでは人間の必要を充たせないことを理解しはじめたのは当然のことだろう。たしかに現在の科学は破壊的な力となっている。必要なのは、先住民族の伝統的知識とも肩を寄せあえるような新たな科学だ。そしてこうした探究もすでに始まっている。

この文明を永続させるには、宗教的ともいえる運動が必要なことはわかっている。多くの人間活動を支配している現在の価値観を改めなければならないのである。しかし、生態系の科学も含めて科学があらゆる問題に答えられるわけではないこと、「別の知の方法」の存在を認めるとしても、この過剰に拡大した文明が自らを救い出そうとするなら、洗練された科学がはたさなければならない絶対的に重要な役割は、いささかも減るものではない。

——ポール・エーリック『機械仕掛けの自然』（*The Machinery of Nature*）

かつては人間一人ひとりが「世界観」を通じ、あらゆる部分が複雑につながりあう世界の一部となっていた。おのおのがこの多次元的な相互関係の織物の中心となっており、織物を紡ぎあげているすべての糸がおのおのを包みこみ、生きる力を注入していた。ある意味で人間はそうした世界の「囚われの身」だったことになるが、世界に抱かれ、自らの場所が得られていたことで、この上ない安心を手に入れることができていた。しかし脳の驚異的な発明能力によって、人間は周囲の環境につねに左右される生活から解放された。科学や工学そしてテクノロジーによって知の領域は拡張され、コンピュータや電気通信によって、いまだかつてない強力な情報収集能力も整備された。

「世界」から解放されたいま、わたしたちの課題はこうした技術を駆使しながら、人間と時間や空間との結びつきにまなざしを向け、生物圏における人間の位置を再発見することにある。科学者は人間のからだや環境にたいする不思議、神秘、畏怖についてもっともよく知っている。彼らの助けを借りれば、世界を理解するための新たな道を探ることができる。そして人間のように常軌を逸した種でさえ迎え入れてくれる、豊かで寛容さにあふれた「世界」を取り戻すことも可能なのだ。


わたしたち科学者の多くは、宇宙への畏怖と畏敬の念を感じる深遠な経験をしています。対象が神聖な存在に見えてくると、より一層注意深くていねいに問題を扱うようになります。わたしたちの故郷《ふるさと》であるこの惑星を、神聖な存在として考えなければなりません。環境を保護し大切にしてゆく取り組みには、神聖なる存在へのまなざしが必要なのです。

——憂慮する科学者同盟「地球を保全し慈しむ——科学と宗教の共同参画への声明」(Preserving and Cherishing the Earth: An Appeal for Joint Commitment in Science and Religion)(ピーター・クヌードサン、デイヴィッド・T・スズキ『長老たちの知恵 *Wisdom of the Elders*』より)

現代科学という記述的な知と古代の人々の知恵を結びつけ、全生命を包みこむ新たな世界観を生みだすことはできないのだろうか? 過去の知恵を顧《かえり》みれば、何かヒントが見つかるかもしれない。

古代ギリシャの哲学者は物質的宇宙が土、水、空気そして火という四つの「元素」に分類できると考えていた。それによれば四元素のうち熱いものと冷たいもの、湿気と乾燥、重いものと軽いものといった反対の性質をもつものは互いに結合しあう性質をもっている。これによって四元素は無限に多くの組み合わせで混ざりあい、運動し、変化し、つねに衝突しあいながら、適切なバランスを保っている。こうした動的なバランスがあらゆる階層に構造を生みだし、生物に命を吹きこんでいるというのである。人間もこの四元素を多様に組み合わせた存在とみられていた。土、水、空気と火が相互に作用しあい、生命を生み、それを維持していたのである。

こうした考えは二千年以上続き、シェイクスピアの知的世界を構成し、その後の世代の作家や思想家の発想の枠組みとなった。そして現代でも別の見地からこの考え方の妥当性が見直されている。土、水、空気そして火は、あらゆる生命を育む本質だ。この四元素が全生命と協同して地球を育み、生命に適した環境を保っているのである。四元素の一つひとつについて、その起源や地球におけるはたらき、人間との緊密な関係を調べてゆけば、人間が四元素の本質と解きがたく結びついていることが次第に明らかになる。人間は地球から生まれた。したがって地球を知ることは、わたしたち自身を知ることでもある。

それは、生物と環境との間だけでなく、その環境のすべての生物同士の間にも、連続的なコミュニケーションが存在していることを意味している。複雑な相互作用のネットワークが、すべての生命を一つの巨大な自己維持系に結びつけている。各部分は、他のあらゆる部分に関係しており、われわれはみな、全体の部分、超自然の部分である。（牧野賢治訳）

――ライアル・ワトスン『スーパーネイチュア』（邦訳・蒼樹書房）

第2章
風……………緑の息吹

あなたとわたしで一回息を吸えば、過去の人たち、さらには有史以前の人たちの鼻息やため息、うなり声や悲鳴、声援や祈りの声が寄せてくる。
――ハーロー・シェイプリー『天文台のかなたに』(*Beyond the Observatory*)

わたしたちのまわりには「目に見えない力」が存在し、それが身体に充ちあふれて生命を与えてくれる。この「力」にはさまざまな名があり、空気、息、精霊、風、大気、空そして天国などとよばれている。「神」と名づけられている場合すらある。

神話や詩は神の力を空気に託している。詩人ジェラード・マンリー・ホプキンズは「荒々しい風、世界を育む空気」とうたい、「自然の織物、奇跡の衣」が神の慈悲のようにこの惑星を包んでいると喩《たと》えている。空気は創造の力であり、「創世記」では水面を漂う「神の霊」だった。詩篇三三では世界に命を吹きこむ神の言葉であり、多くの創造の物語に開演を告げる神のお告げでもあった(「主の口の息吹によって天の万象は造られた」〈新共同訳聖書より引用〉)。生命を生みそして育む「元素」のうち、最初に登場するのがこの「空気」だ。

空気は言葉や歌、音楽の心地よい旋律となって理念を具体化させる。他の言語と同様に英語でも、「空気」という言葉の意味の広がりがその神聖な地位を讃えている。spirit《スピリット》という言葉は、ラテン語で「息」や「空気」を意味するspiritusから派生したもので、生命に関係する多彩な意味がこめられている。たとえば霊魂、生気、知性、気力、活力、エッセンスや蒸留抽出物などの意味があり、どれも「死」や「不活発さ」とは反対の意味をもつ。また同じ語源から、「新しい発想を生むこと」を意味するinspirationも派生する。さらに「息を引き取ること」を意味するexpirationの語源も同じだ。

わたしたちの呼吸する空気が生命にとって不可欠なことを、「言葉」はわたしたち以上によく知っている。目に見えない空気の力がつむじ風やそよ風となり、ときには大海原のうねりとなる。この世に生を享《う》けてから最期の一息を吐き出すまで、わたしたちはその中を生涯泳ぎ続けるのである。

空気は人間本来の生息地でもある。人間が住む大気圏は混合気体で、地球を包みこむ層状の領域をなしている。二千年前プラトンは『パイドン』（邦訳・岩波書店）の中で、人間が「大地の一つの窪みに住みながら、大地の上に住んでいると思い込み、（……）ところが、事実は（……）われわれは虚弱さと鈍重さのために空気の果てる縁にまで至り着くことができないのである」（岩田靖夫訳）と指摘している。

その後テクノロジーによってこの無精さは多少改善されたものの、この生息地を離れる場合は、空気を携帯しなければならない。酸素ボンベを使えば、山頂の薄い空気の中でも、水中でも呼吸できる。宇宙飛行士もカプセルや宇宙服の中に空気をたくわえているから、宇宙空間で即死しないですんでいる。

空気は数限りないかたちで生命進化の道のりを形成してきた。遠い昔、鳥類は前肢を翼に替え、新たな領域を切り開いた。多くの昆虫はほとんど空気でできているようなものだ。小川の水面で孵《ふ》化《か》するカゲロウ、見えない気流に乗って漂うチョウ、ブンブンいいながら大群になってダンスをする小さな羽虫。無数の生命体がその存在をかけた大切なセレモニーのために空気を利用している。音や芳香を伝え、フェロモンなどの分子を空気に乗せて交尾する相手を引き寄せ、危険を知らせ、あるいはまた子供の居場所を探しだすのに利用する。植物の場合は種子を風に乗せて飛ばし、また芳香を漂わせて受粉の媒介者を引き寄せている。そして何より、空気の必要性から、すべての好気性の生物は、空気を取り入れるための微細な生理的なしくみをつくりあげてきた。

この生理的なしくみの存在を身をもって知りたければ、息を吸うのを止めてみればいい。すぐに選択の余地のないことがわかるだろう。二、三秒のうちにからだは空気を要求してくる。さらに一分以内に脳の血管が拡張し、心臓の鼓動は激しくなり、胸部は空気を求めて声にならない叫びをあげてあえぎ始める。

しかしわたしたちは、たんに空気を呼吸するだけの存在ではない。一生のあいだ、一分たりとも欠くことのできないこの空気によって生かされていると同時に、わたしたちは空気にとっても必要不可欠な存在なのだ。空気が生物を形成し育んできたように、生物もかつて空気をつくりだし、現在も補給し続けているのである。

【見えないものに殺される】

大気圏内では空気の濃度と成分が重要だ。十六世紀、スペイン人はインカの山岳地に侵攻しているうちに奇妙な病気に悩まされた。空気に関係する病気で「アンデス病」と呼ばれた。ホセ・デ・アコスタ神父は著書『新大陸自然文化史』(一五九〇年)(邦訳・岩波書店)にこう記している。

「あの高地では、空気の元素が、あまりに軽く、そして薄いため、濃く穏やかな空気を必要とする人間の吸収には合わず、そのためあのようにひどく胃がむかついたり、からだ全体の調子が狂うのだ(……)」(増田義郎訳)

この病気の原因、つまり酸素欠乏がわかるまで二世紀を要した。高度が増すと空気の質に問題が出てくるのだ。地下深くもぐる場合にも問題がある。ピュリッツアー賞受賞の科学ジャーナリスト、ジョナサン・ワイナーは、こう述べている。

二酸化炭素、一酸化炭素、メタン、水素など、鉱山で発生する致死性ガスのほとんどが無臭だ。竪坑《たてこう》の深いところで鉱夫がガクッと膝から崩れる。それを誰かが見て、あわてずに「ガスだ!」と危険を叫び立てなければ、多くの鉱夫が何も知らずに気を失うことになる。唯一臭いのする鉱山ガスである硫化水素(鉱夫はstink《スティンク》 damp《ダンプ》(臭い霧)と呼ぶ)も、対処するのはやさしくない。ごく低濃度なら腐った卵のような臭いがするが、致死濃度まで濃度が高くなるとまったく臭わなくなるのだ。鉱夫はネズミやニワトリ、子犬、ハト、イエスズメ、モルモット、ウサギも使ってみた。試しては失敗し、ときには命を落としながらも、行き着いたのがカナリアだった。一酸化炭素と硫化水素が発生すれば、何はともあれ先にグッタリするのは鳥かごを持っている鉱夫ではなくカナリアの方だったのである。

第二次世界大戦後になると、ずっと高性能のガス検出器が開発され、鉱山に設置された。しかし現在でも内務省の『鉱山ガス安全マニュアル』最新版の青い表紙には黄色いカナリアがデザインされている。

――『THE NEXT 100 YEARS　次の百年・地球はどうなる?』（邦訳・飛鳥新社）

■わたしたちは空気だ

北アメリカでは入植と征服の歴史をとおして、「個人」を重んじる強力な神話が創られてきた。自立した存在として、個人は自由に活動し移動できるという神話だ。しかし生物学的視点からみれば、この神話は誤りであるばかりか、現実に対する危険な解釈になっている。人間は完全に独立した自律的存在ではない。あらゆる物質的階層で存在するからだと環境との相互作用を注意深く観察すれば、人間が「空気」にすっぽり埋めこまれた存在であることがわかる。わたしたちはみな同じ「母胎」に抱かれているのである。

空気はからだを構成する物質でもある。からだの奥までしっかりゆきわたっているため、からだがどこで終わり、空気がどこから始まるのかさえ明瞭ではない。生存していくための主要な機能、すなわち空気をからだの中心である胸部へと導き、湿り気のある精巧につくられた膜状の迷宮の奥深くへと引きこんで利用するために、からだには外面も内面も精密な設計が施されている。

呼吸を制御しているのは脳の中でも古い領域である、脳幹の呼吸中枢だ。この中枢は意識が誕生する以前につくられたもので、過去からの遺産のようなものだ。呼吸は非常に重要な機能であるため、その後登場した理性的な脳にも、この制御機構はゆずりわたさなかった。目が覚めているときも寝ているときも、進化史上の遠い過去が自動的によみがえり、一息ずつ呼吸の命令を下しているのである。呼吸数は新生児の一分間に四〇回から、成長とともに減少し、一三～一七回くらいにおちつく。しかし、ひとたび激しい運動をすれば、まったく意識しないうちに呼吸数は一分間に八〇回まで増える。呼吸ができなくなると、たいていの人は空気がなくなってから二、三分で脳に回復不能の損傷を受け、四、五分以内に死にいたる。

からだには驚くほど多くの安全装置が組みこまれていて、つねに適量の空気を取りこめるように微妙な調整が施されている。大動脈と頸動脈には化学受容体があり、つねに血中の酸素濃度を監視している。酸素レベルが低下すると、受容体は横隔膜と肋骨の筋肉を刺激して呼吸数を増大させる。二酸化炭素あるいは酸の化学受容体は、血液の酸性度の上昇に反応する。血液中に溶けこんでいる二酸化炭素が炭酸になって酸性度が上昇した場合も、受容体は横隔膜と肋骨の筋肉に信号を送り、呼吸を増大させて二酸化炭素を減少させる。

気道と肺を保護しているのが「機械的受容器」だ。肺には肺の膨脹を検出する「伸張受容器」がある。呼吸をすると、この受容器から信号が出て次の呼吸までの時間間隔を調整する。また補助的な受容体が、筋肉の活動レベルによって呼吸を調整している。その他にも神経中枢が、心配事や痛みがあるとき、くしゃみやあくびをするときの呼吸を調整している。もちろん故意に呼吸を止めれば、無意識的な呼吸のコントロールを抑えることもできる。しかし、まもなく血中の二酸化炭素が増え、呼吸せざるを得なくなる。生存のチャンスはほんの数分しかないため、からだは生存に不可欠な物質を確実に供給できるよう、多彩な戦略を進化させてきたのである。

酸素は大気の重要な成分だ。酸素は他の元素と電子を共有して燃焼を起こす。この過程が「酸化」であり、その速度が大きければ発火する。また鉄錆あるいは生物の代謝システムのように、反応速度を抑えれば、それとわからないほどゆっくり酸化をすすめることもできる。細胞内では、酸素によって炭水化物や脂肪などの分子を分解し、熱エネルギーを生産している。この過程で、酸素は解離した二酸化炭素やその他の分解生成物の構成要素となる。生命に灯をともし、生命の炎を維持しているのがこの酸素だ。

■呼吸のしくみ

人間の上半身は大きな空気袋と考えてもいい。空気を肺一杯に取りこんで利用するように設計されていて、とてつもなく複雑なメカニズムになっている。呼吸はまず、肺の下にある平滑筋の横隔膜や肋骨のあいだにある筋肉が収縮することで始まる。胸郭が上方および外側へ引っぱられて胸腔部の圧力が低下すると、大気圧によって空気が自然に胸部に流れこむ。

肺の体積は平均四・二五～六リットルほどだが、安静状態で肺が吸気している量はわずか五〇〇ミリリットルにすぎない。深呼吸をすると、この量が三～四リットルほどに増える。つまり思い切り深呼吸をしても、まだ肺には一リットルほど余裕があるわけだ。

鼻孔から吸いこまれた空気は濾過《ろか》される。大きな粒子の塵や異物は鼻毛がとらえ、くしゃみで外へ追い出す。小さい粒子は、粘液でおおわれた軟骨構造である「鼻甲介《びこうかい》」に生えている繊毛《せんもう》で漉《こ》し取られる。空気は濾過され、湿気を与えられ、体温程度にまで暖められてから、鼻孔の屋根にあたる部分にそって流れ、嗅覚器官を通過する。ここは粘膜でできた小さな領域で神経終末が集中している。この器官のくぼみに空気中の分子がつかまると、その情報が頭蓋骨の底面を通る神経を介して、脳の底部にある「嗅球《きゅうきゅう》」に送られる。

「空気がきれいで新鮮だ」と感じたり気づいたりすることはめったにないものだが、近くに煙や香水、腐った魚あるいはライラックの花などがあれば、瞬間的にそれとわかる。人間は他の種と比較すればそれほど優れた嗅覚能力をもっているわけではないが、空気はわたしたちの身のまわりの詳細な情報を伝達してくれる。また匂いは食欲や性欲の刺激、危険の警告、鎮静作用をもたらしてくれ、奥深い感情や遠い過去の記憶をよみがえらせてくれることもよくある。

咽頭《いんとう》で空気は気管に入り、さらに気管は二本の気管支に別れておのおのの肺につながる(図2・1)。気管支は区域気管支というたくさんの小さな通路へとわかれ、それがさらに小さな細気管支へと枝わかれする。空気は次第に狭くなる経路を通って「肺胞」という葡萄状の袋に到達する。平均的な肺には三億個の肺胞が存在し、肺胞の全表面積はなんとテニスコートの広さにもなる。肺胞は毛細血管に囲まれていて、この毛細血管は動脈から分岐し、血球を輸送している細い管だ(図2・2)。

空気はこの肺胞で血流に乗る。この過程を円滑にするため、肺胞の内側は航空便の便箋の五〇分

図2・1　呼吸の解剖学的な経路

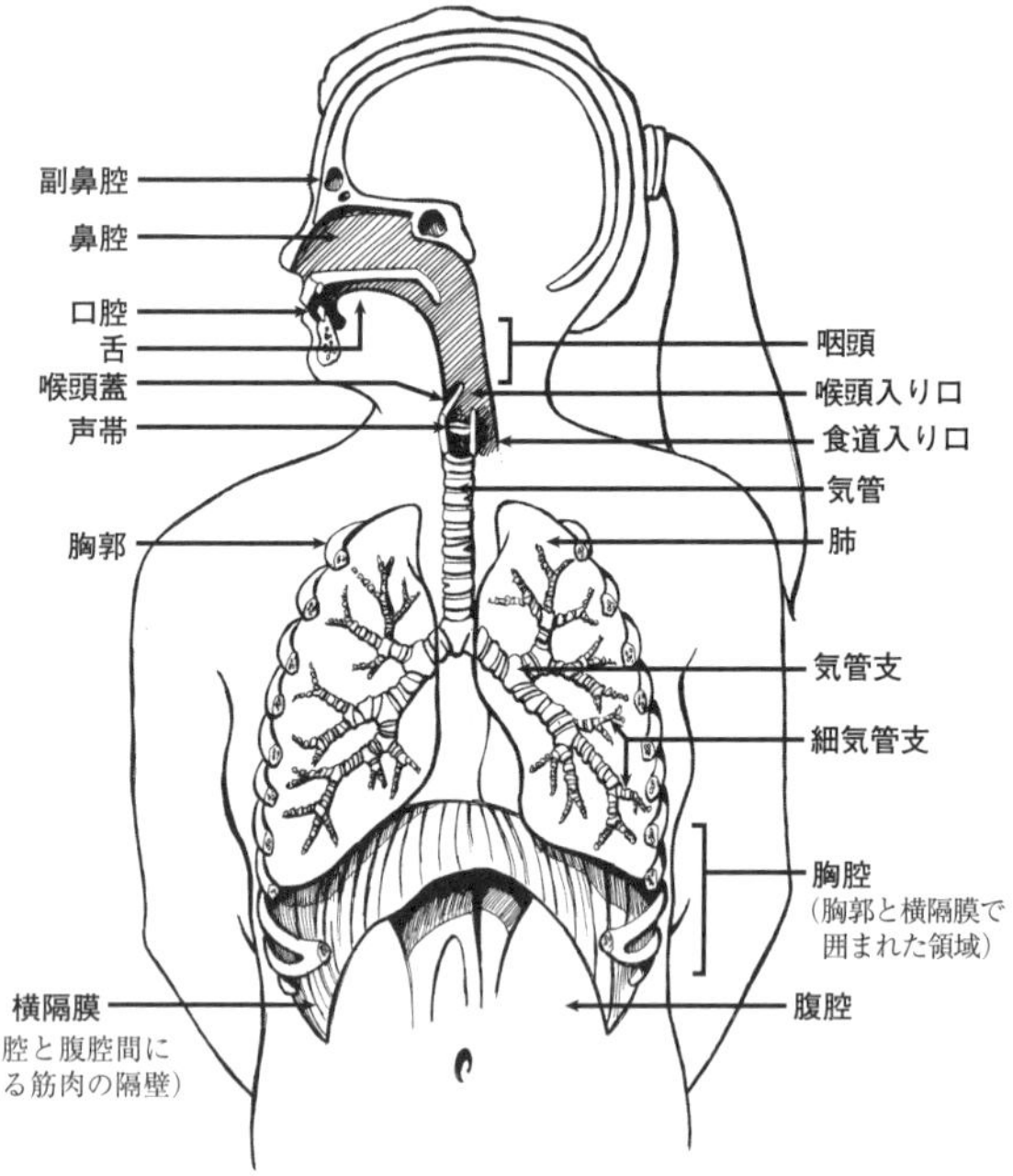

セシー・スター、ラルフ・タガート『生物学——生命の統一性と多様性』（*Biology: The Unity and Diversity of Life*）第6版（Wadsworth,1992）図40.8より改作

図2・2　肺胞の解剖図

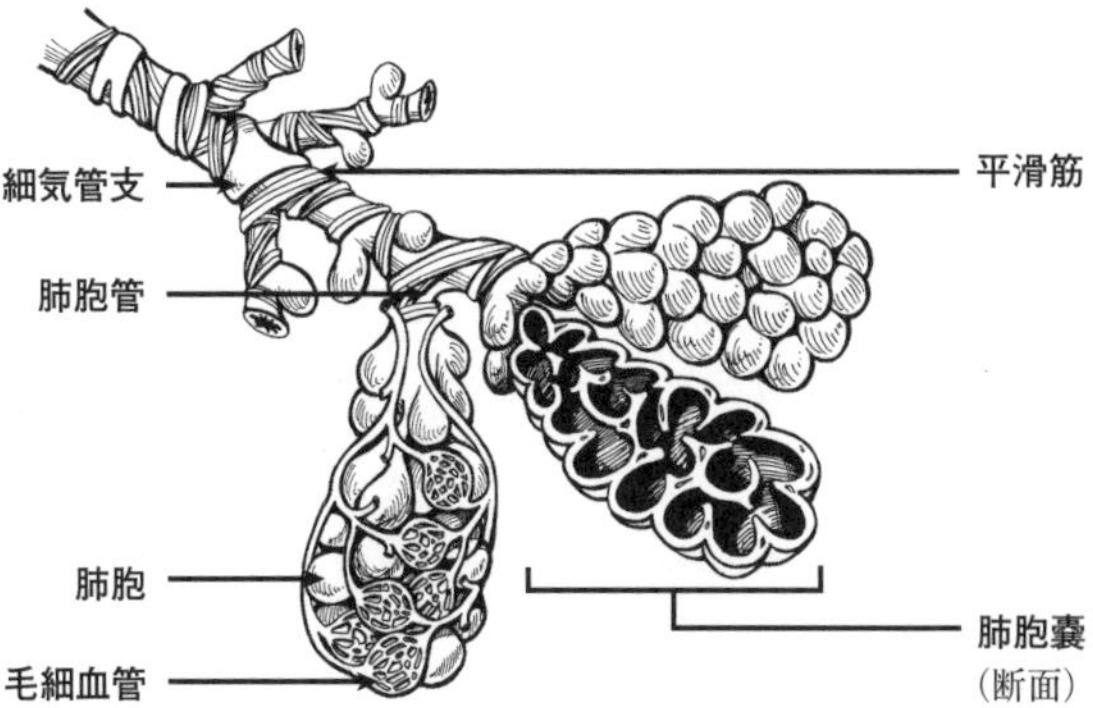

セシー・スター、ラルフ・タガート『生物学——生命の統一性と多様性』（*Biology: The Unity and Diversity of Life*）第6版（Wadsworth,1992）図40.8より改作

の一の厚さしかない薄い膜が三層に重なっている。この薄膜は界面活性物質を分泌して空気と血球の境界に生じる表面張力を小さくし、気体が薄膜を通って拡散するのを促している。さらにこの界面活性物質は吸入した粒子に粘着する性質があり、そのうちにゴミ収集細胞であるマクロファージが到着してその粒子を運び去ってくれる。「空気」がどこまでで、「細胞」がどこから始まるのか、その境界ははっきりしない。地球の大気がわたしたちの血流に入りこむ場面では、気体と液体、外部と内部という二つの領域が融合しているのである。

平均すると、からだには約五リットルの血液が流れていて、一ミリリットル中には五〇〇万個の赤血球が含まれている（赤血球の総数は二五〇億個）。くつろいでいるとき、五リットルの血液が心臓を出て肺を通り、全身をめぐって再び心臓に戻って一巡するのに約一分かかる。運動していればこの循環速度は六倍に加速する。

二五〇億個ある赤血球の一つひとつには、ヘモグロビン分子が三億五〇〇〇万個も含まれている。このヘモグロビンは二酸化炭素や酸素分子と結合し、これらの分子を肺まで輸送し、また肺から送り出してもいる。ヘモグロビン分子一個で一度に四つの分子を輸送できるので、平均的な血液容量中には酸素や二酸化炭素の占める席が3.5×10^{19}個もあることになる。呼気が入ってきて肺の奥深くの肺胞に触れると、呼気中の酸素は瞬間的に膜を通って拡散してヘモグロビンと結合し、二酸化炭素の方は大気中に吐き出される。酸素を吸収すると血液は明るい赤色に変わり、エネルギーを必要としているからだの細胞に、生命の燃料である酸素を運ぶ。

肉体労働や運動をしているときには、備蓄しているエネルギーを利用することになるが、それには最大で毎分二・五リットルまでの酸素を必要とする場合もある。激しい活動で二酸化炭素が多量に生産されると、二酸化炭素は血中に放出され、さらに呼吸を増やすよう脳を刺激する。こうして酸素の摂取量が増大し、心臓も刺激されて鼓動が速くなる。その結果肺では、赤血球が二酸化炭素を放出して酸素を吸着する速度が増大することになる。

■万能接着剤としての空気

しかし毎回の呼吸で肺胞内の気体はすべて排出されるわけではない(安静時には、一〇分の一しか排出されない)。残った空気で肺胞嚢のふくらみを保ち、つぶれないようにしているのである。こうして体内にはつねに空気が残っていて、身体組織や器官と同様にからだの一部となっている。つまりわたしたちは大気の一部であって、またその大気は、あらゆる緑色植物やその他の呼吸する生物の一部でもあるのだ。

部屋に誰かと一緒にいるとして、非常に単純な思考実験をやってみよう。部屋の空気の体積にアヴォガドロ定数(一モルの物質に含まれる原子数 = 6.022×10^{23})を掛け算すれば、部屋の空気に含まれる原子の数を見積もることができる(空気はつねに完全に混じり合っているものと仮定する)。呼気の体積に一分間の呼吸数を掛け、それに部屋にいた時間(分)を掛け、さらに酸素と二酸化炭素が肺の細胞膜を介して拡散する割合を掛ける。こうして出てきた数で、先に計算した部屋の原子数を割り算する。とても雑な計算だが、やってみると、同じ部屋にいる他人の体内の空気が驚くほど速やかに自分のからだに吸収され、その逆も起きていることがわかる。

かつてハーバードの著名な天文学者ハーロー・シェイプリーがこれとは別の、空気に関する思考実験をしている。わたしたちが呼吸している空気の九九パーセントは非常に反応性の高い酸素と穏やかな反応性を示す窒素、一パーセントがアルゴンなどの不活性ガスで構成されている。不活性ガスはまったく化学反応を起こさないため、吸気されてもからだの一部にはならない。つまり代謝による変化を受けずそのまま体外に排出される。

シェイプリーの計算によると、一息には約三〇、〇〇〇、〇〇〇、〇〇〇、〇〇〇、〇〇〇、〇〇〇個＝3.0×10^19個のアルゴンガスと、約10^18乗個の二酸化炭素分子が含まれている。一息吐くとこれだけのアルゴンガスが吐き出される。アルゴン分子は空気中に拡散し、出てきたからだから数分のうちに離れ、あたり一帯に広がる。さらに大気に混ざったアルゴンガスは一年で地球全体に広がる。一息吸うごとに、わたしたちは一年前の息に含まれていたアルゴン原子を少なくとも一五個吸いこむ計算になる！　二〇歳以上なら誰でも最低一億回は呼吸をしており、一年前に世界中で生まれたすべての赤ん坊が最初の呼吸で放出したアルゴンガスを吸入しているはずだ。シェイプリーによると、

一回息を吸えば、生前ガンジーの呼吸したアルゴンガスが四〇万個以上含まれている。「最後の晩餐」での語らいの場、ヤルタ会談での連合国首脳の議論、むかしの詩人たちが朗読したときのアルゴン原子も含まれている。古代の恋人たちのため息や誓いの言葉、ワーテルローでの鬨《とき》の声、去年この文章を書いていた著者の吐いたアルゴンガスもある。この著者の場合はすでに

こうした呼吸を三億回以上経験している。

——『天文台のかなたに』

わたしたちの鼻の中にある空気はすぐに隣の人の鼻に入る。毎日吸いこんでいる空気中の原子は、かつて鳥や木々、ヘビや虫の体内にあったものだ。すべての好気性の生物は同じ空気を分かちあっているのである（水生生物も空気と水との界面を出入りする気体分子を吸収・放出している）。

空気はすべての生命をつなぐ「母胎」のようなものだ。生物のはたらきや地球物理学的な力の作用によって大気中の成分は増減するため、空気はつねに変化している。しかし、大気の基本的成分は非常に長期にわたって動的な平衡状態を保っている。長生きすればするほど、かつてジャンヌ・ダルクやイエス・キリスト、ネアンデルタール人やマンモスの体内にあった原子を吸収する可能性が高くなる。わたしたちが先祖の存在を呼吸しているように、孫たちやそのまた孫の吸う息の中には、今度はわたしたちが存在することになる。わたしたちはまさに空気《スピリット》を分かちあうことで、過去や未来と切っても切れない絆で結ばれているのである。

わたしたちの呼吸する一息ひといきが、他の全生命とつながっているという秘蹟《ひせき》であり、その証だ。それは祖先との絆をあらためて確認することであり、将来の世代とのつながりにもなっている。人間の呼吸する息も生命全体の息づかいの一部となり、地球を大海のように包みこむ大気を生みだしている。空気が生命の創造者として、また被創造物として存在するのは、太陽系内ではこの地球だけだ。

■大気の起源

大気の起源の科学的説明は、他の「元素」と同じくじつに驚くべきもので、とほうもない時の流れと壮大なスケールの出来事が展開する。科学者の考えによれば、ビッグバンで宇宙が誕生した後、ガスが渦を巻いて巨大な雲ができた。この雲が冷却、凝縮して物質塊となり、引力で互いに引き寄せあった。物質が凝縮してくると、物質塊の中心部が熱せられて原子の運動が激しくなり、原子どうしは互いに分離させていた電気的な反発力をしのいでさらに接近するようになる。

水素原子どうしが強力に引き寄せられ、周囲の電子による強力な反発力もはねのける。その結果、水素原子核は核融合を起こしてヘリウムとなり、同時にエネルギーを解放する。こうして恒星の熱核反応炉に火が入ると、天空をライトアップし、膨張する宇宙をくまなく照らすことになった。

ビッグバンから一〇〇億年後、銀河系にひとつの恒星すなわち太陽が誕生する。太陽のまわりにはガスの雲が回転していて、それが凝縮して太陽より小さな天体である「惑星」になる。そのひとつが地球で、約四六億年前に塵と隕石が寄せ集まったものだ。太陽を周回しながら、同じ軌道に入ってくる物体は何でも吸収し、宇宙の塵を掃《は》き集めながら、地球は何百万年もかけて成長した。初期に地球を包んでいたマントには水素とヘリウムが存在したが、地球の重力が保持するにはあまりに軽すぎたため、宇宙空間へ逃げ出した。後に残ったのが原始的な大気で、その九八パーセントは二酸化炭素、窒素が一・九パーセントそしてアルゴンが〇・一パーセントと推定されている。

地球が冷えてくると地質学的活動が活発化し、火山からは溶岩や火山灰、火山性ガスが噴出した。

現在と同じように、放出されるガスの大部分は水蒸気と二酸化炭素それに硫黄や窒素、塩素の化合物だ。さらにガス中の元素からメタンとアンモニアの分子が生成された。しかし生命を維持するために必要な自由酸素、つまり純粋な酸素は存在しなかった。当時存在したガスはいわゆる温室効果ガスで、入射する太陽光に対して透明な大気の膜を形成していた。太陽光のうち短い波長の光は地球表面にまで差しこんできた。この短い波長の光はまた宇宙空間へ向けて反射されるのだが、ここで温室効果ガスが温室のガラスのように作用する。赤外線などの長い波長の光をとらえ、毛布のように熱をたくわえるのである。その結果地球の表面温度が上昇した（図2・3）。

このころの地球大気は温室効果ガスの割合が大きく、現在の二〇〜三〇倍の濃度だったため、地表温度は摂氏八五〜一一〇度まで上昇していたと考えられている。火山活動が下火になると大気はじょじょに冷却され、水蒸気は凝縮して雲をつくり雨となって大地に降りそそいだ。「水循環」の始まりである。これは凝縮—降雨—蒸発と切れ目なく続く過程で、この過程が生命活動の鍵を握っている。かつて土壌というものは存在していなかった。雨が集まり川となり、湖や海となるのに数億年以上かかった。そして岩石から塩類や元素がほんのごくわずかずつ浸出し、数十億年をかけて海に蓄積した。

■生命と大気の相互作用

大気中の原子や単純な分子（原子が結合したもの）は、海面上を漂っているあいだに海中に溶けこんだ。大地を流れる川も海に注ぎ、海中に原子が蓄積された。やがて海中の原子や分子の混合物は

図2・3　温室効果ガスによる熱の吸収

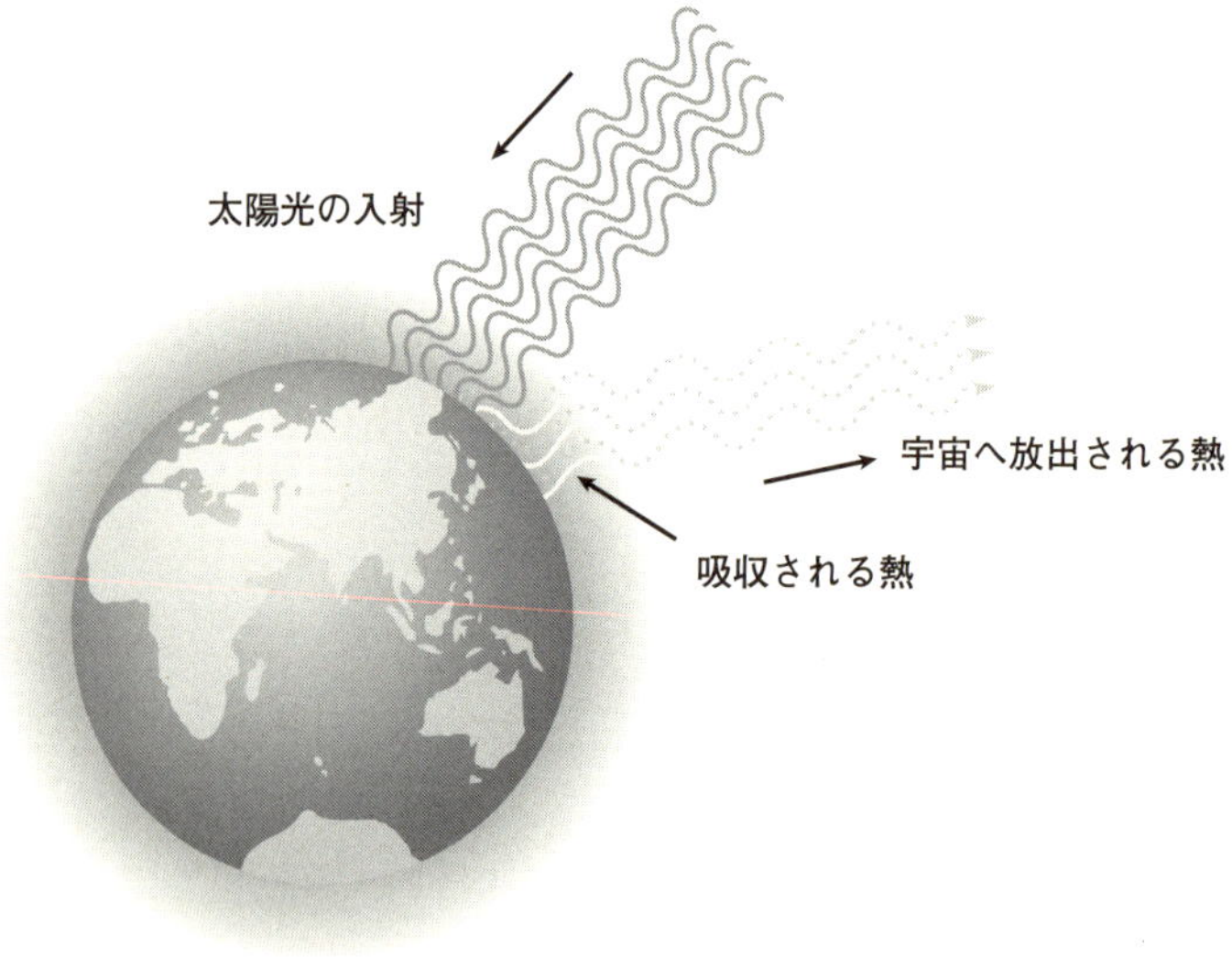

ジェレミー・レゲット編著『地球温暖化への挑戦——グリーンピース・レポート　政府・企業・市民はなにをなすべきか』（邦訳、ダイヤモンド社）原書p.15より改作

相互作用によって、より複雑な構造を生みだした。それが核酸、タンパク質、脂質、炭水化物などの化合物で、のちに生きた細胞内でより大きな化合物を構成する基本要素となり、遺伝情報を伝達し、代謝反応をはたらかせ、あらゆる生物の細胞構造をつくることになる。こうして生物が誕生する前の環境中では、生命に火をともし繁栄が可能となる条件が整いつつあった。

それから一〇億年とたたないうちに、いつしか海中で生命が発生した。最初に登場した細胞あるいは「前細胞」がいろいろと試みたであろう奇々怪々たる形態については、想像の域を脱しない。しかし、数限りない細胞が消えていった中で、ひとつの細胞が繁栄を可能にする性質を獲得した。自己を複製するという手段によって他のどんな形態の細胞にも勝り、生き残ることができた。現存するあらゆる生物の祖先にあたるのがこの細胞だ。ひとつの細胞の子孫がやがて海中に満ちあふれ、陸地をおおい、空へと舞いあがっていったのである。

大気中の二酸化炭素が海中に溶けると、それを微小な海洋動物が利用して炭酸水素カルシウムの殻をつくった。この動物たちが死んで殻が海底に沈み、時間をかけて堆積《たいせき》して石灰岩などの炭酸塩岩を形成し、大量の炭素が大気中へ戻るのを抑えた。こうして生物の作用が大気の組成を変えていく長い過程が始まり、現在もその過程は続いている。

二五億年前には、微生物の一群が太陽から地球に降り注ぐ光子エネルギーを捕捉する方法を進化させていた。このエネルギーを高エネルギーの化学結合に変換して細胞内にたくわえ、必要なときに利用できるようにしたのである。植物の祖先にあたる微生物だ。この代謝過程が光合成であり、これが地球の生命の様相を一変させることになった。植物は二酸化炭素、水、光を利用して光合成を行い、ブドウ糖、炭素を中心とした単糖類、そして酸素ガスを生産した。

光子をとらえ、そのエネルギーを糖類の生産現場へ輸送する鍵となるのが「葉緑素」という複雑な分子だった。光合成によって六個の二酸化炭素分子が一個の糖の分子となり、副産物として六個の酸素分子が大気中に放出される。ほんの少しずつ、しかし何世代にもわたって藻類《そうるい》などの微生物がこの太陽エネルギーを利用した化学反応をすすめてゆくうちに、大気の成分は現在のような酸素が豊富な組成へ向けて、わからないほどゆっくりと、しかし着実に移行していった。こうして生物によって大気の成分の組成が変化すると、それがまた生命に新たな機会を与えることになった。

植物が陸上に進出すると生命はいっせいに開花し、生物の多様性と個体数は爆発的に増大した。長大な時間をかけて植物が海と陸における優勢な生命形態になると、こんどは植物を餌とする草食動物が進化できるようになった。草食動物は植物を形成する分子の分解産物をからだに取り入れ、さらに肉食動物が草食動物を餌にしてからだに吸収した。何十億年ものあいだ、何世代もの動植物が繁栄し、そして死んでいった。死骸は堆積し、分解される。動植物を形成していた分子が土へと戻っていくのである。やがてこれらの炭素を含む分子がピート（泥炭）、石炭、石油、天然ガスなどの「化石燃料」となった。現在わたしたちが利用しているのも、これらの化学結合にいまだにたくわえられているエネルギーだ。

このように大気と生命はつねに相互作用し、たえまなく変化する過程の中で互いに変貌し続けている。大気中の二酸化炭素は生物の炭酸カルシウムの殻や化石燃料として固定され、光合成によって酸素が生産された。数十億年前、大気の大部分は二酸化炭素だったが、じょじょに主成分が変化し、

表2・1　下層大気中の気体成分比

気体	体積比	ppm
窒素	78.08	780,840.0
酸素	20.95	209,460.0
アルゴン	0.93	9,340.0
二酸化炭素	0.035	350.0
ネオン	0.0018	18.0
ヘリウム	0.00052	5.2
メタン	0.00014	1.4
クリプトン	0.00010	1.0
亜酸化窒素	0.00005	0.5
水素	0.00005	0.5
キセノン	0.000009	0.09
オゾン	0.000007	0.07

窒素（七八・〇八パーセント）、酸素（二〇・九五パーセント）、アルゴン（〇・九三パーセント）となった（表2・1）。大気中の酸素が豊富になってはじめて、現在のような生命が進化し、繁栄できるようになったのである。

■生命を育む大気圏

地球をバスケットボールの大きさまで小さくすると、気象現象が生じその下で全生物が生息する大気圏の厚さは紙より薄くなる。生命はこの埃《ほこり》だらけの濃度の高い薄い皮膜に根づき、繁栄してきたのである。

生命の繁栄には大気の成分と気温のバランスが鍵になっていて、地球を金星や火星など他の惑星と比較するとそのことがよくわかる。金星の大気は地球より一〇〇倍も密度が高く、温室効果の高い気体である水蒸気と二酸化炭素が主成分になっている。その結果、金星表面の平均温度は摂氏四六〇度もあり生物を寄せつけない。

一方火星では、大気の九五・三パーセントが二酸化炭素で、表面の大気圧も地球の〇・六パーセントにすぎない。さらに火星の大気は拡散速度が大きすぎて熱をとどめておくことができない。そのため表面温度は平均するとマイナス五三度という酷寒の星だ。これらの惑星が宇宙を航行するさまは、さながら標本の陳列棚のようで、燃えたぎる炉から冷たい岩の塊、そして輝かしい生命の故郷《ふるさと》が肩を並べている。

生命が繁栄しているのはこの惑星のごく薄い大気層で、大気の総質量は5.1×10¹⁵トン。これは地球の総質量の一〇〇万分の一にも満たない。この大気圏は地球表面の上空二四〇〇キロメートルまで広がっているが、その質量の九九パーセントは地上三〇キロメートル以下の領域にある。五〇〇〇兆トンの空気が地球表面に近づけば近づくほど押し詰められて密度が高くなっているのである。最下層部分である地表では、一平方センチメートルあたり一キログラムの圧力がかかっている。わたしたち人間や、その他の地表を共有している生物たちはこの圧力に適応し、またこの圧力なしでは生きていけなくなっている。

大気圏内でどのような現象がなぜ生じるのかを理解するには、頭の上を押さえつけている何層にも重ねたケーキのような大気の複雑さについて知っておく必要がある。中世ヨーロッパでは、地球から見た宇宙の眺めは何重にも重ねた透明な球体によって表現され、星々を運行するおのおのの球体は入れ子状になっているとされていた。球体の運動は音楽を奏で、広大な天空に調和を生みだしていた。現代ではこの中世の発想を、宇宙に負けず劣らず驚異的な、まったく別の領域の理解に生かすことができる。この惑星をおおう大気圏とその入れ子構造になった球殻状の領域だ。各層は異なる性質をもったさまざまな物質を含み、層内で相互に運動している。これらの球殻は音楽は奏でないが、光輝き、光を反射し、地球を保護し、加熱し、冷却する。そこは生物が生息する領域でもある。わたしたちはこの球殻の内側で生活し、天空を見上げ、歌をうたうことができる。

地表面から見ると大気は均質で、風と対流によって間断なくかき混ぜられているように見える。実際、地表から八三キロメートルまでは「均質圏」(等質圏)といい、大気はまんべんなく混じり合った状態が保たれている。大気の質量の半分は地表六キロメートル以下に存在する。しかしこの均質なヴェールにも、太陽光線や地表からの熱、重力、水の蒸発、宇宙線の具合によってムラが生じる。たとえば重力は重い分子を地上に引きつけるため、ヘリウムなどの軽い粒子は、極端な高々度での存在量が大きくなる。

均質圏の中でもっとも高度が低い部分を「対流圏」という。ここに生命が存在し、気象現象もみられる。平均すると地上一一キロメートルくらいまでの領域だが、両極上空では八キロメートル、赤道上では一六キロメートルまでが対流圏だ。対流圏の上部がいわゆる「成層圏」(高度一一～四八キロメートル)であり、対流圏にくらべて大気は薄い。この領域の高度一六～四八キロメートルのあいだに「オゾン層」がある。成層圏のさらに上部、高度四八～八八キロメートルのあいだには「中間圏」が存在する(図2・4)。

わたしたちがいるのは大気の一番底にあたる対流圏だが、ここでは大気の運動がさまざまなレベルで展開し、それらは互いに重なりあい相互に作用しあっている。赤道地帯で生じる暖かい空気の

図2・4　層をなす大気圏（破線は下層大気圏における気温の変化を示す）

（『サイエンス・デスク・レファレンス　*Science Desk Reference*』〈Macmillan, 1995〉より改作）

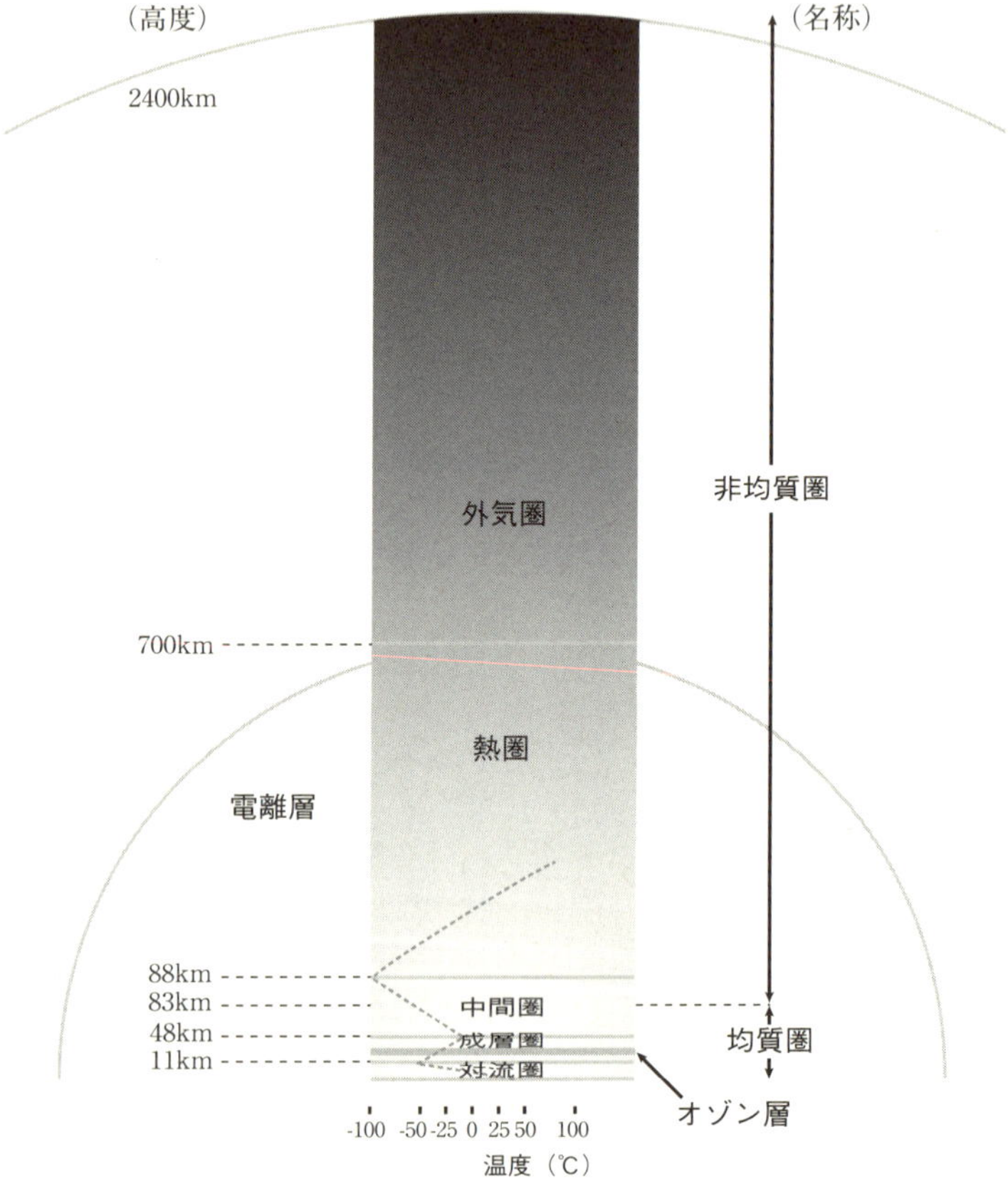

・温度目盛りの見方について＝左の高度の方を先に読んでから水平方向にたどり、温度を示す破線に当たったところで下方の温度目盛りを読む。

・図中のオゾン層の幅は実際の層の厚さには対応していない。

流れと、極地帯からの冷たい空気の流れを高速の風が分離している。この強風が「ジェット気流」で、地上七六〇〇〜一万四〇〇〇メートルあたりを吹いている。南北どちらの半球でもジェット気流はおおむね西から東へと流れているが、一時的に北方あるいは南方へかたよることもある。北半球で吹く西風は、たいてい上空にあるジェット気流の経路にそっている。

ふつうはこうした地球の動きや大気の大きな運動に気づくことはない。しかし、この生命の原動力となっているエンジンのパワーをまともに受けるときもある。バンクーバー─トロント間あるいはサンフランシスコ─ニューヨーク間を飛行機で往復すると誰でも驚くのは、同じ経路にもかかわらず西へ向かう便は五時間以上かかるのに対し、西から東へは四時間もかからないことだ。このちがいが生じるのは、大気が地球の回転に引きずられ、西から東へ向かう風が吹いていて、それが（西へ向かう場合は）向かい風となるためだ。こうした気流が地球のさまざまな領域の空気をたえずかき混ぜていて、海や熱帯雨林から蒸発する水蒸気や砂漠の埃、工業地帯からの排気を混ぜあわせ、巨大な大気の川のように物質を運び、拡散させているのである。

対流圏は大気、陸、海の温度差で生じる対流によってたえずかき混ぜられている。また山脈の影響や天気、湿度によっても対流は起き、海中の藻類が開花したときや、森林からの水の蒸散によっても生じる。こうした複雑な揺らぎがあるため、局所的な天候を予測することは難しい。しかし、地球規模の気流のパターンならば描き出して把握することができる。北半球と南半球の空気はそれほど混ざりあわない。赤道地帯で空気が暖められると両半球に別々に気流が生じ、両半球の気流は無風地帯によって分離されているのである。

【チェルノブイリの大惨事】

一九八六年四月二六日、ウクライナのチェルノブイリ原子力発電所で起きた火災は、生態系と人間を襲う大惨事となった。歴史をひもとくと、不幸なことではあるが人間は悲劇と破壊からもっとも多くのことを学んできた。そしてこのチェルノブイリの大惨事も、地球規模での大気の特性というものを目のあたりに示してくれた。

まず最初に世界に警告を発したのはスウェーデンの科学者で、ソビエト連邦で破局的な事態が生じていると報じた。チェルノブイリ原子炉から出る放射性元素が瓦礫《がれき》となった原発から大気中へと吐き出されていたのである。それが風に吹かれて北欧をわたり、スウェーデンの計測器が極度に高い放射能値を検出したのだった。放射性物質は北半球全体を移動し、まるで空気に認識票がついてでもいるかのようで、この放射性物質の行方を追うことでウクライナからの大気の流れがわかった。英国ウェールズのような遠く離れたところでも多量の放射性降下物があり、ヒツジが汚染され出荷禁止になった。一年たっても出荷停止は継続されていた。

チェルノブイリでの放射性物質の放出は、東欧から排出されたPCB類がカナダ北極圏の食物連鎖を汚染した状況ともよく似ている。チェルノブイリが思い知らせてくれたのは、空気がたんなる国家的・地域的な資源ではなく、人間の活動による排出物もその一部となること、そして誰もがからだを動かす燃料として吸入する、地球規模の共有財産であるということだった。

■放射線シールドとしての大気

大気は地球上で生命が発生し生きのびてゆくうえで、もうひとつ重大な役割をになってきた。「放射線シールド」だ。地球には太陽から可視光以外にも、目に見えない短波長の紫外線がたえまなく降り注いでいる。生物の遺伝子の材料である核酸は、とくにこの波長域の影響を受けやすい。

紫外線がDNA分子にあたると、分子の特定部位が光エネルギーを吸収し、その結果化学変化や化学反応が生じる。こうした紫外線によるDNAの損傷に対処するために、生命は自己修復のしくみを進化させた。しかし、すべての損傷が修復できるわけではなく、どうしても遺伝子変異が生じる。生物は長い時間をかけて進化してきているため、遺伝物質が変質すると、ほとんどの場合、細胞内で遺伝子が関わる反応のバランスが崩れ、結果は有益というよりは有害なものになる。

大気中で二個の酸素原子からなる酸素分子に紫外線があたると、「フリーラジカル」という反応性の高い酸素原子二個に分裂する。このフリーラジカルとなった酸素原子一個と、二個の酸素原子からなる酸素分子一個とが反応して、三つの酸素原子からなるオゾン分子が生じる。こうして大気中の酸素はつねに分解されては再結合し、オゾンを生成している。地上三〇キロメートルの高度には、ほんの新聞紙一枚分くらいの厚さの層があって、オゾンの形成と分解が繰り返されている。これがオゾン層だ。オゾンは酸素の一形態なので紫外線をとらえる性質がある。この性質によって、紫外線の大部分は地上に降り注ぐ前にオゾン層で除去されることになる。

ひとたび地球を外部から撮影できるようになれば、史上最高の理念が明らかにされることになるだろう。

――フレッド・ホイル（エドワード・ゴールドスミス他『危機の惑星 *Imperilled Planet*』より）

この化学反応は太古からの生命と大気間の相互性あるいは相互作用の一環であって、何千年ものあいだ生命と大気は互いに育みあい、適応し、互いに他方を変えつつ保護していたのである。惑星と生物の進化という面からみても、これは驚異的な協同現象であり、反応としてはバランスのとれた状態に達しているらしい。

地質学的変動レベルの長期的な視点からみれば、地球の大気はつねに流動的で、生物に影響を与えると同時に生物からも影響を受けている。しかし何度かの氷河時代と間氷期《かんぴょうき》を過ぎ、数十万年が経過しても、大気にこれといった変動はみられなかった。酸素の割合は都合よく大気の二一パーセント前後におちついていた。この割合が二五パーセントを超えれば大気が発火していただろう。また大気に含まれる酸素が一五パーセント以下になれば、生命にとっては致命的な状態になる。二酸化炭素と水蒸気はどちらも温室効果ガスであると同時に光合成に必要な気体だ。このガスによって地球の表面温度の変動が過去三〇〇万年にわたって摂氏七度以内に保たれ、快適さが維持されていたのである。この成分の割合や相互関係が大気の弦をつまびき、大気の層に心地よくこだまする調和の音色を響かせている。

わたしたちのまわりや頭上をうねりながら動いている大気は、この惑星に最初の生命を生みだした目には見えない「四つの元素」のひとつであり、それは生命の息吹でもある。誰かが言っていたが、「水の存在に最初に気づくのは魚ではない」。だから空気と生命が協同して創造してきたものの本当の意味を理解するために、人間は故郷《ふるさと》の星を離れてみなければならなかったのである。宇宙飛行士ウラジミール・シャタロフは語る、

仰ぎ見ると、空は果てしなく広がっている。われわれは、ごく当たりまえのように、意識もせずに呼吸している。そして、空気の広がりはどこまでも続いているかのようになんとなく思い込んでいる。ところが、宇宙船に乗り組んで地球を発てば、10分もたたないうちに大気の層を突き抜けてしまう。その向こうにはなにもないのだ！　大気のかなたに広がるのは虚無と寒気と暗闇だけである。一見「果てしない」と見える青空。私たちに空気を与え、無限の暗黒と死から守ってくれるその大気は、実は限りなく薄いフィルムにすぎない。この繊細なうすぎぬのような覆い、この生命を守ってくれる薄膜をほんのわずかでも損なうのは、きわめて危険なことだ。

——ケヴィン・W・ケリー編『地球／母なる星』（邦訳・小学館、田草川弘ほか訳、訳文は邦訳より引用）

■すべての生物のための空気

大気は目に見えず分割することもできない。境界も所有者もなく、地球上の全生物が共有している領域だ。大気は未来の全世代が相続すべき正当な財産であり、進化の道をひらいてきた母胎でも

ある。さらに大気が全生物をつなぎ合わせているため、生物全体が時間的にも空間的にも広がりをもつ単一の生命体のように見えてくる。過去、現在、未来にかかわらず、人間は生きている限り一分たりとも空気なくしては生きてゆけない。しかもその空気は清浄で、からだが適応してきた組成でなければならないのである。

ところで空気の質についてだが、これもまた生命と大気圏との動的な相互作用に依存している。すなわち、大気圏に何が入って何が出ていくかによるわけだ。大気圏をなす気体の構成は、長大な時間をかけて変化してきた。同時に、繁栄する生物の種類も変わってきた。ところが現在では人間のテクノロジーがこのシステムを急《せ》き立てているため、この変化の速度がきわめて大きくなっている。動力機械からの排気が空気の構成成分を変化させているのである。

多くの狩猟採集民族は、殺した動物たちの魂を守る神聖な責任をもっていた。礼儀正しく儀式をとり行い、必要以上には殺生せず、獲物の一部たりともおろそかにしないことが、なにより獲物への感謝の気持ちを示すことになり、その生き物に依存していることの確認にもなっていた。同じように、いやそれ以上に、わたしたちは呼吸しているこの空気を守る責任をしっかりと意識する必要があるのだ。

生命に適した大気の状態を保つ機能がどのように地球にそなわったかについては、他の問題同様、科学者にもほとんどわかっていない。しかし大気が重要であることは明白だ。この惑星の表面をおおっている光合成を行う生物は、大気圏に酸素を供給する点で決定的な役割をはたしている。一方、自動車は二酸化炭素の主要な排出源だ。十八世紀後半の産業革命以降、大気中の二酸化炭素濃度は着実に増大し、二十一世紀中ごろまでには産業革命当時の二倍になる勢いだ。人間をはじめすべての生命にとって空気が必要不可欠であり、最優先課題であることを認識したうえで、森林と海洋植物を保護、育成してゆくことに世界が合意することは重要な一歩だ。しかし、人間のテクノロジーによる排出量を世界的に削減しない限り、こうした合意が長期的な問題解決に寄与することはまずあり得ない。排出量を削減するということは、化石燃料への致命的な中毒的状態からの脱出を意味する。

人が地上への到着を告げる産声をあげてからまさに息を引き取るまで、空気は絶対に欠かせない。一息ひといきが秘蹟《ひせき》であり、重要な儀式でもある。この「聖なる元素」を吸入することで、現存する全生物と物質を介してわたしたちはつながり合っており、さらに過去そして未来の無数の世代とも結びついている。火災や火山、人間が生みだした機械や産業の排ガスがもたらすこの惑星の運命は、そのまま人間の運命でもある。

この生命の息吹である大気が、正当な最重要課題としての地位を取り戻すことになれば——つまりあらゆる人権や責任の中で最優先の課題となり、あらゆる意志決定の方向性を定める基準点となれば——古代からのバランスを回復するための長期的な施策を展開できる。自然をよりどころとしながら、人間は生命と空気との長い協調関係の中で、再び重要な役割をはたしていけるようになるのである。

第3章

水……わたしたちの身体を海が流れる

われわれは水によって、あらゆる生き物をつくりだした。
——『コーラン』スーラXXI（預言者）—三〇より

主は泉を湧き上がらせて川とし
山々の間を流れさせられた。
野の獣はその水を飲み
野ろばの渇きも潤される。
——詩篇一〇四—一〇、一一（新共同訳聖書より引用）

最初に地球を探検した生物が、宇宙の他の領域からやってきた冒険家だとすれば、はじめてこの惑星を見たときに「地球」ではなく「水球」と名づけていたかもしれない。宇宙から見れば地球は緑色ではなく、大きな海に薄い雲のヴェールがかかった青い惑星だ。

地球表面のなんと七〇・八パーセントが海である。平均深度三〇七三メートル、総量でじつに一三億七〇〇〇万立方キロメートルの水をたたえている。内海や湖、氷河、極地の雪や氷原まで含めると、その総面積は三億七九三〇万平方キロメートルになり、地表の七四・三五パーセントが水でおおわれていることになる。陸地は水面上の突起物にすぎない。地球の固体部分を平らにならしてしまえば、地球は深度二七〇〇メートルのひとつの海でおおいつくされてしまう。

人間はこの「水の惑星」における陸上生活者であり、乾いた土地に置き去りにされている。そんな人間が必要としている「水」は、周囲の陸（土）とは異質の存在だ。それは遠い昔別れを告げたかつての故郷《ふるさと》であり、いまではそれをからだの内部に取りこんでいる。「水」は創造の素材であり、生命の源泉だ。子供は破水して産まれる。それはかつての神々が大地をかたちづくるのに原始的な暗黒の海を分かったのと似ているし、最初の陸上生物が海からはい上がってくる姿のようでもある。

人間が宗教儀式の中心に水を位置づけているのも、おそらくそんなところに理由があるのだろう。たとえば、洗礼ではよく子供を人として迎え入れるために、過去を水で洗い流すことで新たな出発のしるしとする。変容、浄化、共有といった「水」の強力な象徴性はわたしたちの生活に深く浸透している。さらに水は、わたしたちの記憶の中にも流れている。日ざしのなか小川で水浴びをしたこと、泉にコインを投げて願いごとをしたことや相撲の取り組み前に土俵を水で浄めること。さらに文学作品にも、この水という重要な物質と人間との流動的な関係が満ちあふれている。水はわたしたちの存在の起源であり、それなしでは生きてゆけないものであり、その中で溺れることもあれば、この世界を押し流してしまうこともある。

水底《みなそこ》深く父は眠る。
その骨は今は珊瑚《さんご》
両の目は今は真珠。
その身はどこも消え果てず
海の力に変えられて
今は貴い宝もの。

（松岡和子訳）

――ウィリアム・シェイクスピア『テンペスト』（邦訳・筑摩書房）

うねっては姿を変える神秘的な海。海は人間の命に大きな影響力を与え、人間の想像力をかきたてる。渚に寄せては引く潮、そのダンスのビートを刻むのは大地のリズムだけではない。海にはたらく引力は三とおりある。地球、月、そして太陽の引力だ。そのため潮の満ち引きには、日ごと、月ごと、季節ごとの周期がある。海は恒星と惑星、そして衛星のリズムを重ねたダンスを見せてくれている。

どういうわけか人間はこのことをずっと昔から知っていて、海の動きの中に地球外からのメッセージを聞きとっていた。古代ギリシャではこの海の使者は、海神ポセイドンのアザラシの群の番人、海の長老プロテウスだ。プロテウスには未来が見えるため、彼に出会えば未来を正しく予言してくれた。彼の逃げ技は変身で、ライオンからドラゴン、水の流れになるかと思えば炎や木へと変身し、目もくらむような変わり身の連続でするりと逃げ去ってしまう。

プロテウスが身を隠す「水」もまた、つねに姿を変える。とどまることなく自らの姿を変えながら、地球の姿をも変えてきたのである。水は、現代のわたしたちには理解しがたい古代の不思議な真理を伝えてくれる。生命の源泉とそのたえまなく変貌する姿について教えてくれるのだ。

■水循環

空気が燃料であり、全生物に生命を吹きこむ生気《スピリット》だとするなら、水は生物に実体としてのからだを与える。ご存じのように、水は生命の進化には絶対に欠かせないものだった。生命の起源は海。血液の塩っぱい味が、進化的な意味で海が生誕の場であることを伝えてくれる。ところが人間は海水では生きてゆけない。これは他の多くの動植物でも同じことだ。人間の生命は「水循環」によってはじめて可能になる。この神秘的な過程は、蒸発によって海水を新鮮な水に変身させ、地球にくまなく再分配している。太陽からのエネルギーが海から水を蒸発させて水蒸気となり、大気中へ上昇し降雨として地上に戻ってくる。雨として地表に降りた水は地下に浸透し、川や湖に流れこみ、最後に海へと戻る(図3・1)。

この水循環には全生命の命運がかかっている。ときにはそのことを恨めしく思うこともある、「また雨か」。シアトルやバンクーバーではおなじみの嘆き節だ。コロンビアのチョコにある熱帯雨林では落胆した旅行者が「五日間降りっぱなしだ」とぼやき、はるか彼方までわざわざ見に来た見事なまでの緑の宝庫が、まさにその嘆きの雨によってつくられたことを忘れてしまっている。雲ひとつない快晴の空を悲観的に見上げるプレーリーの農夫は、水循環についてもう少し理解がある。先住

図3・1　水の循環

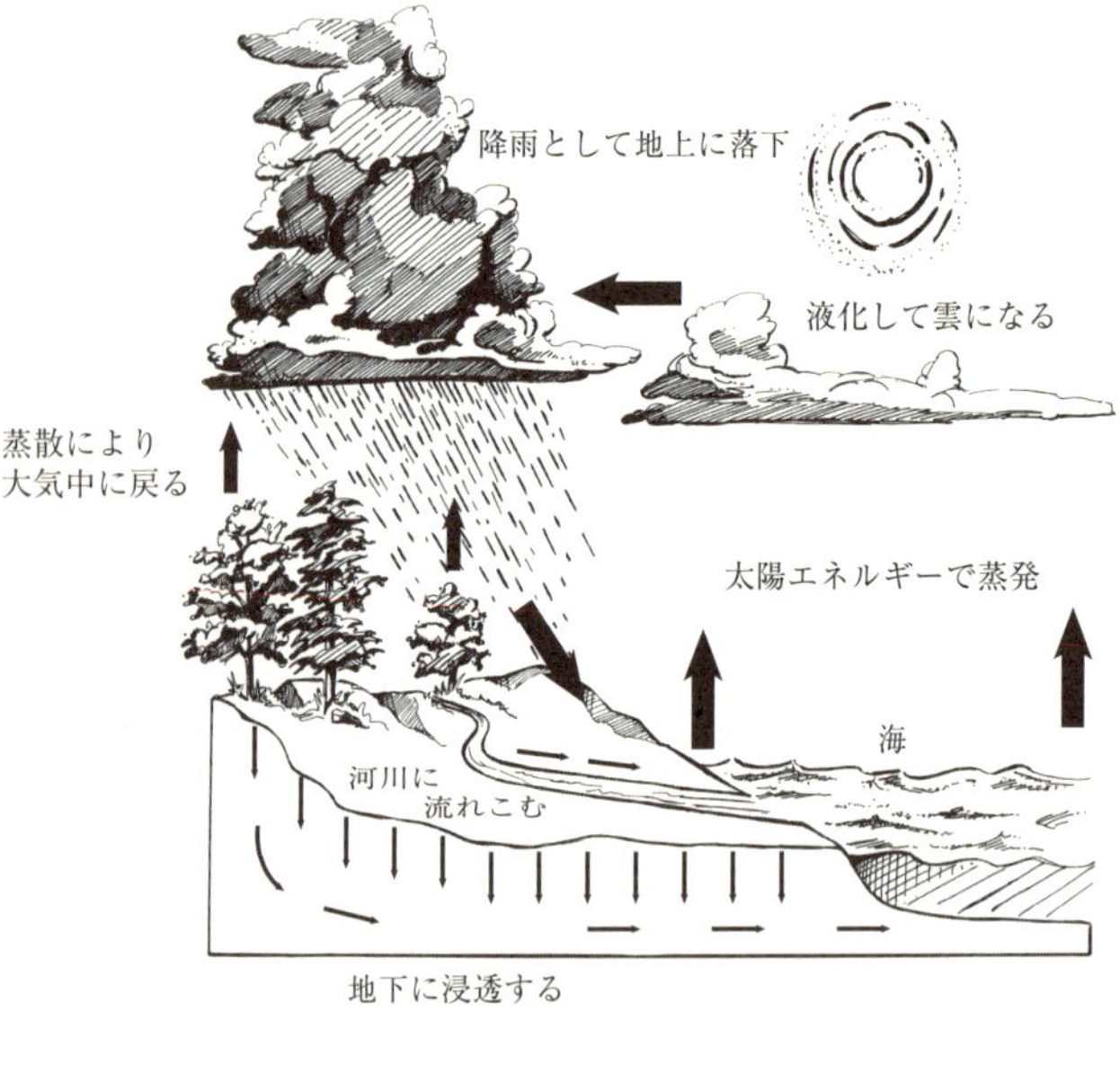

チャールズ・C・プラマー、デイヴィッド・マッギアリー『地学』
（*Physical Geology*）第5版（W.M.C Publishers,1991）p.234より改作

民は雨乞いの踊りで雲に泣いてくれるようお願いする。その他にも世界のさまざまな文化が、生命を授けてくれるモンスーンを吹かせてくれるよう神々に懇願する祭祀《さいし》をとり行ってきた。

生物はこの水循環に積極的に参加していて、水を吸収し、濾過《ろか》してから大気中に戻している。植物は葉から水分を発散する「蒸散」を介して、とくに重要なはたらきをしている。

森林は水をとらえ保持し、さらに水を利用しながらリサイクルしている複雑な装置だ。生きているスポンジと言ってもいいだろう（実際にははるかに複雑だが）。木の根はもつれ合いながらも林床《りんしょう》をくねって張りめぐり、非常に効果的に土壌を保持しながら水分を吸収して、谷川が洪水になるのを防ぐ。降雨の後、何日もかけて林床を流れてきた水はきれいで透きとおっている。土壌中や木の幹、根や枝にとらえられた水は、何日、何週間とかけてゆっくりと分配され、余分な水分は大気中に戻される。

熱帯雨林では毎日厖大な量の水が土壌中から吸い上げられ、蒸散によって空中に戻されている。広大な森林になると独自に局所的な気候をつくりあげていて、乾期でも雨を降らせて湿度を保っている。さらに森林全域を超えた広大な領域の気候の調節も行っている。広大な熱帯雨林が消失すれば、地味《ちみ》の悪い熱帯地域の土壌は固化し、水分がすぐに蒸発してしまったり、洪水となって急速に流れ出してしまうことになる。

……………【水分子アクアの一生】……………

一個の水分子を追跡することになったとしよう。ハワイ諸島の活火山から噴出した水分子で、その名は「アクア」。地球の地下深くから出てきた他の気体と一緒に混合気として放出され、アクアは空へ向かって吹き上げられ、対流の力や地球上をたえまなく吹きすさぶ大気の流れにもてあそばれる。気がついてみると、ようやくハワイ諸島から東へ向かう流れに乗っていた。その気流は海から一〇キロメートル上空にある帯状の湿った空気の流れで、まるで空気の大河のようだ。

北アメリカの海岸線まできて、アクアはさらに内陸へすすむと、隆起したロッキー山脈にぶつかった。雲になったアクアは冷却が始まり、凝集してついに液化すると、水分子は雨の滴《しずく》となって地上へ落下する。大地にぶつかったアクアは土壌中にじわじわと浸《し》みこんだ。重力に引かれるまま、小惑星のように迫ってくる砂粒を、あちらと思えばまたこちらといった具合にまわりこみながら地中をすすんでいく。

土壌中に浸みこんでいるあいだに松の木の細い根に出会うと、アクアはズルズルと吸収され、木の組織内に入っていく。さらにアクアは毛細管作用で吸い上げられて、木の幹を登り枝へとすすむ。ついにアクアは松ぼっくりの中の種に行き着いた。鳥がやってきて松ぼっくりをつついて種をちぎり取ると、アクアごとその種を飲みこんだ。年に一度の渡りの時期が来て南へと旅立つとき、アクアは鳥の血液に入りこんでいた。

その鳥が中央アメリカの熱帯雨林で羽を休めていると、蚊に血を吸われた。アクアは蚊の消化管に吸いこまれ、血液を吸いすぎた蚊が小川の水面近くまで降下すると、鋭い目つきの魚にパクリと喰われ、アクアはその魚の筋肉組織に取りこまれた。そして先住民の釣り人がその魚を槍でひと突き。アクア入りの獲物を持ち帰り、それが食卓にのる。水分子の旅はさまざまにつきることのない、出会いと出来事の連続だ。

■地球の循環システム

各大陸に張りめぐらされた水路網は、からだの循環系に似ている。実際、湖や河川流域がもっている機能とはまさにこの「循環」なのだ。雨水や雪解け水、さらには植物の根からしみ出した水分が溝に集まり、小川となって河川に流れこみ、湖や海へと注ぎ、蒸発して大気圏へと戻る。細根《さいこん》や根、枝の形、一筋の流れから小川となり河となるパターン、人間の生体組織がもつ血管や毛細血管、これらはどれも同じ物理現象を反映していて、すべての生物を地球の生命維持過程に結びつけている。水界生態学者ジャック・ヴァレンタインはこう記している。

水が母なる地球の血液で土壌が胎盤だとするなら、河川は血管で海は心臓の心房や心室であり、大気圏は巨大な大動脈だ。地球のリズムと人間の心拍をくらべれば、河川の寿命は数百万年から数十億年のあいだになる。この寿命の幅は、地球のリズムを一日一回と測るか一年に一回とするかによる。

流れる水もあれば、とどまる水もある。土壌の小さな粒子をフィルム状に包んでいる水や、岩の割れ目にたまっている水がそうだ。地下深くにある帯水層《たいすいそう》は、恐竜が地上を闊歩《かっぽ》していたころから存在するが、ここにも大量の水がたまっている。こうした「化石水」は動くにしても一〇〇〇年に数メートルとじつにゆっくりだ。ロンドン地下にある帯水層は二万年前のものと推定されている。

また、水はつねに新しく生成されているわけではない。地球上に現在ある水そのものは、昔からずっと存在していたものだ。しかし地球を車輪のようにめぐり、雲から雨となって地上に落ち、再び雲になる水循環のしくみはそうではない。この生命を育む水の変容過程は太古からつねに存在したわけではなかった。水循環の形成には数多くの要素が関係しており、温度、化学反応、土壌、そして生命自身も関わっている。

■最初の洪水

地球がまだ若いころ、大気は高温すぎて液体の水は存在できなかった。火山から噴出した水は気化していた。数千年たってようやく大気が十分に冷却され、水が凝縮できるようになると雲を形成した。そして水は雨となって雲から離れて地上に降り注ぎ、地球表面を形成していた岩を叩いた。

かつての地球は乾ききった生命のない岩石ばかりの世界だった。巨大な山が空を突いてそびえ立ち、深い溝が地表を切り刻んでいた。容赦なく降り注ぐ雨で、窪《くぼ》みという窪みに水がたまり、一杯になればあふれ出して次の水たまりへと向かった。重力に引かれて水は窪みからあふれ落ち、小川となり川となる。岩を転がして川底をえぐりながら、つねに低い方へ低い方へと流れていった。

数百万年が経つと、地球はほとんど淡水でおおわれた。たえまない水の流れが岩石の成分を溶かし、ごく微量の成分を削り取りながら、もっとも大きな貯水池へと流れこんだ。塩辛い海は、こうしてごくわずかずつ成分が加わって生まれた。きわめて小さな変化であっても長大な年月を経れば巨大な変化をもたらす一例である。

生命は四〇億〜二五億年前の始生代に始まるが、どうやらこのころからすでに生命体は、地球の水の供給を維持する機能をはたしていたらしい。始生代のころ、玄武岩に含まれる酸化物は二酸化炭素や水と反応を続け、ナトリウムやカリウム、カルシウム、マグネシウムそして鉄の炭酸塩(酸素と炭素の化合物)を生成しながら、大気中に水素を放出していた。

水素は非常に軽いため地球の重力では引き止められず、宇宙空間へと逃げ出す。この反応が一〇億年以上続いていれば、地球の水はすべて消失していたかもしれない。そして地球の大気は火星と似たものになっていただろう。しかし、植物が光合成を進化させて副産物として酸素を生産するようになると、水中の水素の一部はブドウ糖の環状構造に取りこまれ炭素と結びついた。こうして水素が地球にとどまったのである。

さらに岩石中の鉄が酸化する過程で生産される自由水素は、バクテリアがエネルギー源として利用した。また酸素と水素そして硫黄が化学反応して、水と硫化水素を生産した。この硫化水素はその構造中に、化学結合というかたちで回収可能なエネルギーをたくわえることができた。こうして、地球はおそらく生命の作用によって水の生産に不可欠な水素を固定して宇宙空間への流出を防ぎ、乾燥をまぬがれたのだろう。

■水の必要性

生命は、生きている水だ。

――ウラジミール・ヴェルナツキー(M・I・ブジコ、S・F・レメシュコ、V・G・ヤヌタ『生物圏の進化――地球上の生物と気候の歴史と未来』〈邦訳・農林水産省農林水産技術会議事務局研究開発課〉より)

空気と同様、水も人間の生存に欠かせない。しかし、空気の場合はなくなれば数分の命だが、水の方は欠乏に気づくまでかなり時間がかかる。数時間水を摂取しないでいると、とくに運動をしたり暑い日であれば、喉がカラカラに乾くのがわかる。からだが水を飲むように要請してくるわけだ。水がなくても周囲の気温や活動の程度、着ている衣服にもよるが、一〇日間くらいは生存可能だ。しかし、最後にはおぞましい死が待っている。水は命の秘薬だ。水がなければこのこの惑星も不毛の地のままだっただろう。

生物にはこの水という秘薬が欠かせない。なぜなら生物は水でできているからだ。原形質は植物や動物の細胞をつくる物質だが、その大部分は水分だ。平均的な人間の場合、体重のおよそ六〇パーセントは水分で、四〇リットル近い水を何十兆個もの細胞がたくわえている。身体中にある水の五分の三は細胞内にあり、「細胞内液」という。五分の二が細胞外にあって血漿《けっしょう》や脳脊髄液となっていたり、腸管などに存在したりする。重量でみた水分の割合は年齢や性別によっても異なる。このちがいは、細胞内外に存在する液体と体脂肪の割合による。脂肪細胞は他の細胞とくらべて水分の含

集団	体重に占める水の割合
乳幼児	75%
若い男性	64%
若い女性	53%
高齢男性	53%
高齢女性	46%

有量が少ないのだ。土壌物理学の権威ダニエル・ヒレル博士はこう語る、

人間のからだは固体のように見えるが、じつは液体なのだ。ある意味ではゼラチンのようなもので、これも固体に見えるがじつのところそのほとんどが水分だ。からだは有機素材によって「ゲル状」になっている。

――『大地から』(*Out of the Earth*)

基本的にわたしたちのからだは水の塊で、高分子が十分肉厚になっているおかげで、ある程度の固さが保たれ、垂れ落ちないでいられる。毎日、からだの水分の約三パーセントが新しい分子に入れ替わる。からだのあらゆる部分を灌流《かんりゅう》する水分子は世界に広がる海に由来し、プレーリーの大草原や世界中の広大な雨林の林冠(樹木の枝や葉の茂っている部分(樹冠)が並んで森を覆っている層)から蒸発したものだ。空気と同じように、水もまたわたしたち人間を、地球そして他の全生命と結びつける媒介となる物質だ。

■バランスを保つ

人間につねに水が必要なのは、その身体機能の結果だ。呼吸やひと粒

の汗、糞尿の排泄時に水分を失うからだ。必要な水分のいくぶんかは、自らの代謝でも生産される。たとえば炭水化物や脂肪の分解によって、二酸化炭素と水そしてエネルギーが得られる。しかし通常一日に二・五リットルの水が必要だが、代謝過程による生産だけではその一一・五パーセントにしかならない。残りの不足分はふつうなら飲料(一日の必要量の五二・二パーセント)と固形食品(三六・三パーセント)から摂取する。こうした水分の摂取量は、毎日失う水分量とバランスがとれている。一日に失う水分のうち約一・五リットルが尿、〇・九リットルが呼気と汗、〇・一リットルが糞便として排泄されている。

人間のからだには、ひっきりなしに水不足警報が発令されている。毎日の水分摂取が排出量とピタリと一致しなければならないからだ。脱水症状の徴候が出てくると、体液の塩分濃度が増大しはじめる。わずかでも塩分濃度が上がると、脳下垂体後葉《こうよう》からの抗利尿ホルモン(ADH、バソプレシン)の分泌が促される。ADHは直接腎臓に作用して水分の排泄を減少させる。

脱水症状によって血液量が減少すると、さらに別の生物学的警報も発令される。心臓内部の血液量を監視している伸張受容器が、脳の視床下部にある「渇きの中枢」に唾液の生産を抑える信号を送るのである。それによって口内の水分が減ると意識には「渇き」の印象が届き、それが刺激となって水を飲む。口がぱさつく感じは脱水症状の初期段階の徴候のひとつだが、多量の出血や火傷、下痢、汗をたくさんかいた後などによくみられる。

水を飲みすぎた場合はこの警報システムが逆にはたらく。体液の塩分濃度が薄くなるとADHの分泌が抑制され、もっと水分を排泄するように腎臓を刺激する。すると濃度の低い尿が膀胱に送られ、ふつう一時間以内に濃度の異常は解消される。

腎臓は体内の水のバランスを維持するだけでなく、血液中の重要な体液を浄化する場面では主役を演じている。つまり、血液中に溶けこんでいる代謝老廃物の除去をする。アミノ酸の分解によってできるアンモニア、肝臓で老化したタンパク質から生産される尿素、核酸が分解された尿酸、タンパク質の副産物であるリン酸や硫酸を除去している。これらの毒性化合物は血液から漉《こ》し取られ、洗い流される。毎分約一・二リットルの血液が腎臓を通過し、そのおよそ五分の一が糸球体《しきゅうたい》という微細なフィルター構造網にまわり、毎日約一八〇リットルの血液を濾過している。

エネルギーに関係して第5章でも述べるが、水には熱を多量に吸収して液体から気体の状態へと変化する性質があり、体温調節の重要なはたらきをになっている。体内の水分は汗や息となって無意識に失われていく。すなわち、自律神経系によって無意識的に活性化した汗腺を経由して水分は皮膚表面に届き、汗となって気化する。気化にはエネルギーが必要で、汗が乾くときにからだの熱を消費するため、皮膚が冷却される。一リットルの水を気化するには二四二八キロジュール(約五八〇カロリー)の熱が必要だ。

からだと環境のあいだでは驚くべきバランスが保たれている。からだの内部と外部が協同的に機能して、水の「満ち引き」を制御しているのである。環境の湿度と気温、そしてからだの運動の程度に応じて、皮膚をとおして大気中へ放出する水分量が決まる。同じようにからだの内外の条件によって、水分の摂取と排泄が制御されている。これは他の生物でも同じだ。この一生続くバランス作用は、地球とその住人たちが演じているサーカスの一部だ。

水はからだに入ると心臓のリズムに合わせて体内を循環する。休むことなくからだのさまざまな器官へ食糧や燃料を届け、細胞の残骸や分子の残骸を運び出す。水分は皮膚からしみ出し、肺からは水蒸気として逃げ、からだのあらゆる開口部から出ていく。こうして再び水は自然の水循環に乗る。地面にしたたり植物に吸収され、大気中に蒸発し、水域へと戻るのである。水はたえまなく循環しているのだ。大空から海そして陸へ、さらに一時的に全生物の体内に入り、再び循環する。

こうしてみると、生命の役割とは水を変容させる媒体にすぎないのではないかとも思えてくる。卵にとって雌鶏が生まれる手段だとするなら、水分子にとって人間は、分子どうしが互いにおしゃべりする手段といったところなのかもしれない。

■水の不思議な性質

よく見てみると、水の分子はとても不思議な存在であることがわかる。身近な存在だけに、わたしたちはその性質をふつうのことと思っている。しかし、物理学者は水が異常なふるまいをみせることを知っている。たとえば、水が常温で液体であるという点だ。これは非常に奇妙だ。水のように小さい分子量の化合物だと気体になっているはずなのだ。たとえば硫化水素なら、摂氏マイナス六〇・七度で気化する。他にも水には融点、沸点、気化点が高いという異常性がある。

生命はまったく水の安定性に依存している。水には大量のエネルギーを吸収する性質があり、細胞質内での光合成や動物の血液における酸素の輸送が激しく変動しないように防御している。

また海や湖は熱溜《ねつだめ》となって地球の気候を穏やかにしている。からだが適応できるように季節変化を和らげ、天候変化を激しすぎず緩やかなものにしてくれるのだ。さらに砂漠の空の下でサボテンなどの植物が茹《ゆ》だってしまうのを防いでいる。何より水の比熱、気化熱、融解熱のおかげで、生存が厳しい条件下でも、生物は生きのびる能力を獲得できた。この水分子の特性がなければ、激しい気候変動によって生物はこれ以上ないほどの早さで創造者のもとへ送り返されてしまっていただろう。

——ピーター・ウォーシャル「水分子のアレゴリー」(The Morality of Molecular Water)

水の性質の中でも特筆すべきなのが比熱だ。一グラムの水の温度を一度上げるのに必要な熱量で、鉄の一〇倍、水銀とくらべると三〇倍、土の五倍も多くの熱を必要とする。この性質によって水は効果的な「熱溜《ねつだめ》」となっている。水は大量の熱を吸収し、後にその熱を放射する。この特性により、湖や海にある厖大な水が夏期に熱を大量に吸収し、冬期になってそれを放出するため、地表の温度は適度に保たれている。さらに熱帯で多量の熱を吸収した海流は、その熱を温帯へと運び、その一帯の大気を暖める。両極圏内まで到達すると海水は冷却されてから赤道へ戻り、再び熱を吸収して赤道地帯の気温を下げる。水の気候への作用はこれだけではない。白い雪と雲は太陽光を地球から宇宙空間へ反射し、水蒸気は温室効果ガスとして機能し、熱を地表へと戻している。

こうした水の特殊な性質は、水分子間に強力な引力がはたらいていて、水分子が高い凝集力をもっていることによる。分子の見かけからは水は単純な物質にみえ、二個の水素原子と一個の酸素原子が結合しているだけだ。ただし、水素原子と酸素原子はH—O—Hのように直線状には並んでいない。二個の水素原子は酸素原子を中心にして一〇五度の角度で開いている（図3・2）。水素原子は酸素分子に対し片側にかたよって存在し、プラスに帯電している。一方、大きな酸素原子の方は水素原子とは反対側にふくらんでいてマイナスに帯電している。

こうして水分子は、小さな磁石のようにいわゆる「双極子」を形成している。分子が電気的な双極子になっているため、水分子の水素原子は他の水分子の酸素の中心に引き寄せられ、「水素結合」という化学親和性を示す（図3・3）。この双極子の存在によって、さらに水の特異な現象がみられる。それが雪の結晶すなわち雪片の形成だ。この単純な分子は非常に多様なかたちで結合するため、雪片の形はほとんど無限に存在する。

水分子は互いに結合してはいるものの本来の化学結合とはちがい、水素結合の場合はつねにその結合が変化している。ひとつの分子は一秒間に一〇〇億回から一〇〇〇億回も水素結合の相手を替える。だから、隣り合う分子とはほんの一瞬だけ行きずりの結合をしていることになる。間断なく結合を変化させていることで、液体の水は全体として非常に安定した状態にある。そのため気体として分子を乖離《かいり》させるには、多量の熱エネルギーが必要になるのである。

水は固体状態よりも液体の方が密度が高くなり、氷点から数度高いところで密度は最大になる。その結果、固体の水（氷）は液体のときよりも分子間の間隔が大きくなる。こうして氷になると水は膨脹する。そのためほとんどの物質の場合は凝固すれば沈むのだが、水の場合は浮く。だから湖や川の底に氷はできず、水面に張る。重要なのはこの氷が断熱層を形成し、その下の水を液体のまま

図3・2　水分子の構造

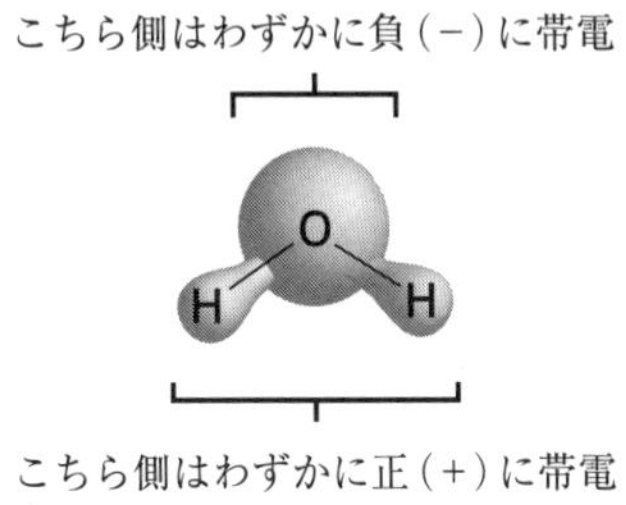

図3・3　水分子間における水素結合の形成

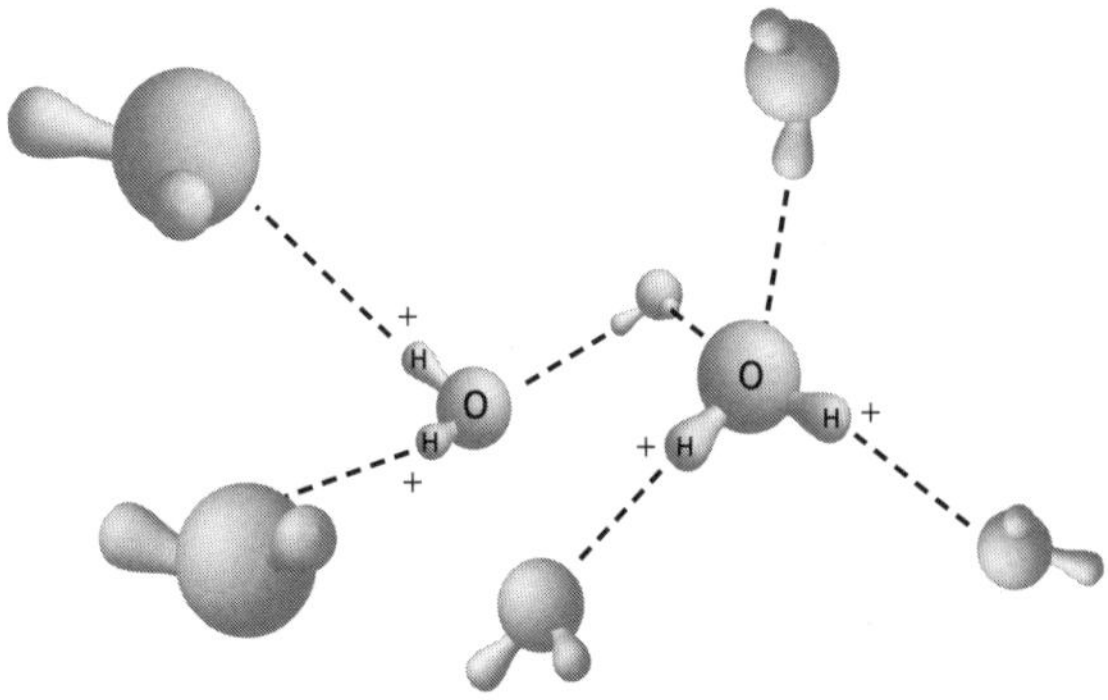

セシー・スター、ラルフ・タガート『生物学――生命の統一性と多様性』（*Biology: The Unity and Diversity of Life*）第6版（Wadsworth,1992）p.27より改作

図3・4　水分子に塩が溶けるしくみ

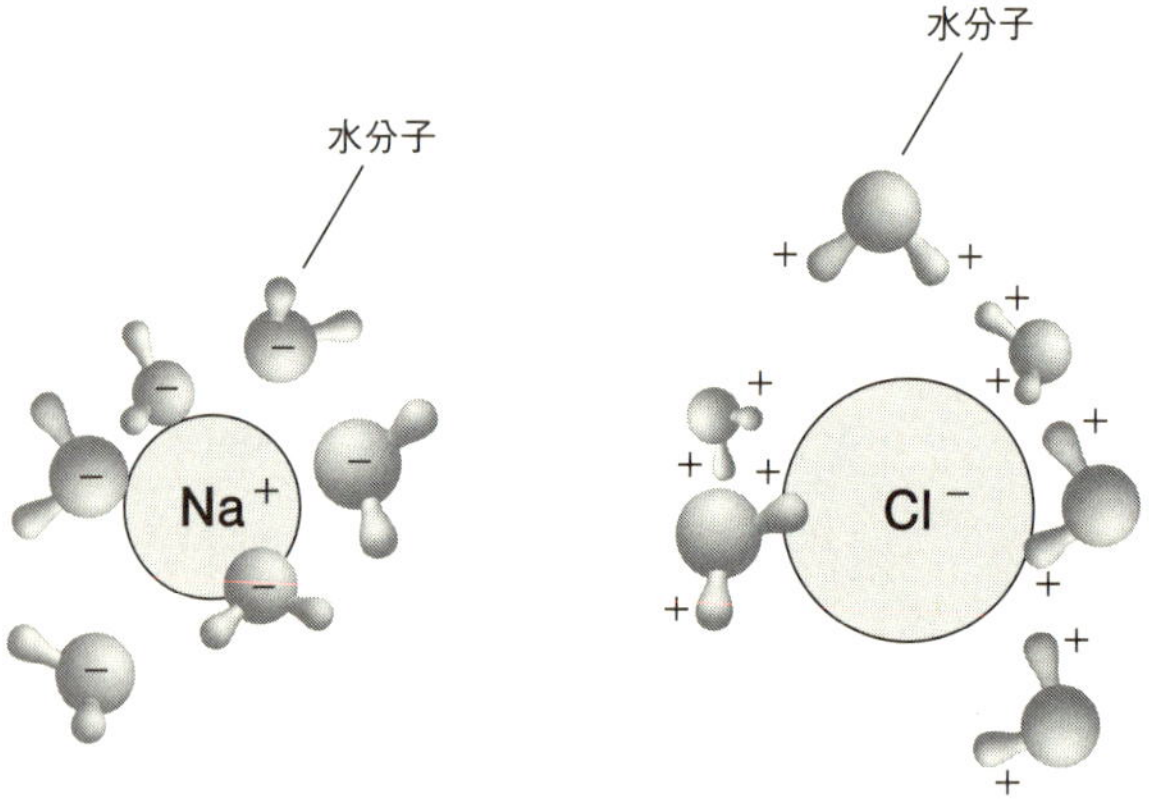

セシー・スター、ラルフ・タガート『生物学――生命の統一性と多様性』（*Biology: The Unity and Diversity of Life*）第6版（Wadsworth,1992）p.29より改作

に保ってくれることだ。そのおかげで、冬期でも水生生物が生存できるのである。

水は「万能の溶媒」であり、さまざまな無機および有機化合物を溶かしこむ。これは水分子が双極子をもつため、他の原子や分子の電気を帯びた部分を包みこめるからだ（図3・4）。水は万能の溶媒だからこそ、岩石の風化や分解のさいに効果的な作用をおよぼす。水は土壌中を浸透しながら、栄養素やミネラルを溶かしこんで輸送する。さらに細胞中の分子も水に溶けるため、生体内の物質もまた水が輸送している。さらに水は溶媒であるにとどまらず、代謝反応にも加わり、分解産物のひとつとなる。つまり、脂肪などの大きな分子が分解するときその副産物として水ができる。

物理的性質を定量し測定する場合、比較対照物として水が用いられていることが多い。これは水がこの地球上で、また生活の中で、独特の位置にあることを示している。たとえば重さと長さを定めているメートル法は、一ミリリットルの水の質量を一グラムと定義している。摂氏の温度目盛りは水の凝固点を〇度、沸点を一〇〇度としている。またエネルギーはカロリー（cal）という単位で測定されるが、これも一立方センチメートルの水の温度を一度上げるのに必要なエネルギー量として定義されている。食品の場合、1000calあるいは1kcalを1Calと記述する。

■淡水の供給——地球上でもっとも稀少な水の形態

どこを向いても水ばかりだ、
なのに一滴として飲むことはできない。

——サミュエル・テイラー・コールリッジ「古老の船乗り」

人間には他のほとんどの陸上にいる動植物と同じように、「淡水」が絶対に欠かせない。しかし地球上でもっとも稀少な水の形態がこの淡水なのだ。地球の水の九七パーセント以上は塩水であり、生命を維持するために淡水を必要とする陸上生物にとっては有害な水だ。塩分が十分除去され飲用に適した水の九〇パーセント以上は、氷河や氷床あるいは地下深くに閉じこめられている。容易に手に入れられるのは、淡水のうちわずかに〇・〇〇〇一パーセント（流水路より）にすぎない。（表3・1）

人間は有史以前から水路沿いで生活し、食糧や移動に水路を利用してきた。それが事実であることは先史時代の貝塚や住居跡から推測できる。さらに人間がはじめて定住するようになったのも広大な氾濫原《はんらんげん》〔河川が運んできた土砂が堆積した平地〕だった。人々は毎年決まって起きる河川の洪水によって肥沃になったデルタ一帯を開拓し、農業に利用した。メソポタミアのチグリス川とユーフラテス川が合流するところに最初の文明が誕生し、続いてナイル川沿いにも定住地が出現した。地球上の他の大河、たとえばアマゾン川、ミシシッピー川、ガンジス川も数千年にわたって先住民の暮らしを支えてきた。村落や都市の起源は、水の存在と密接に関係しているのである。こんにちでさえ、大都市のほとんどは海や湖そして河川に隣接している。それ以外の場所では水を探しだす知恵を身につけなければならなかった。井戸を掘り、雨水を集めて貯水し、乾燥地帯では霧や雲の水分でさえも集めて作物を育ててきたのである。

表3・1　地球上の水の分布

場所	体積（km^3）	全体に占める割合（%）
海洋	1,322,000,000	97.2
氷冠と氷河	29,200,000	2.15
地下水 （地下水面より下方）	8,400,000	0.62
淡水湖	125,000	0.009
塩水湖と内海	104,000	0.008
土壌中の水分 （地下水面より上方）	67,000	0.005
大気圏	13,000	0.001
流水路	1,250	0.0001
陸上の液体の水の総量	8,630,000	0.635
全世界合計 （端数は切り捨て）	**1,360,000,000**	**100.00**

エデンから一つの川が流れ出ていた。園を潤し、（……）

——「創世記」二—一〇（新共同訳聖書より引用）

飲用にならない海水を淡水にして空に上げ、陸上の生命を支えているのが水循環だ。陸上生物にとってすぐに利用できる飲料水の量はわずかであるが、水循環によって海や地面から淡水が抽出され、雨や雪となって地上に戻ってくる。毎年一一三兆立方メートル以上の水が地上に降っており、これは全大陸を水深八〇センチメートルの水でおおえるだけの量だ。しかしその三分の二は蒸発して大気中に戻ってしまい、残りの分で地表水〔河川や湖沼の水〕と地下水がまかなわれている。もちろんこの淡水は平均に分配されるわけではない。淡水が大量にある地域もあれば、まったく淡水が得られない地域もある。

各地域の植生やその豊かさは水量に依存する。たとえば広大なオーストラリア大陸はよく「過疎」状態といわれる。実際にもっと多くの人口を支えるには、土地の広さに対して水の量が不足しているのである。北アメリカ大陸をミシシッピー川やコロンビア川、マッケンジー川といった大河が蛇行しているのとは対照的に、オーストラリアでは巨大な砂漠がその中央部を占めている。

地底には大河が流れている。

——レオナルド・ダ・ヴィンチ（ダニエル・ヒレル『大地から』より）

水に関しては、カナダは世界の中で「持てる国」のひとつだ。面積にして地球の淡水の半分以上、体積にして一五から二〇パーセントを占めている。信じがたいことだが、これは八〇〇〇年から一万年以上前の最後の氷河期の恩恵を受けているおかげだ。このとき氷河が大地をえぐって窪《くぼ》みをつくり、そこに水が溜まったのである。アメリカと共有している五大湖だけでも、地球上の全淡水の五パーセント近くになり、周辺の住民四〇〇〇万人の水需要を満たしている。カナダでは一年間に一人あたり一三万立方メートルもの河川水が得られるが、それにくらべエジプトでは年間一人あたりわずか九〇立方メートルだ。平均的なアメリカ人は年間二三〇〇立方メートルの水を利用し、カナダでは一五〇〇立方メートルを使い世界第二の水利用大国となっている。

その地に流れる聖なる河アルフは、
測り知られぬ深さをもつ洞窟に流れ込み、くぐりぬけ、
光の射さぬ地底の海へと注いでいた。
——サミュエル・テイラー・コールリッジ「忽必烈汗《フビライ・ハン》」〔訳文は『イギリス名詩選』〔岩波書店、平井正穂編〕より引用〕

水は人間がかってにつくる境界や、人間による所有を拒む。目に見えない蒸気となって大気中に流れ出し、地表を流れ、土壌に浸透し、地下の大洞窟や水路へとしたたり落ちる。水は魔法のよう

に移動する。こうした水の移動はいろいろなレベルで人間社会に関わっている。同じ帯水層から井戸水を利用するご近所どうしは、ひとつの資源を共有しなければならない。そこでは敷地の境界線など関係ないといっていい。工場排水が河川に流れこんだり、あるいは限られた範囲の土壌中に浸みこんだだけでも、広範囲にしかもしばしば予想だにしない地域の動植物や人間に影響をおよぼすことがある。

世界最大規模の淡水をたたえる北米の五大湖は、関係する河川とともに二つの連邦政府と二つのカナダ州管轄区、そして四つの米国州管轄区により管理され、この水に利害関係のある都市は数十にのぼる。アフリカのナイル川は七つの国を流れ、各国が灌漑用水や飲料水としてこの川の水を利用する一方で、汚水や廃液を垂れ流している。ナイル川のもっとも下流にある国エジプトでは、こうした河川利用の収支勘定の結末を受けとめてきた。中東では石油ではなく水がまさに戦争の火種となるのも、当然なのだ。

■海洋――地球の気候の原動力

すべての河はみな海へ注ぐが、それでも海は満ちることなく(……)

――旧約聖書「コヘレトの言葉」(「伝道の書」)一―七

海は太陽とともに地球の気候の原動力となっている。大気の温度が急に変わっても、海は大量のエネルギーを吸収し、ゆっくりとそれを放出する。こうして海は地球の気温を安定させている。中緯度地帯では風によって海流が大きく旋回し（海流の循環システム）、熱を赤道付近から南北の極方向へと運び、陸地の気温と天候を改善している。暖流の黒潮は日本の南方の西太平洋から北アメリカへと流れ、カリフォルニアからアラスカさらにアメリカ中西部の内陸奥深くの天候にまで影響を与えている。大西洋でこの黒潮にあたるのがメキシコ湾流で、メキシコ湾から北へ向かって蛇行している。それはニューファンドランドの南でラブラドル海流が運ぶ冷たい北極圏の水とぶつかる。暖流と寒流がぶつかるため、この一帯は霧が出ることで有名だ。北大西洋を流れるあいだにメキシコ湾流は二本の流れに分かれる。北側の流れはイギリス諸島を抱きこんでいる。おかげでスコットランド北西部でも、おおいをすれば鉢でシュロの木を育てることができ、イギリス全土が同緯度の他地域より温和な気候になっている。南方向へ曲がっていった流れは、ポルトガル沖を通過して北赤道海流に合流する（図3・5）。

長大な距離を流れる海流とともに、動物の卵や幼生も移動する。それらは潮流に乗るように進化してきた生物たちだ。植物や動物の死骸、ミネラル、さまざまな元素や土も、海流に乗って漂いながら海底へと沈んでゆく。人間は長いあいだ、海流から恩恵を受けてきた。波打ちぎわには贈り物が届き、暖流と寒流がぶつかる栄養分の多い潮目では魚が獲《と》れ、ハイウェーがわりに海流を使って船で移動し、それを貿易ルートとして利益も上げた。

しかし海流は人間に恩恵を与えるだけの存在ではない。わたしたちが海流を利用するとき、じつは地球の大いなる力に触れている。地球の自転、卓越風（地域的・季節的にもっとも優勢な風）、そしてゆ

図3・5　中緯度帯の海流

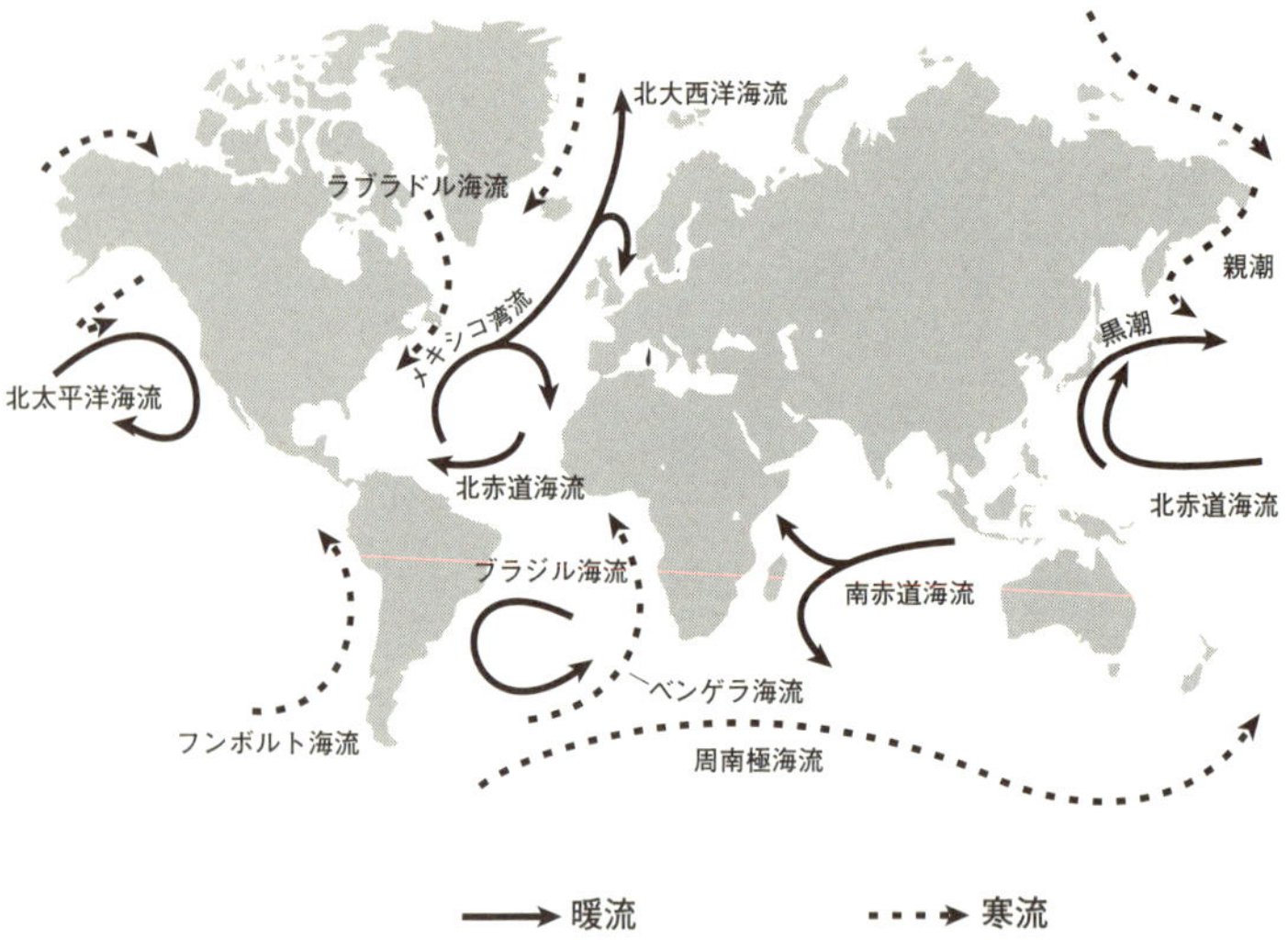
北大西洋海流
ラブラドル海流
親潮
メキシコ湾流
黒潮
北太平洋海流
北赤道海流
北赤道海流
ブラジル海流
南赤道海流
ベンゲラ海流
フンボルト海流
周南極海流
暖流
寒流

っくりとうねりながら熱を輸送する海水が、地球の大気の安定性を維持している。海流は大陸どうしをつなぎ、北極と南極を結び、生きている織物のように移動し曲がりくねっては混じり合いながら、永続的に世界全体を包みこんでいるのである。

■水の利用と汚染

地球の多様な動植物をひとわたり眺めてみてよくわかるのは、生命が好機をとらえるのに巧みなことだ。突然変異と新たな遺伝子の組み合わせによって、ニッチ〔生物社会の中で個体が占める位置や役割。生態的地位〕をくまなく利用している。動植物は進化によって、海洋と淡水の環境を克服してきた。海にはあふれんばかりの植物が存在する。壮大なケルプ〔海藻の一種〕の森や植物性プランクトンの大群が海洋における食物連鎖の基盤を形成している。大量の生物が協同してサンゴ礁のコミュニティーを形成し、マングローブの林が海岸線を縁取り、三角州にはさまざまな生物が集まっている。こうしたことすべてが、多様な生息地に適応するように生物をきたえ上げる進化の力を証明している。

陸上の動植物は水が豊富な場所でも、ほとんど水がないところでも生存の戦略を発見して繁栄してきた。南北両極の氷の中や乾燥した山頂、乾ききった砂漠の真ん中でも生物を見つけることができる。ウナギやサケのような河をさかのぼる魚は「生活環」〔生物が発生・成長し、死ぬまでの過程〕を進化させ、海水でも淡水環境でも生活できるようになった。また、生活環の段階によって水中と大気中、あるいは水中と陸上といった具合に生息地を移す種も多数存在する。ところが、水なしで生存する方向に進化した種はひとつもない。そして人間ほど水の利用について想像力を発揮し、それを必要とする種もいまだかつて存在しない。

人間は毎日一定量の水を必要とする。失った水分を補い、体内の水のバランスを一定に保つためだ。しかし、この水量はわたしたちが他の理由、つまり人間の都合で利用している全水量のほんの一部にすぎない。豊かな国では貧しい国をはるかにしのぐ大量の水を利用している。先進工業国では一日一人あたり三五〇〜一〇〇〇リットルの水を消費しているが、たとえばケニヤの農村部で暮らす人々はおそらく一日に二〜五リットルほどしか使っていないだろう。カナダのように水資源の豊富な国では、たいてい水は無限に存在するかのように浪費している。また多くの場合、食糧やエネルギーそして物質面での必要性を満たすために、目に見えないところで大量の水が使われているのである。

北アメリカの食卓につけば、野菜は灌漑によって生産されたものであり、水力発電の電気を利用して調理する場合もある。盛りつけ用の皿も製造段階で何リットルもの水が使われている。工業分野でも便利に使えるため、さまざまなかたちで水を利用している。化学反応に用いることもあれば、木質繊維をパルプ状態にして輸送するさいの溶媒として、あるいは洗浄用としても使われる。

北米の五大湖の運命は、わたしたちが直面しているジレンマを明らかにしてくれる。五大湖沿岸に暮らす先住民族にとってそこの水は神聖なものだった。食糧と水のつきることない源泉であり、大陸の他の部分とつながる重要な水路でもあった。ところがヨーロッパ人がやってくると、湖との関係は一変した。湖をとりまく森林は大規模に伐採され、分水界〔水の流域どうしの境界〕も様相が一変し、水質も劣化した。かつて豊富にいた魚類も乱獲によって減少し、新種の魚類が投入されて在来種と入れ替わった。ウェランド運河が建設されるとナイアガラの滝を迂回《うかい》して航行できるようになった。すると寄生性のヤツメウナギが運河に乗って上流の湖へとさかのぼり、上流の魚類は壊滅状態となった。つい近年のことだが、外国船舶が積んでいたバラストの水に混ざりこんでいた外来品種のゼブラ貝(カワホトトギス貝)が入ってきて、爆発的な勢いで繁殖した。その結果現在の五大湖は、外来種によって湖の生態学的構成が変貌するという天変地異の真っ最中だ。

また五大湖の水は、農業用の灌漑用水や工業用水、飲料水として奪いとられ、同時に周辺都市からの汚水や排水の処分場と化している。都市開発によって湖岸線が変わり、急激な浸食にもさらされている。かつては有機物を濾過《ろか》し、野生生物の餌場ともなっていた湖畔の湿地も、埋め立てられ舗装され、そして汚染された。とどまることを知らない人口増加も、健全な生態系を支える湖には耐え難い重荷となっている。

【生物が絶滅したエリー湖】

わたしたちの世代で湖は劇的な速さで変化した。一九四〇年代の終わりごろ、わたしはカナダの中心、エリー湖のほとりにあるリーミントンに住んでいた。カナダ最南端に位置するポイントピーリー近くの町だ。春には湖からカゲロウの大群が湧き立ち、あたりはその羽音に包まれ、家並みも道路もカゲロウでおおいつくされたものだった。岸辺にはカゲロウの死骸が一メートル以上にも積み重なった。湖の魚は狂ったように餌に飛びつき、鳥や小型哺乳類、その他の昆虫も恒例の祝宴のお相伴《しょうばん》にあずかっていた。

ところが一〇年とたたないうちに、湖水の生産性の明瞭な証でもあったこの膨大な生物資源は消え去ってしまい、湖に「死」が宣告された。富《ふ》栄養化つまりリン酸塩の刺激で藻類《そうるい》が過剰に増殖し、他の水生生物は酸素を奪われて窒息したのである。さらに農場から流出したＤＤＴによって無脊椎動物が壊滅した。

一九五〇年代末、列車がナイアガラ川をわたるとき峡谷を覗きこむと、それこそ入れ食い状態で魚をあげる釣り人の姿があった。釣られていたのは毎年産卵のために遡上《そじょう》するシルバーバスで、川にはキラキラ輝く魚影がひしめき、それは感動的な光景だった。ところがまたしても一九六〇年には、乱獲と汚染が原因でこのバスも姿を消した。現在の五大湖はといえば、外来種の魚や植物、農業や工業の排水、湖に水を供給している分水界への開発が影響し、荒廃寸前の状況だ。

トロントの水道は五つの湖の最下流に位置するオンタリオ湖から引かれているのだが、多くのトロント市民は現在、蛇口からの水ではなくボトル入りの飲料水を買って飲んでいる。オンタリオ湖の水コップ一杯に含まれる残留毒性化学物質の数を（非常に控えめにではあるが）水界生態学者ジャック・ヴァレンタインが推定している。水道の化学薬品濃度が、ナイアガラ川とオンタリオ湖での工業用化学薬品濃度の一〇〇万分の一に希薄されると仮定して、オンタリオ湖から引いているトロントの水道水コップ一杯に含まれる化学物質の量を算定したものだ。

●古生代の海に由来する塩素イオンが一〇、〇〇〇、〇〇〇、〇〇〇、〇〇〇、〇〇〇、〇〇〇個。その半数は冬期間に凍結を防ぐため、路上にまかれる塩によるもの。
●上流の人間の尿に由来する水分子が三〇、〇〇〇、〇〇〇、〇〇〇、〇〇〇個。
●下水の塩素消毒によるブロモジクロロメタン分子一〇〇、〇〇〇、〇〇〇、〇〇〇個。
●四塩化炭素、トルエン、キシレンなどの工業用溶剤の分子一〇、〇〇〇、〇〇〇、〇〇〇個。
●冷蔵庫の冷媒、スプレー缶の噴霧剤などのフロン（クロロフルオロカーボン）分子四、〇〇〇、〇〇〇個。
●木材防腐剤のペンタクロロフェノール（ＰＣＰ）分子一、〇〇〇、〇〇〇個。
●廃棄されたコンデンサーや発電機からのＰＣＢ分子が五〇〇、〇〇〇個。
●p,p'-DDT、p,p'-DDD、p,p'-DDE、エンドサルファン、リンデンその他の殺虫剤や殺虫剤の分解産物の分子一〇、〇〇〇個。

わたしたちに水を清浄に保つ知識がないのであれば、水を汚染することがすでにわかっているこれらの因子を抑制し、時が始まって以来清らかな水を与えてくれた自然を守るのが理にかなっている。地球上の生命を支え育むうえで水の存在は不可欠だ。気候を穏やかにし、地球上の全生物の身体を育みかたちづくっているのが水だ。水はそれじたいが生命の流れであり、聖なる資源なのである。

自然資源のうち、いまでは水がいちばん貴重なものとなってきた。（……）自分をはぐくんでくれた母親を忘れ、自分たちが生きてゆくのに何が大切であるかを忘れてしまったこの時代――、水も、そのほかの生命の源泉と同じように、私たちの無関心の犠牲になってしまった。

（青樹簗一訳）

――レイチェル・カーソン『沈黙の春』（邦訳・新潮社）

わたしたちは水なのだ。血管には潮が流れ、細胞は水で満たされ、代謝は水溶液によって媒介されている。両生類や爬虫類のようにわたしたち哺乳類も、常時水中で暮らすことはやめたものの、水なくしては繁殖できない。人間のもっともプライベートな行為において、精子は精液の中に解放され目標に向かって泳ぐ。受精卵は栄養分が豊富で血管が張りめぐらされた子宮壁に着床する。胎児はいわば太古の海である羊水の中に浮かびながら成長し、発生の起源が水中であることを再現するかのように鰓《えら》が形成される。水は生物の代謝の中でも生成されるし、固形の食品や飲料からも吸収している。

空気が神聖な気体であるように水もまた神聖な液体であり、わたしたちを世界中の海とつなぎ、さらに時をさかのぼって、全生命の誕生の場へと結びつけてくれている。

第4章
「土」から生まれて

お前は顔に汗を流してパンを得る
土に返るときまで。
お前がそこから取られた土に。
塵にすぎないお前は塵に返る。
――「創世記」三―一九（新共同訳聖書より引用）

灰は灰に、塵は塵に。
――葬送の祈り

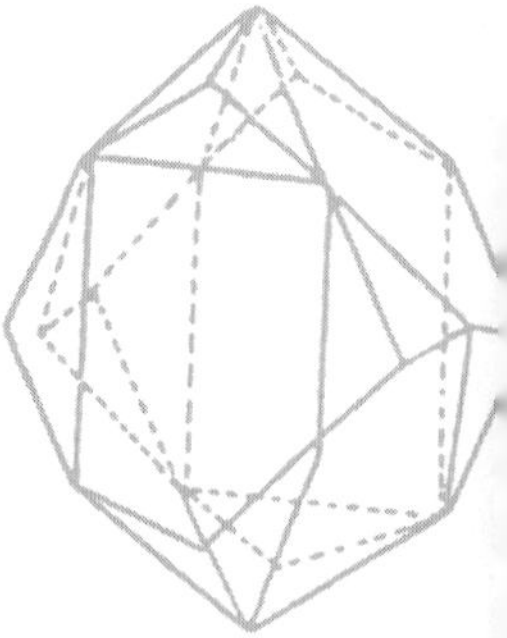

地球はわたしたちが暮らす惑星であり、生きる糧でもある。人間の起源に関する物語によれば、地球は人間存在の実体そのものだった。

主なる神は、土（アダマ）の塵で人（アダム）を形づくり、その鼻に命の息を吹き入れられた。

人はこうして生きる者となった。主なる神は、東の方のエデンに園を設け、自ら形づくった人をそこに置かれた。主なる神は人を連れて来て、エデンの園に住まわせ、人がそこを耕し、守るようにされた。

——「創世記」二―七〜八、一五（新共同訳聖書より引用）

聖書では最初の男がアダムだ。ヘブライ語の「アダマ」(adama)に由来し、「大地」や「土」を意味する。最初の女はアダムの肋骨から創られたイヴ。「エイヴァ」(hava)に由来し、「暮らし」の意味がある。両者は永遠につながりあっている。

生命は土から生まれ、土は生きている。他の創世神話などでは、土と生命の本質的なつながりが別のかたちで表現されている。最初の人間は、大地が育んだ素材から創られたとする物語もある。たとえば木から彫り出された、トウモロコシの粉を鋳型に入れて創られた、など。さらに種や花粉、樹液などから創られたとする物語もある。また、カメや水生の甲虫が海の底から土を運び上げたというものや、地下にある大地の子宮から人間が現れる場合もあれば、雨と太陽、砂と種子が結びついて最初の祖先の姿になったとするものもある。いずれにせよわたしたちは陶器のように土から生まれたのである。これらの物語は「土は生命の源泉」という真理をわたしたちに教えてくれている。土は時代をこえて大切にされ、神聖なものでさえあった。それというのも土が神からの贈り物を授けてくれるからだ。ダニエル・ヒレル博士はこう語る。

大地崇拝は農業のはるか以前から行われ、農業が始まってからも続いた。大地は、宇宙の創造的力であり、自然界のすべての現象に関わる、偉大なる精神《スピリット》の現れとして、神聖なものとみなされていた。大地の精《スピリット》は地形をつくり、季節や豊作の周期を調節し、動物と人間の生命をつかさどると信じられていた。岩石、樹木、山、泉や洞窟はこの大地の精が住まうところと考えられていた。

――『大地から』

しかし、成長して母親を軽蔑するような子供もいるものだ。もっと良い暮らしを求めて故郷《ふるさと》を後にし、自らの起源を封印したうえ故郷を忘れようとする。国家の工業化がすすむと、人々は土を「汚いもの」、人間を「汚す」不浄なものとみなすようになった。都市はコンクリートとアスファルトに囲まれ、芝生は入念に刈りこまれ、気がついてみれば都市の生活は生命の源泉から切り離されていた。食品といえばスーパーマーケットの包装ずみ商品を思い浮かべるようになってしまい、どんな食品も大地に由来することを忘れてしまっている。

大地から切り離されたため、わたしたちは重要な真理をも見失ってしまった。それは、わたしたちが糧としている食物の一つひとつは、かつてそれ自体が生きていたもので、地上で得られるどんな食物も直接あるいは間接的に土に由来するということだ。植物学者マーサ・クラウチが指摘しているように、口から摂取された食物は細胞内に組みこまれるのだから、人間と食物との関係は他のどんな関係よりも直接的なものだ。代謝を働かさせ、命の燃料となる糖や脂肪、酵素はもちろんのこと、からだのあらゆる部分の基本的な素材は、他の生物の死骸から得られる。他の生命を食すことをやめれば、空《す》きっ腹をかかえ健康を害することになる。そのまま何も食べなければ七〇日以内に死ぬ。

大地、土壌、土、地面、土地。これらの言葉にはその驚異的な複雑性に対する人間の思いがこめられている。自らの起源や、自分たちの居場所がそこにあること、足もとにある土によって生かされているという感覚がこれらの言葉には託されている。この真理をもう一度掘り出すことができれば、それはすばらしい発見になる。

「ゴミ」「無価値なもの」を意味する"dirt"という言葉は、中世なら排泄物や肥やしすなわち肥料を意味していた。土をよく知る農民はこの"dirt"を畑に撒《ま》いていた。つまり当時の語義どおり土地を肥やしていたのだ。こうして言語の歴史をひもとけば、現在"dirt"と言っているのは、じつは肥えた土地のことであって、手入れのゆきとどいた食糧源であり、この惑星の生命《いのち》でもあったのである。

土はわたしたちが依存する他の「元素」と同様に、生命の支援システムであり、食糧供給のネットワークでもある。この大地から糧を得て暮らしてきたほとんどの人々がこの「土」の真理を心得、「土」によって生かされてきた。「地面」(ground)は堅固なものであり、戦争で獲得し失いもする空間であり、わたしたちが身を置く場、そしてあらゆる議論の土台の意味でもあり、建造物の土台でもある。また、「土地」(land)は「場所」や「状況」を意味する。わたしたちが属する国家や領土の意味もあるし、同時にその一部をわたしたちが所有してもいる。そして「安全な場所」でもある。だからこそ湿っていない「土地」を求め、上陸場所を探すのである。

■神聖なる土壌

ダコタの人々は人間が土であり、土が人間であることを知っている。同じ土に育まれた鳥や獣を愛することも知っている。同じ水を飲み同じ空気を吸っているのだから、すべてのものは一本の絆で結ばれている。

——ルーサー・スタンディング・ベア（アール・A・ブリニンストール編『わが民、スー族 *My People Sioux*』より）

自然保護とは、人間と土地とが調和した状態のことだ。「土地《ランド》」とは地球の表面、上空、内部にあるすべての存在を意味する。土地との調和とは友人と仲良くするようなものだ。友人の右手を大切にしておいて左手を切り落とすことはできない。つまり獲物を愛するなら肉食動物を憎むことはできない。水を保全するなら山を荒らすことはできない。森を育てるなら農地を拓くことはできない。「土地」とは全体としてひとつの生物なのだ。

——アルド・レオポルド『川辺にて』（*Round River*）

ほとんどの先住民にとって土地とは生活の基盤であり、実感やアイデンティティー、歴史や意味の源泉だ。アマゾンのカヤポ族の指導者パイアカンはかつて、土地とは「わたしたちのスーパーマーケットであり薬局だ」と述べていた。人間という存在は、そもそも定住しない狩猟・採集者で、食物を求めて移動するのがつねだった。だから土地の所有という概念には縁もゆかりもなかった。太古の流浪の民は、自分たちには土地を利用する権利があると同時に、その土地を保全する責任もあると考えていた。先住民のあいだではいまでもこうした心構えが維持されている。現代でも、北米・ギトクサン族の首長デルガム・ウゥクゥが、一九八七年に大規模な土地訴訟の法廷で発言している。

すべての首長には、土地の生命とめぐり会い、そのことに感謝の念を抱いた祖先がついている。彼らは土地の生命とのめぐり会いによって力を授かる。土地や動物そして人間には精霊が宿っているのだから、そのすべてに敬意が払われなければならない。それがわれわれの掟の基本だ。

こうした人間と土地の絆があるからこそ、人々は土地を守り、その肥沃さを保たねばならなかった。土地を守るということは、土地の恵みを取りすぎず、他者のため、また別の機会のために残しておき、猟や採集の残りくずは大地に戻すということだ。ホピ族の指導者たちはこう語っている。

ホピの土地は部族の大霊マサウウのために崇高な方法で守られる。(……)この土地は教会でいえば至聖所のようなものであり、われわれのエルサレムなのだ。(……)この土地は、人間には説明も及ばない偉大なる力によってホピに与えられたものだ。土地はホピの暮らしのしくみ全体に関わっている。あらゆるものが土地に依存している。土地は神聖だ。それを悪用すればホピの暮らしから神聖なるものが消え失せ、あらゆる生命も消えてなくなる。

(……)
われわれはこの土地を部族の大霊からあずかった。だから管理人として世話人として、大霊が戻られるまで大霊になりかわってこの土地を守らなければならない。

――以上、ピーター・クヌードサン、デイヴィッド・T・スズキ『長老たちの知恵』(*Wisdom of the Elders*)より

こうした先住民の土地に対する責任感と同じ精神を表明した声明文があり、それにはカール・セーガン(惑星科学者)、スティーヴン・シュナイダー(気候学者)、フリーマン・ダイソン(物理学者)、ピーター・レイヴン(植物学者)、スティーヴン・ジェイ・グールド(進化生物学者)といった著名な科学者たちが署名している。この声明文が画期的なのは、精神的な意味と同時に、人類が生態学的にみて破壊的な道を歩みつつあることをはっきり宣告するために、「すべての被造物」(creation)という表現を使ったことだ。

地球はわたしたち人類の誕生の地であり、わたしたちの知る限り唯一の故郷《ふるさと》です。(……)人間はわたしたちの言葉で言うところの罪を犯そうとしているのです――すでに犯しているではないかと言われるかもしれませんが。それは、すべての被造物に対する罪です。

――憂慮する科学者同盟「地球を保全し慈しむ――科学と宗教の共同参画への声明」(『長老たちの知恵』より)

■土壌の隠された世界

湿地やタイドプール（潮だまり）にくらべると、環境という面でのわたしたちの土壌への関心はまったく薄い。くわしく調べてみれば土壌中には小枝あり小石あり、毛虫や甲虫、小さな砂粒の母岩もある。顕微鏡を使えばさらに豊かな世界が見えてくる。そこは古代の錬金術師の領分だ。硬いものと柔らかいもの、液体と気体が混ざりあい、さらに有機物に無機物、動植物、鉱物などあらゆるものが相互に作用しあっている。植物から花弁や葉、茎などが落ちればその植物が種から再び育つための堆肥《たいひ》になる。死が新たな生命となって成長し、生命を享受し、再び死が訪れる。そして蘇生のために地下の作業場へと戻る。

生命に欠かせない窒素の大部分は窒素を固定する微生物のはたらきがなければ利用できないが、その微生物のほとんどは土中に存在する。土壌はひとつの小宇宙であり、そこにはより広い世界にみられるあらゆる関係が展開している。この「土」（地）という「元素」の中で、他の三元素の空気と水そしてエネルギー（火）が統合し、生きた土壌を生みだしている。土壌（あるいは堆積物）一立方センチメートルの中には、数十億もの微生物がひしめいている。土壌はそれ自身が生きているからこそ、生命をつくりだすことができるのである。

足もとの土壌より、天体の動きの方がよくわかっている。

――レオナルド・ダ・ヴィンチ（ダニエル・ヒレル『大地から』より）

生物多様性の大部分をになっているのが土中の生物だ。暗闇にうようよと生物がひしめきあう世界では、きわめて小さな肉食動物が獲物を追い、微細な草食動物が藻類を食べ、数千の水生微生物が一滴の土壌水分中にひしめいている。この目に見えない舞台には菌類やバクテリア、ウイルスも登場する。これらの微生物の生死が繰り返されることで土壌の成分が構成され、肥沃な土になり、それが維持されているのである。微生物も人間も、疑いようもなく土壌に依存している。しかし、微生物はこの土壌という生命を生成させる不思議な素材の世話人でもある。

レオナルド・ダ・ヴィンチの時代から四〇〇年、土壌科学がどんなに進歩したといっても彼の述べたことはいまも変わらず真実だ。土壌中には驚異的な数の生物が存在することがわかっている（表4・1）。しかし、これまでに発見された種についても、ほとんど調査は行われていないのが実態だ。

土壌中の微生物は大きさこそ微視的だが、個体数が膨大なため、バイオマス（生物量）に重要な寄与をしている。実際それらは、どんな場所でも主要な生命形態の位置にあると考えられる（表4・2）。地下四キロメートルの岩盤から採取した標本中にさえ、微生物がひしめいている。岩石は生きているのだ！

土壌中の生物は「生活環」（一〇一ページ参照）の中でさまざまなはたらきをしている。わりと大きな生物は土壌にトンネルを掘って水や空気の通りをよくし、土壌の層をつらぬいて鉱物と有機物を混合させ、そこに糞便を加え最後に自らの屍も加えて他の生物の栄養源となっている。小さな生物は

表4・1　表土中の土壌生物の単位面積・体積あたりの個体数

生物	個／平方メートル	個／グラム
微小植物		
バクテリア	10^{13}〜10^{14}	10^{8}〜10^{9}
放線菌類	10^{12}〜10^{13}	10^{7}〜10^{8}
菌類	10^{10}〜10^{11}	10^{5}〜10^{6}
藻類	10^{9}〜10^{10}	10^{4}〜10^{5}
微小動物		
原生動物	10^{9}〜10^{10}	10^{4}〜10^{5}
線虫類	10^{6}〜10^{7}	10〜10^{2}
その他の動物	10^{3}〜10^{5}	
ミミズ	30〜300	

表4・2　林床と草地表土における土壌動物のバイオマス（生物量）

	バイオマス（グラム／平方メートル）		
生物群	草地	カシの森	トウヒの森
草食動物	17.4	11.2	11.3
腐敗物食性生物（大型）	137.5	66.0	1.0
腐敗物食性生物（小型）	25.0	1.8	1.6
肉食動物	9.6	0.9	1.2
合計	**189.5**	**79.9**	**15.1**

堆肥を形成する。有機物質を分解し、再利用して栄養素をつくり、新たな生命の成長を支えている。小型の土壌生物は植物が利用できるようなかたちで必須元素を固定し、さらに植物の多様な生長過程に関わっている。

毛虫、アリ、シロアリ、トビムシ、原生動物、菌類、バクテリア。目に見える大きさから、想像を絶するほど小さいものまで、土中の微生物はこの惑星の土壌がはたしている重要な機能の一部になっている。土壌とは生命の成長を育むたんなる下地ではなく、地球の主要なフィルターでもあり、水や腐った物質を浄化・再生している。さらに水を備蓄し、水循環の過程を支える重要なはたらきをしている。

おそらく人間にとって肉体的にも精神的にももっとも貴重な生きた資源は、足元にあるごくあたりまえの物質である。めったに気にとめることもないし「汚いもの」とされることもある。しかしじつはそれこそが陸上生物にとって命の源泉であり浄化装置であって、廃棄物を分解、再生し、生産力を蘇生させているのである。

——ダニエル・ヒレル『大地から』より

■土壌の起源

地球の陸地の表面は、栄養分を与えてくれる土壌でつねにおおわれていたわけではない。土壌とは鉱物粒子、有機物、気体、栄養素の複雑な混合物だ。これらの成分が集まって土壌が生まれる過程は、地球進化の長い物語の一節でもある。それは生成と再生の物語であり、ここでもまた生命自身が主役を演じることになる。

土壌の形成は、まず風化によって岩石が崩壊することから始まる。風化は自然の力による激しい攻撃だ。したがってある地域の土壌の種類は、その地域の岩石に含まれる鉱物によってある程度推定できる。地球上にもっとも豊富に存在する鉱物は長石《ちょうせき》だ。この結晶質の鉱物は、ほとんどすべての結晶質岩の主成分になっている。地球が誕生したばかりのころ、温度が下がり大地が固まってくると、長石は融点が低いため(摂氏七〇〇度から一〇〇〇度)、すぐに溶けたまま地表へと上昇してきた。そのため地表ではごくあたりまえの存在となり、粘土の鉱物成分となったのである。

マグマ——地下にある溶岩——が冷却して形成された岩石が火成岩だ(他に堆積岩と変成岩という二種類の岩石がある)。地表ではたえまなく風化にさらされる。温度変化、風、雨、雪そして湿度が岩石を破壊する。こうしてできる岩石屑は重力や流水、氷河、風や波によって地表を移動する。ほんの二〇〇〇年前まで山や湖、砂漠は永遠不変の存在と考えられていた。しかし現在では、地表は形成当初からたえまなく変化を続けていることがわかっている。もちろん現在も変化の真最中だ。山でさえ風化と浸食によってやがては崩れ落ちる。

風化の力を理解するには、新たに敷設《ふせつ》したコンクリートの歩道を想像してみるといい。時が過ぎ人が行きかうにつれ、滑らかで申し分のなかった表面がでこぼこになってくる。摩滅によって表面にへこみができ、砂利が見えてくる。木の根がうねってコンクリートを割る。車道側から流れてくる雨水が溝を掘る。人々が踏みつけ表面の粒子が一粒ずつはがれ、砂まじりの風が表面を削る。冬の雨が小さい無数の穴から浸みこむと、それが凍りついて膨張する。同じように岩石もとほうもない時間をかけていろいろな作用を受けている。

風化には三種類ある。機械的風化、化学的風化そして生物的風化だ。機械的風化は岩をくだいて小さな破片にする作用で、岩石の化学的な構造は変わらない。水が岩の割れ目や裂け目にしみこむと、それが凍って膨張し岩がくだける。周辺の浸食によって岩が崩れて山を滑り落ち、その過程で他の岩を破壊する。昼夜の温度差で岩石は膨張しては収縮し、そのストレスが繰り返されてひび割れが生じる。少しずつ繰り返し水の滴に打たれるだけでも、長い時が過ぎるうちに山腹でさえ削り落とされる。

化学的風化は岩石からある成分を取り去り、他の成分はそのまま残して化学的な構造を変える。この過程もまた土壌形成の役割をになっている。化学的風化の作用因子となっているのが水だ。たとえば、水は硫化鉱や亜硫酸鉱を溶解し硫酸（非常に強い酸化作用をもつ）をつくる。溶解した成分の中には生命の栄養素となるものや、岩石中の鉱物と化学反応するものもある。雨に二酸化炭素が溶けこむと、腐食性をもった酸性の液体となる。酸性の水は長石などを崩壊させて、粘土や砂粒をつくる。

岩石がくだけると、さらに大きな表面積が化学的風化にさらされることになる。この風化によって岩石の成分が分解され、新たな化合物ができる（図4・1）。機械的風化と化学的風化によって、一グラムの粘土中に含まれる粒子の全表面積は八〇〇平方メートルにもなる。このような大きな反応面積は、肺にある肺胞の表面や腸管の繊毛にも似ている。

図４・１　破砕後の表面積の増大

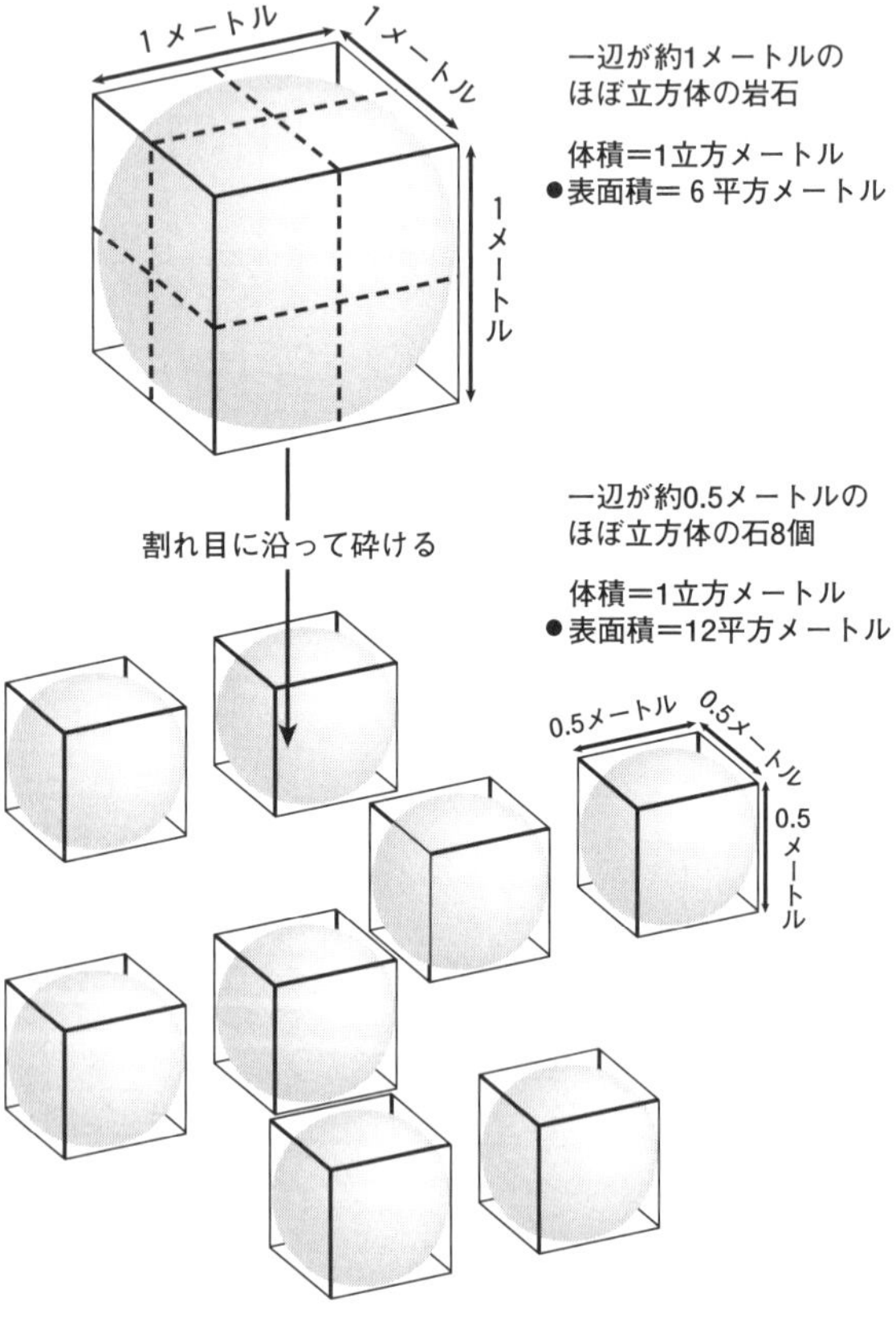

フランク・プレス、レイモンド・シーヴァー『地球』（*Earth*）
（W.H. Freeman and Co., 1982）p.92より改作

太古の地球で風化が始まったころ、玄武岩中の珪酸カルシウムはすべて水に溶けてしまい、炭酸カルシウムや珪酸の溶液ができた。最終的にこの成分は海に流れ、海底に沈んで堆積した。こうして、不毛の海底にもさまざまな成分の混合物が集まりはじめた。こうした混合物によって地球は生まれ変わることになる。

ひとたび生命が進化すると、生物が第三のタイプの風化をもたらした。これが生物的風化だ。微生物は岩石から化学物質を漉《こ》し出して有益な成分を取り出す。割れ目にしみこんだ大量の微生物が岩石に圧力をかける。植物の根もミネラルを求めて岩石の表面に食いつき、岩石に圧力をかけていった。

……………【ギリシャ神話の中のガイア】……………

母なる大地
あらゆるものの母であり、
何よりも古く、岩塊《がんかい》のように固く揺るぎない。
存在するものは何であれ、この土からくる。
土はあらゆるものを育む
そしてわたしは、この大地をうたう
――ホメロス

古代ギリシャの偉大なる神が「ガイア」あるいは「ゲー」で、「豊満な乳房の大地」を意味する。地母神であるガイアは他のあらゆるものを生み出した。天空であるウラヌスを生み、それとともに新たな宇宙に人を住まわせた。ガイアは宇宙の創造者ということになる。神々の最初の世代である巨神族タイタン、嵐の神々、その他の自然界の力を生み、人間を創りだした。「人類と神々は同じ種族だ」と述べるのは詩人ピンダロスで、「どちらも生命の息吹を同じ母から授かっている」という。

のちの神話では、ガイアの子孫デメテルが耕土、豊饒《ほうじょう》、収穫の守護者として偉大なる大地の母の役割を受け継いだことになっている。デメテルが娘ペルセポネを奪われ再びめぐり会う物語は、生命の源泉である大地の自然の循環、土壌の再生を劇的に表現している。

ある日ペルセポネは陽の降り注ぐ草原で花を摘んでいた。その時、叔父にあたる冥界の王ハデスにさらわれた。ハデスの暗黒の王国は死者のゆきつく身の毛もよだつ世界だが、同時に生命と成長の源泉でもあった。ペルセポネが地下世界に消え失せると、デメテルは娘を世界中捜しまわったため、ありとあらゆる生命の成長は停止した。しかし最後には神々がペルセポネを母の元に連れ戻したため、大地は元どおりに収穫をもたらすようになった。しかし、ペルセポネは死の王国でザクロの種を食べてしまっていた。そのことによって、ペルセポネは毎年ある時期になると地底に戻らなければならなくなった。

あらゆる成長と収穫は、暗黒でありながら豊饒である土の世界からくる。腐敗した葉や植物、堆積した無数の世代の微生物の死骸つまり死によって、新たな生命が育まれる。世界には毎年死が訪れ、再びこの大地すなわち土から、この惑星からよみがえらなければならない。ホメロスのいう「あらゆるものの母」から再び生まれ出るのである。

■風化から生命へ

風化の強度は気候、地質構造、岩石の成分、そして時間によって変わる。岩石が崩壊してさまざまな大きさの石、砂やシルト〔砂より細かく粘土より粗い堆積土。底泥〕ができる一方、機械的風化と化学的風化によって粘土や土壌がつくられ、海には堆積物や塩分が供給される。こうした過程は一見大規模な破壊のようにも見えるが、いまも昔も、この惑星で花が咲き誇るには決定的に重要な過程だ。風化は地球が生命を生みだす手段であり、また生命にとっては繁栄し多様化するための新たな環境をつくりだす道具でもあったのである。

この驚異的な物語を科学者に説明してもらうと、次のようになる。海に溶けこんでいる成分や塩類で、原子や分子の具だくさんのスープができた。これが生命の先がけとなる物質だ。この惑星の地表の居心地がよくなるずっと以前、海の状態は急激に進化して生命の誕生は時間の問題となっていた。三五億年以上前に登場した最初の細胞はバクテリアだ。それ以来約二〇億年間ちかくというもの、地球上に存在する唯一の生命体がこのバクテリアだった。

さらに進化がすすむためには、ある下地が必要だった。それが土壌だ。生物は大気や水と相互作用するとともに、それらの生成じたいにも深く関わっていたが、さらに生物は土壌も形成し、この惑星をたえまなく改変してきたのである。バクテリアは陸上に移動すると、不毛な岩石を溶かしはじめた。岩石を分解して必要な栄養素を摂取したのである。乾燥した陸地への生命進出の先がけとなったのがバクテリアだったわけだ。

植物がようやく水から上がるのは三億五〇〇〇万年前。硬い岩石に足場を確保するか、バクテリアでおおわれた砂利や砂地を探すしかなかった。植物は根を伸ばし、ありとあらゆる割れ目や穴を足がかりにし、酵素を分泌して岩を溶かし、必須栄養素を調達した。しかし、硬い地面の開拓にひいでていたのはやはりバクテリアで、利用できるとわかった物質を溶かしては濃縮した。バクテリアや植物は、炭酸塩やリン酸塩、珪酸塩、酸化物、硫化物をつくりだす方法を進化させた。これらの化合物を使って、大きな石もくだいた。とほうもない時間をかけて、バクテリアと植物は、他の風化の力も借り、山々を瓦礫《がれき》にしていった。

一方で植物の根は、砂粒を散らばらないようにまとめあげ、風や雨から守った。無数の世代にわたる動物やバクテリアが死に、植物は朽ち落ち、その死骸が砂に埋もれた。さまざまな生物の組織や細胞が腐ると、そこから離れていった分子が有機物をつくる。それがよく発酵してボソボソで砂まじりの茶色っぽいものになると、地球上の生物に生息地と栄養素を提供してくれた。

【生と死のバランス】

一九七〇年代、アラブの原油輸出禁止措置によりカナダ国内油田の緊急探査が叫ばれたあとのことだが、わたしは記録映画の仕事をしていた。北極圏内のある未踏地域の油田で起きた掘削事故に関する映画だった。

北極圏内のとある島で、岩がゴロゴロしコケ類でおおわれた地面を歩いていると、その場には不釣り合いな赤々と燃えるような色彩が目に入った。それは小さい草花でつくった箱庭のように見え、そのまわりを昆虫が群をなして飛び回っていた。このかわいらしい「エデンの園」の中央にあったのは、数年前に死んだジャコウウシの朽ち果てた骨だった。太陽光で白骨化しミネラル分が溶けだしてボロボロになっているものの、骨にはまだ、この容赦ない北極圏の環境中で、箱庭のような生物コミュニティー(共同体)を支えるだけの栄養素が残っていたのである。

わたしはもう一方の世界の果て、南極の捕鯨基地も訪ねたことがある。錆びた大樽は鯨油をつくるのに使ったもので、色あせて荒れ果てた建物は捕鯨船員たちの宿舎だ。そうした光景の中で、植物や花々は、不毛の砂浜に陸揚げされた無数の海の王たるクジラの、血液と骨にしがみついていた。また、北欧では第一次世界大戦の身の毛もよだつ戦闘の結末である血と骨が、いまも広大なケシ畑を育み続け、文字どおり過去の世代の生まれ変わりとなっている。

どの例も、生と死の精妙なバランスを物語っている。ひとつの生命の周期が閉じると、そこから新たな生命の物語が誕生するのである。


………………………………………………………………………………

微生物と植物は、何百万年もかけて陸の奥へ奥へと這《は》うようにすすんでいった。太陽と水と鉱物から栄養をとりながら、海岸一面に広がり、河から氾濫原へと入っていった。数百年が数千年、数千年が数十万年と時がたつにつれ植物の死骸が有機物として堆積し、そこがまたバクテリアの繁殖する環境となった。そしてついに蠕虫《ぜんちゅう》や節足動物が土壌を肥やすという大きな仕事をなしとげる。岩石や鉱物の分解を加速し、穴を掘り自らの死骸もおりまぜて、土壌を堆肥に変えていったのだ。

土壌が肥沃になり厚みも増してくると、植物は大きくなり個体数も増大した。腐りかけの生物によって岩や微粒子が有機物の豊富な土壌中にとどまった。大陸が生物にしか含まれなかった複雑な分子の堆積物でおおわれるようになると、植物が繁茂し、風変わりな陸上動物にも成長可能な環境と食物が準備された。そうした動物のうち、最後に仲間入りしたのが人類だ。

現在の土壌は複雑で多様な混合物であり、場所によって驚くほど性質が異なり、数多くの生物コミュニティーを支えている。この惑星の熱帯雨林では、巨大な木々が太陽に向かって懸命に伸び上がり、土壌のはるか上方で、さまざまな生物が生息する枝葉が密生した林冠をつくっている。こうした巨大な植物は、曲がりくねった根を足場にして空高く伸びている。激しい風化や栄養分の浸出でやせこけた熱帯の土壌では地表にまで根を張りめぐらし、温帯では地下深くまで根を伸ばしている。

プレーリーの大草原や北極圏の湿地帯そして赤道直下のサバンナなどの多様な土壌を足場として、コケ類や草、低木や花をつける植物が、空を飛び地を這うさまざまな種の昆虫や多数の草食動物とともに支えあって生きている。北カナダのカリブーの大群やタンザニア北部・セレンゲティーの野生動物、絶滅した何百万頭ものプレーリー・バイソンも、土壌が育んできた仲間たちのごく一部にすぎない。

図4・2　肥沃な土壌の構成成分

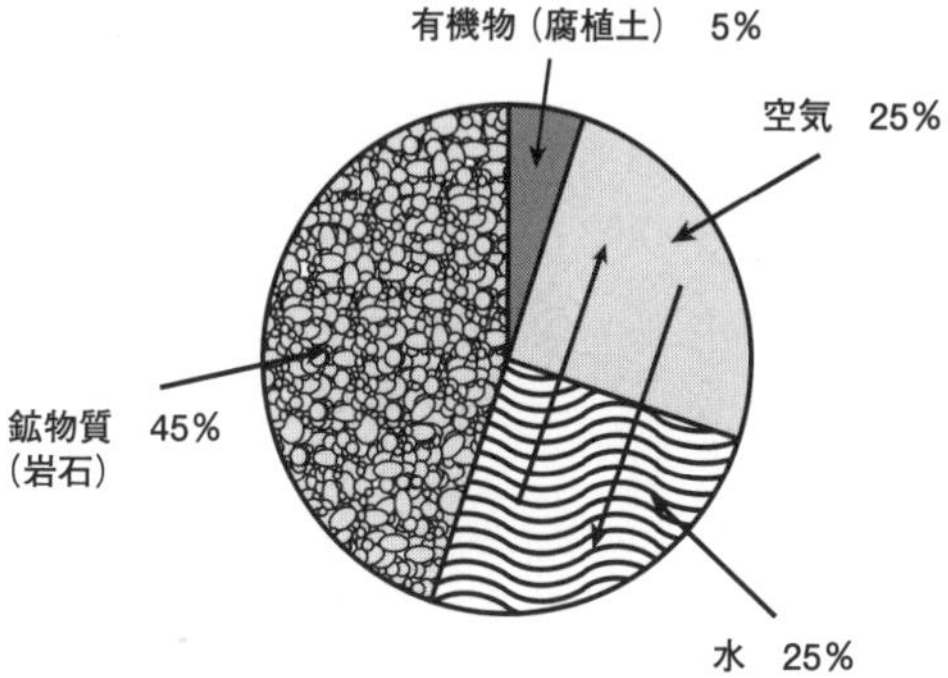

フランク・プレス、レイモンド・シーヴァー『地球』（*Earth*）
（W.H. Freeman and Co., 1982）p.124より改作

■土壌の「層位」

土壌は、生物の世界と無生物の世界をつなぐ橋といわれてきた。これまで見てきたように、この「橋」はおもに鉱物と有機物でできているが、空気と水も欠かせない要素だ。

土壌は炭素の貯蔵庫としてもはたらいており、陸上と大気中への炭素の分配のかなりの部分を制御している。体積でみると、良質の表土の半分は、風化し崩壊した岩石と腐植土（分解した動植物に由来する物質）が混ざったものだ。腐植土は土の保水能力を高める（図4・2）。残りの半分は隙間になっていて、そこを空気や水が循環する。この隙間は土壌の詰まった部分と同じく重要だ。ここを空気と水が循環することで、微生物や植物に酸素と二酸化炭素を供給できるからだ。

森林の巨木は、無生物の世界と生物の世界が土の中で出会う手段のひとつと考えることもで

きる。巨木の根は横方向へどこまでも分岐してのびている「根ッ
トワーク」で、次々と繊細な糸状の根を出しては水分と栄養素を求めて、土中をさぐっていく。土の中の水分は土壌粒子のあいだにおさまっていて、非常にゆっくりとではあるが移動している。そのため植物の根もつねに動きながら水のゆくえを追っている。一本の木の根系《こんけい》〔根の広がり全体〕の全長は数百キロメートルにも達し、その表面積は数百平方メートルにもなる！

土壌は表面から下方に向けてつくられてゆくため、下降するにつれて成分や、きめの細かさ、構造や色にさまざまな変化がみられる。深さによって性質が異なることから、土壌にはさまざまな地層からなる「層位《そうい》」がみられる。土壌科学者によって地層の決め方は異なるが、ここでは上層から下層までをO、A、B、Cの四層に分ける一般的な定義をもちいる（図4・3）。

O層の大部分は有機物だ。上部にはおもに落ち葉や枯れ枝など、植物の朽ち落ちたものがあり、下部は部分的に分解した有機物や腐植土になっている。A層はだいたい鉱物と腐植土でできている。生物の活動の大部分がこの層で行われているため、これより深い層とくらべてはるかに肥沃な土壌になっている。水の浸透によって小さな粒子は下層へと洗い流され、溶解した無機物質も下方へと運ばれる（「溶脱」という過程）。B層は一般的に厚い層をなし、土壌の原料でもある風化した岩盤（C層）の上にある。きめの細かい粘土が堆積し、硬く押し固められた状態になっている。この層にも生物や有機物が存在するがA層ほどではない。O、A、B層からなるのが本来の土壌で、上部にあるこの層を「ソラム」ともいう。C層は部分的に変性した岩石屑でできているが、肥えた土の重要な成分である有機物はほとんど存在しない。

図4・3　土壌の４つの層

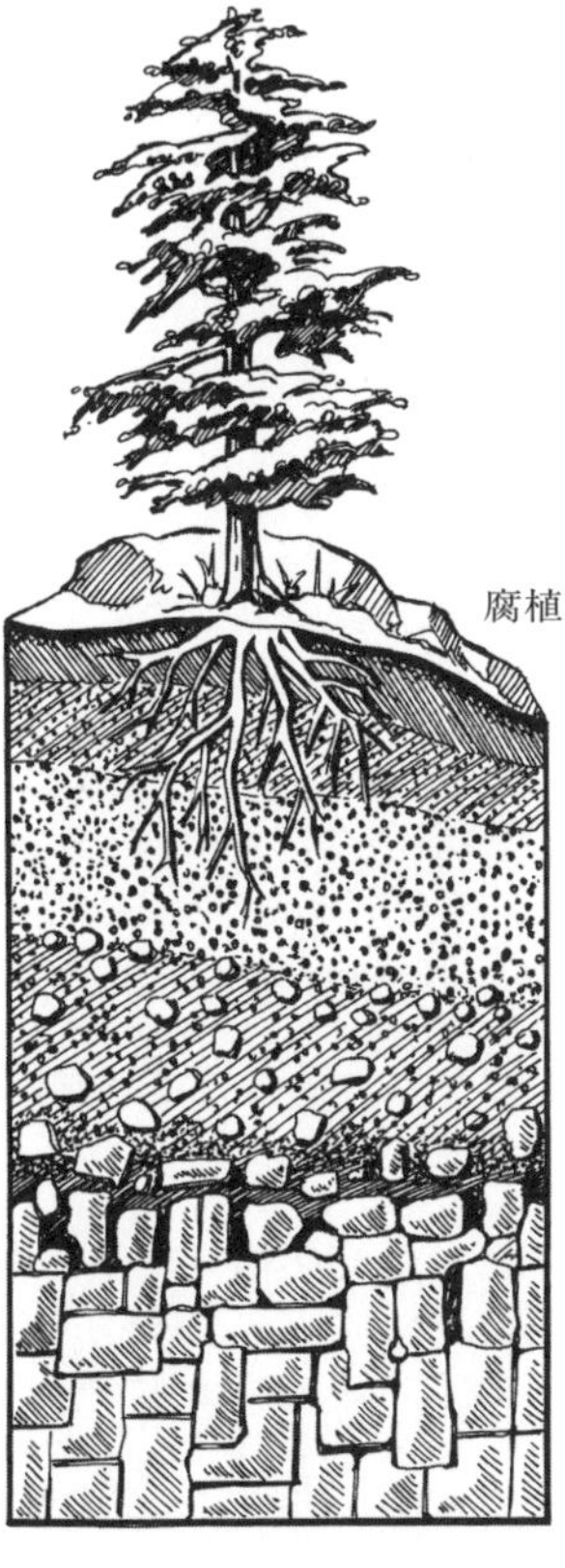

フランク・プレス、レイモンド・シーヴァー『地球』（*Earth*）
（W.H. Freeman and Co., 1982）より改作

自然界において、食べる者と食べられる者のちがいは時間の問題にすぎない。生命は他の生命を食して生きている。それが自然界のルールだ。こうした自然の過程によって土壌中に有機物ができ、それが数千年の時間の流れの中でごくわずかずつ、しかしたえまなく蓄積していくのである。温帯気候では、落葉樹や一年生植物の枯葉や枯れ枝が毎年林床《りんしょう》に堆積するため、表土の成長速度は一〇〇〇年で五センチメートルになる。この表土のおかげで地球は実り多いものになっているのだ。

〔そこは〕小麦、大麦、ぶどう、いちじく、ざくろが実る土地、オリーブの木と蜜のある土地である。不自由なくパンを食べることができ（……）

――「申命記」八―八～九（新共同訳聖書より引用）

■土壌から食物を得る

大気は生命の息吹、水と大地は生命の糧だ。わたしたちはもちろん土を直接食べるわけではないが、毎日欠かさず土に含まれる成分を摂取している。緑の地球は生物が草をはむ牧草地であり、生物をかたちづくる基盤であり、心身の調和を保つための日々の糧でもある。

ここに半径七〇メートルもある巨大なトマトがあって、皮の厚さはふつうのトマトほどだとしよう。巨大な地球表面をおおう最高級の包装紙である土壌は、この巨大トマトのごく薄い外皮にあたる。地球生命のたえまない生死のドラマは、この薄い層の中で起きている。他の陸上生物と同じく、人間も自らが生きる糧として、この土壌に直接あるいは間接的に依存している。

毎日健康に暮らすには、エネルギー、タンパク質、炭水化物、無機物、微量元素、必須脂肪酸、ビタミン、水分、食物繊維（セルロースなどの消化できない植物性成分）を十分に摂取しなければならない。一日に必要なエネルギーの二五パーセントをまかなっているのが脂肪で、タンパク質が一二パーセント、炭水化物が六三パーセントをになっている。肉体労働だと、作業中に脂肪が供給するエネルギーの割合は四〇パーセントにまで上昇する。現在の食品は加工され包装されて、それがもともと生物に由来することがわからなくなっている。しかし、甘味料や油脂代替食品など化学的に合成された分子を除けば、からだに摂取するものはすべて生物から得たものだ。そして食糧の大部分は直接土壌から得られる。

他の生物に依存しているもののうち、ビタミンは特別な存在だ。ビタミンは生物に由来する複雑な分子だが、人間の生理に欠かせないにもかかわらず人間の体内では合成できない。そこでわたしたちは、ビタミンをつくりだす他の生物を食べて必須ビタミンを摂取している。ビタミン欠乏による疾病についてはよく知られている。夜盲症（ビタミンA欠乏）や壊血病（ビタミンC欠乏）、くる病（ビタミンD欠乏）、巨赤芽球性貧血《きょせきがきゅうせいひんけつ》（葉酸《ようさん》欠乏）、悪性貧血（ビタミンB欠乏）、脚気《かっけ》（ビタミンB欠乏）、ペラグラ（ニコチン酸欠乏）、血液凝固障害（ビタミンK欠乏）だ。

必要な栄養素を摂取することについては、からだは驚くほど巧妙につくられている。土壌の生成と同じく、栄養の摂取も、物質を分解し新たに物質を結合させることだ。したがって消化もまた、「風化」のはたらきのひとつと考えることもできる。つまりわたしたちは大いなる力をふるって食物を物理的、化学的に風化させて分解し、自らの生命過程に利用しているのである。

食物を吸収する過程はその大部分が反射的に機能しているため、とくにわたしたちが意識することもない。呼吸や食べることのように、生きるためにとくに重要なはたらきについては、からだは意識を介さずにその活動を続ける。匂いで食物の存在に気づくこともあるが、その匂いに気づかなかったとしても、自然に唾液腺が刺激されて唾が出る。わたしたちには食物の匂いや味、食感で何を食べているかわかるが、こうした刺激に対する生理的反応は無意識的、反射的に生じている。

消化はまず口の中で始まる。唇を使って食物を口に入れ、歯で噛みくだいて小片にする(図4・4)。歯は骨のような象牙質に硬いエナメル質がかぶさり、それで神経や血管が張りめぐらされた歯髄をおおっている。成人の三二本の歯は、工学的驚異ともいえるできばえだ。彫刻刀のような門歯が食物を切り裂き、上面が平らな臼歯《きゅうし》で細かくすりつぶす。

匂いや味、舌の触感そして噛むことじたいに受容体が反応し、さまざまな腺から唾液を分泌するように刺激する。唾液と一口に言うが決して単純なものではない。唾液中の粘液は食物を濡らし、口中の食物のすべりをよくし、咀嚼《そしゃく》して飲みこむのを助けている。またアルファ・アミラーゼという酵素が炭水化物を分解する。口はからだの内部へつながる大きな開口部となっているため、ウイルスやバクテリアなどの病原菌が人間のからだを宿主にしようとたえず狙っているのを防御しなければならない。そこで唾液には免疫グロブリンAやリゾチーム、ペルオキシダーゼといった、感染症を阻止する強力な薬効成分が含まれている。

食物を飲みこむのもそれほど単純な仕掛けではないが、やはり一連の反射がスムーズにやってのけている。咀嚼した食物は集まって食塊という塊になり、舌で食道の一番上部にある咽頭《いんとう》へ送られ

図4・4　消化器系の構成

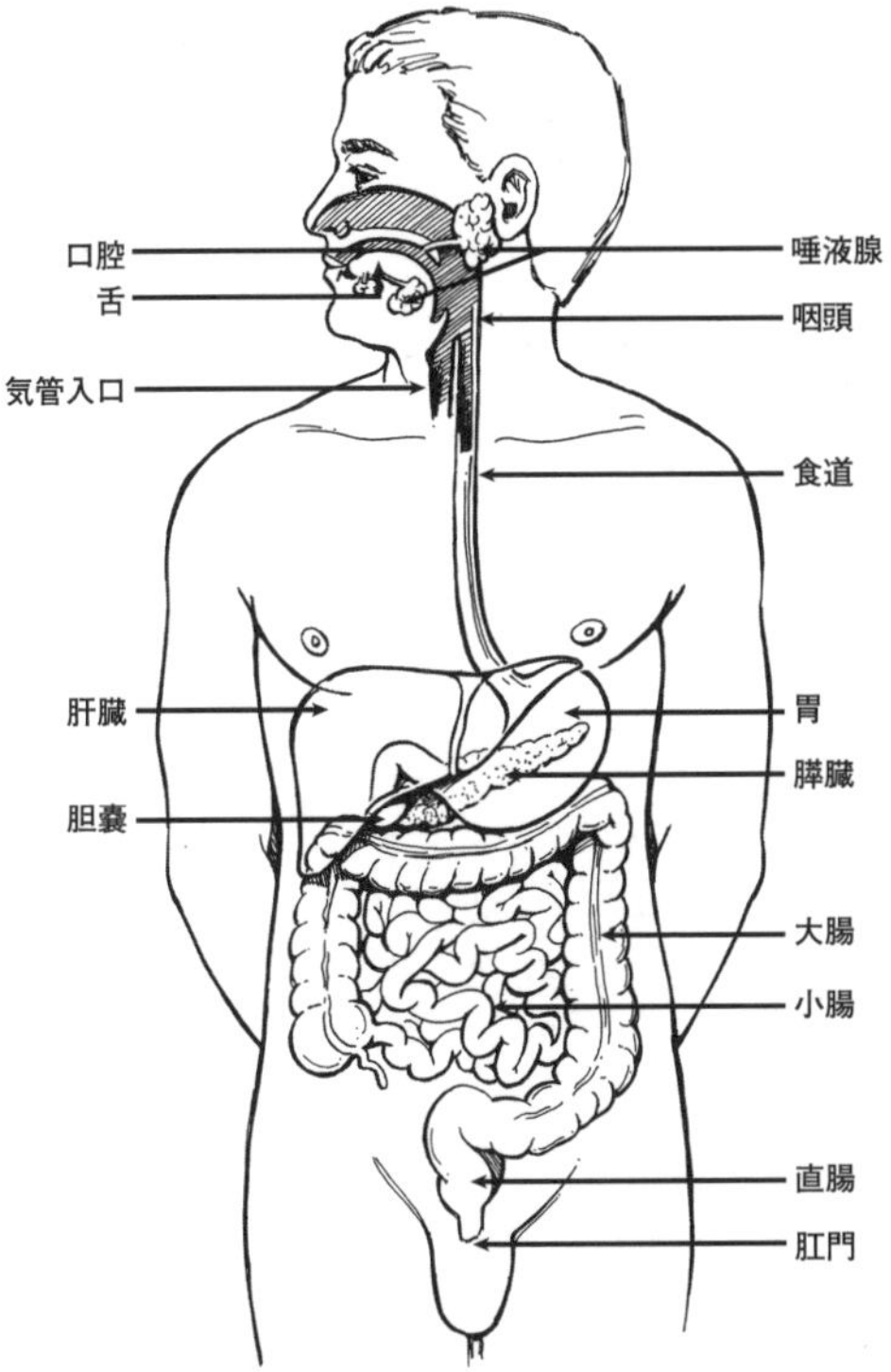

セシー・スター、ラルフ・タガート『生物学——生命の統一性と多様性』（*Biology: The Unity and Diversity of Life*）第6版（Wadsworth,1992）図37.4より改作

る。食塊が咽頭に触れると、感覚受容器によって次々と伸縮を繰り返す蠕動《ぜんどう》運動が促される。わたしたちは、意識しなくても飲みこむときには口を閉じ、舌を歯茎と柔らかい口蓋《こうがい》にあてがい、さらに舌をもち上げるようにして咽頭鼻部をふさぐ。このとき呼吸は抑制され、声門は閉じられ気道もふさがる。こうした一連の動作が頭で考えることなくすすみ、食塊は胃への進入をコントロールする噴門括約筋へ押し下げられてゆく。

噴門を食物が通過して胃が膨脹すると、括約筋が収縮し食塊を胃の底の方へ押しこむ。この収縮速度はホルモンによって調節されている。食物中の水分は胃の内壁から吸収され、一〇分から二〇分ほどで半分になる。視覚情報や匂い、味覚に刺激され、胃は一日約三リットルの胃液を分泌する。胃液にはタンパク質を分解するペプシノゲン、胃液から胃の内壁を保護する粘液、塩酸、さらに鉄分を吸収するガストロフェリンが含まれている。化学的、機械的作用によって食物は液状の「糜粥《びじゅく》」となり、それが胃の底の方へ送られ、圧縮されては再び胃の収縮運動で押し戻される。この往復運動をしているうちに液状化がすすみ、胃液がよく混ぜあわされ、糜粥や乳化した脂肪分の一部が吸収される。

糜粥はその後、幽門括約筋をとおって胃を出ると、約二メートルある小腸にすすむ。消化器系のこの部分の主なはたらきは、分解による産物や水、電解質を十分に吸収することだ。肺にある肺胞のように腸には突起物がびっしり並んでいる。これが絨毛《じゅうもう》と微絨毛《びじゅうもう》で、指状に突き出すことで糜粥との接触面積ができるだけ大きくなるようにしている(図4・5)。

絨毛と微絨毛の表面積は一〇〇平方メートル以上にもなる。絨毛は筋肉の収縮によって前後に動

図4・5　絨毛と微絨毛の微細構造

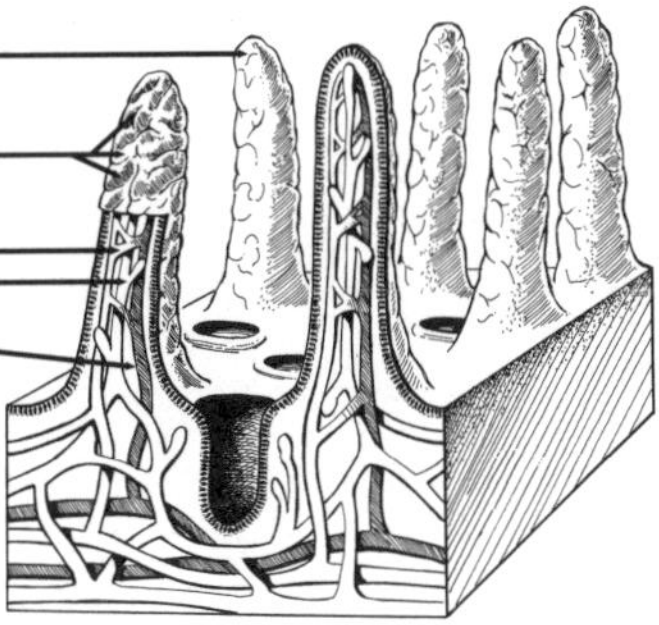

セシー・スター、ラルフ・タガート『生物学――生命の統一性と多様性』（*Biology: The Unity and Diversity of Life*）第6版（Wadsworth,1992）図37.9より改作

くため、その先端はたえずちぎれ落ちている。腸のうねるような蠕動運動で、分解による産物と水、電解質との混合物は肛門へむけて押し出される。

膵臓《すいぞう》からは分泌液が毎日約二リットル出ていて、糜粥を中和する炭酸、タンパク質や脂肪そして炭水化物を分解する消化酵素が豊富に含まれている。また肝臓は、脂肪を消化するために一日〇・七リットルの胆汁を生産し、その一部が胆嚢にたくわえられる。胆汁の約八五パーセントを占めるのは、死んだ赤血球中のヘモグロビンが分解したビリルビンだ。ビリルビンは腸を経由して排泄され、この成分で糞便は茶色くなる。

消化管系の最後にくるのが長さ約一・三メートルの大腸だ。ここでも引き続き水と電解質が吸収される。大腸の内面には絨毛のかわりに深いくぼみがあって、そこで粘液が生産されている。くねくねと曲がりくねった旅も終わりにくると、残っているものは糞便で、その大部分は消化できない植物質や細胞の残骸、バクテリアそして水分だ。成人の腸内には一ミリリットルあたり10^{10}～10^{20}個のバクテリアが生息していて、糞便の乾燥重量の三分の一を占めている。

十分な食事をとっていれば、消化がすすむにつれてアミノ酸、単糖類、脂肪酸が血液の流れに入ってゆく。糖類の一種であるブドウ糖には調整機能のはたらきがある。血糖値が高くなると、膵臓が刺激されインシュリンが生産される。このインシュリンの刺激により余剰のブドウ糖分子が肝臓や脂肪や筋肉細胞に保存される。同時に、肝臓内に蓄積してあるグリコーゲンをブドウ糖に変えるグルカゴンの分泌が抑えられる。こうしてエネルギーが必要なときにそなえて、ブドウ糖は効率的に蓄積されている。血糖値が低下するとインシュリンの分泌量も減少し、グルカゴンが再び生産されるようになり、肝臓でグリコーゲンがブドウ糖に変換され、血糖値が正常に保たれる。

断食や飢餓状態で血糖値が低下すると、副腎でアドレナリンとノルアドレナリンが生産される。これは肝臓や脂肪組織、筋肉などの組織に作用するホルモンで、脂肪を脂肪酸に変化させてエネルギーを取り出す。これで、多くのブドウ糖分子を脳で利用するために確保することができる。肝臓は数日間なら、グリコーゲンや脂肪をブドウ糖や脂肪酸へ変換するバランスを調節し、血液中のブドウ糖量を急激に低下させることなく一定に保つことができる。

さらにその後血糖値が極端に低下した場合でも、エネルギー供給源が他にも存在する。脳の視床下部からの刺激で、脳下垂体がコルチコトロピン（ACTH、副腎皮質刺激ホルモン）を合成する。これが副腎での糖質コルチコイドホルモン（コルチゾール）の生産を促す。このホルモンはタンパク質からの糖質の合成を促し、脂肪をさらに分解するはたらきを支配している。

さらに飢餓状態が続くと、次第に筋肉や他の組織中のタンパク質がアミノ酸に分解され、肝臓はそのアミノ酸から脳で使うブドウ糖分子を新たに生産する。こうして外部から消化・分解すべきものがまったく供給されなくなると、からだは自らを分解し、他の組織を犠牲にしても司令塔である脳の機能を温存するのである。

組織や器官を構成している分子レベルの要素はたえず消耗している。たとえば赤血球は毎日数百万個が死んでいくので、その分を補充しなければならない。だから栄養の摂取が欠かせないのである。わたしたちの食糧は何であれかつては生物であり、その動植物は、生存しているあいだは大気や水、土壌中にあるものを吸収していた。この地球上に生命の歴史が始まって以来、ある生物の排泄物は他の種の栄養源となり、利用、排泄、再利用がとだえることなく循環している。大気や水のように土壌も生命にとっては重要な糧であって、からだの奥深くまで取りこまれて、からだそのものとなる。大気や水と同じく、土壌も大切にしなければならない。土壌を大切にすることは、自分自身を大切にすることでもある。

■農業――人類進化の新たな段階

一万～一万二〇〇〇年ほど前、土壌表面あるいは土壌中にある種子が植物になること、そしてそれを利用できることを人類は知った。この発見が農業革命へとつながり、人間の生活様式が一変し、文明の基礎を築くことになった。やがて太古の農夫たちは、土壌のちがいに気づいた。肥沃な土壌を選んで作物を育て、さらに捕獲し家畜化した動物を利用するようになった。農夫たちによって定住の基盤ができあがり、ますます複雑化する社会の中で各個人が独自の役割をにない、その技術を磨くことができるようになった。こうして農業は、非定住的な狩猟採集から人間を解放したのである。農業によって人間は食糧の自給に習熟し、この技術によって人口も増大することになった。

浸食をもたらす重要な要因の一つは、文明人がその耕作を土地の形態に適応させなければならないのに、土地を自己の農耕形態に順応させようと執拗に試みたことにある。（山路健訳、以下同）
——ヴァーノン・ギル・カーター、トム・デール『土と文明』（邦訳・家の光協会）

しかし農業が変えたのは人間の生活だけではなかった。地上の様相も変わった。現在のような大量の収穫が、そもそも収穫の条件であるはずの土壌を使いつくしてきたのだ。一九八四年、カナダ上院議員ハーバート・スパロウは報告書『危機にある土壌』（*Soil at Risk*）で、カナダでは一千年以上かかって蓄積した表土が過去数十年間のうちに急速に枯渇していることを明らかにした。まったく同じ傾向がアメリカ合衆国やオーストラリアでもみられる。

スパロウの報告書によれば、第二次世界大戦以降、先進工業国では産業化された農場の形態が標準になっているが、生産性しか重視しないこの種の農業がもっとも問題とされた。報告書で指摘された問題は悪化する一方だ。都市化とお粗末な農林業の展開とによって土地は踏み固められ、浸食による土壌流亡《りゅうぼう》が起き、土壌中の有機物も減少した。このことが原因となって、水の汚染物質を除去する土壌浸透の作用も低下した。さらに雪どけが早くなり、集中豪雨があれば、薄い土壌では多くの水をたくわえきれず、洪水が起きやすくなった。

人間の活動が土壌に影響をおよぼすようになったのは、何も現代の機械化農業からというわけではない。農業以前の旧石器時代、すでに人間は石器の矢や斧《おの》程度の武器を使って、南北アメリカの大型哺乳類を絶滅させている。その絶滅の影響は生態系全体におよんだ。さらに火を使うことを知ると、人間は故意に森や湿原、草地を焼くようになった。この過程で土壌が浸食され、地滑りが生じ、河川や湖沼には沈泥が堆積した。オーストラリアでは四万〜七万年前に現在のアボリジニーの先祖がやってきて、管理された焼畑技術を広範囲に駆使し、大陸の動植物の構成を変えた。いまだに世界中のいたるところで行われている森林伐採や脆弱《ぜいじゃく》な草地での過剰な放牧が浸食を招き、それが土壌流亡の大きな要因となっている。

しかし、こうした生態系の変容の速度と規模を一変させたのは近代農業における発明だった。二十世紀後半になると重機の導入や灌漑、化学肥料の大量投入という現代的で工業的な農業技術が、土壌に壊滅的な影響を与えてきた。こうした技術により単位面積あたりの収穫量は増大したが、収穫された有機物が土壌に返って自然循環の円環が閉じられることはなくなった。そのかわり、たいていは下水道に流されるか埋め立て地や焼却炉へ送られている。

文明人は地球の表面を渡ってすすみ、その足跡に荒野を遺《のこ》していった。

——著者不詳（『土と文明』より）

過去五〇年間に地球上の人口は驚異的に増加したが、それと農業の生産性の増大の時期はちょうど一致している。ところがこの生産性は、土壌と生物系がもつ本来の限界を故意に取り払い、土壌の生産性を無理やり高めて達成されたものだった。「憂慮する科学者同盟」の元議長でノーベル賞受賞者のヘンリー・ケンドールと、集団生物学者デイヴィッド・ピメンテルはある論説で、現代農業の手法がいまや表土を枯渇させていると述べている。

「〔表土の消失速度は〕自然に再生する速度の一六倍から三〇〇倍も大きい。世界中で生じている土壌流亡によって、農民はこの四〇年間に四億三〇〇〇万ヘクタールもの耕作地を手放さなければならなかった。これは世界にある全耕作面積のおよそ三分の一にあたる」

表土が二・五センチメートル形成されるのに、平均五〇〇年もの時を要する。ピメンテルによれば、現在、毎年世界中で消失している表土の量は、新たに形成された土壌量を二三〇億トンも超過していて、この量は世界中の土壌の〇・七パーセントにあたる。この割合で表土が減少すれば、わたしの一四歳になる娘が六〇歳の誕生日を迎えるまでには、現存する世界の表土の三〇パーセント以上が失われる一方、世界人口は倍増しているだろう。

地球の多種多様な生物が大気と水そして土壌を浄化し、変化させ、再生している。さらに生物は「空」「水」「土」というこれらの〝元素〟をつくりだす一方で、それらに完全に依存してもいる。ところが現在、何百万ともしれない生物種の中のたったひとつの種が、この地球の土壌のほぼ半分を奪いとっているのだ。人類学者バーナード・キャンベル博士によれば、わたしたち人類は「陸上生態系が毎年つくりだしている約一〇〇〇億トンの有機物のうち四〇パーセントを利用し、取りあげるか、あるいは廃棄している」。こうして人間は、地球を生息可能な環境に維持している他の多くの生物を葬り去っているのである。

悲しいかな、自然がその慈悲深さにおいて有限であり、いまやその限界もまぢかに迫っていることはわかっている。（……）世界中で高い農業生産性を維持できる地域は、もうほとんど開発しつくされた――（アマゾン川流域のように）まだ開発されていない地域は、おそらく開発に適していない。どこからみても価値があると思えた多くの開発プロジェクトが（……）予想だにしない恐るべき結果をもたらしてきた。

――バーナード・キャンベル『人類生態学』（*Human Ecology*）

■土壌――きわめて貴重な生命の基盤

土壌は相変わらず人間にとって食物の主要な源になっている。全世界での魚の消費量は牛肉と鶏肉を合わせた消費量と等しいが、世界の大多数の人々が主食としているのは穀物だ。そういうわけで農業は人間の食物の九八パーセント以上を供給している。地球の陸地部分のうち一二パーセントが耕作地で、二四パーセントが放牧地、三一パーセントが森林だ。生物多様性を保全している全世界の国立公園は、陸上生態系の総面積のわずか三・二パーセントにすぎない。そして地球の陸地の三分の一は、農地や森林あるいは放牧地には適していないのである。

生産性の高い耕地は限られているため、人類を支える基盤は脆弱なものだ。しかも耕地は土壌の劣化により毎年一〇〇〇万ヘクタール以上も減少している。生産性の高い土地が消失するという圧力がかかる一方で、人口はとどまることなく毎年九〇〇〇万人以上増加している。この増加分を支えるには新たに一〇〇〇万ヘクタール、オハイオ州と同面積の耕地が必要になる。それで森林伐採が急速にすすんでいる。じつに森林伐採の八〇パーセントが、作物を得るために行われている。土壌流亡と地味《ちみ》の劣化のもっとも深刻な原因は土壌浸食だ。デイヴィッド・ピメンテルはこう述べる。

アフリカではこの三〇年間で、土壌流亡の速度が二〇倍に増大した。(……)表土が失われる速度は更新される速度にくらべて二〇倍から四〇倍も大きい。(……)農地の劣化によって、世界の食糧生産は今後二五年間で一五パーセントから三〇パーセント減少すると予測される。

——「天然資源と最適世界人口」(Natural Resources and an Optimum Human Population)(一九九四)

■大地の古い教え

汝、神聖なる土地を忠実な世話人として受け継ぐべし(……)汝の農地を浸食から守るべし。

——ウォルター・クレイ・ロウダーミルク「土地征服の七〇〇〇年」(Conquest of the Land through 7000 years)

地球上のあらゆる存在が相互に結ばれているということは、どんな行為であれその影響が、人間自身もその一部であるシステム全体に波及するということだ。この古代の知恵がよみがえれば、必然的にこのシステムに対する責任感も戻ってくるだろう。先住民の中でも、カナダ・ケベック州のワスワニピの人々は、この責任を明瞭に意識している。

昔ながらのワスワニピの猟師は、猟の成功は自分の力がすべてではないという。獲物が仕留められるのはムースやビーバー、シロマスがすすんでその命を犠牲にしてくれるからで、そのおかげでワスワニピの人々も暮らしてゆける。(……)

「ワスワニピの猟師は」北風や獲物たちの魂が気まぐれだったり弱気だと言っているのではなく、「自然の側から物事を見る」という猟師のいわば倫理的な姿勢を生き生きと示しているのだ。いまも昔も、北風と動物の霊《スピリット》は猟師の行いとの相互的な関係の中でその力を表す。

自らの必要を満たすため自然の寛容さにあずかる見返りに、ワスワニピの猟師は自然に対して責任ある行動をとる義務があることを肝に銘じている。こうした義務にはさまざまなものがある。動物を手ぎわよく仕留め、不必要に苦痛を与えないこと。自然の恵み以上の猟を求めず、遊びや富の拡大を追求する猟はしないこと。獲物の死体と魂に敬意を払い、回収、解体、食事のさいには適切な儀式をとり行わなければならない。さらに自然の恵みはすべて有効に用い、ぞんざいに扱ったり無駄にしてはならない。

猟師をはじめワスワニピの人々が長老から教わっているのは、猟師が授かった動物の体は猟師の食物となるが、その魂は舞い戻って再び生まれ変わるということだ。だから人間と動物の均衡が崩れれば動物を仕留めるわけだが、個体数が減少することはない。こうして人間と動物がともに生き残っていけるのだ。

――以上、クヌードサン、スズキ『長老たちの知恵』より

自給自足の農民も、耕作している土壌に対してこれとまったく同じ責任を負っている。土地を肥やし世話をしてやることで、長期にわたって家族の食物を得ることができる。どの地域にもその土地に関する知恵があり、収穫をあげるためのその土地固有の賢い知識の宝庫となっている。耕す時期、混作すべき作物、風化から土壌を守る方法などの知恵によって、土壌を成り立たせているさまざまな作用が共働するようにしている。自給自足農（世界の大多数の地域では女性が農業をになっている）の場合、人間の必要性を、利用する土地の自然システムにうまくすり合わせていかなければならない。このシステムは地域固有の生物のつながりであり、長い時間をかけその地域の条件に適応するようにその土地が育んできたシステムだ。自然を改良しその掟を書きかえられるなどと思いこむようになったのはつい最近のことであり、しかも工業化した世界でのことだ。

技術発展をとげた国々では、持続可能なかたちで土壌を利用してはこなかった。土壌を掘り返し、有機物を取り去ったあげく、それを土に戻すこともしなかった。こうして目先の大収穫のために将

来の生産性を危うくしているのである。土壌科学はまだ生まれて間もない。健康で生産的な土壌を維持する方法はすでに解明されていると思いこみ、人間に必要な土壌の環境を生成し、それを維持している生物に関する古代の知恵は知りつくしているなどと思い上がるのは、救いがたい幻想だ。

先進諸国でも、有機農法と無農薬作物への関心が湧き起こってきている。これは大地の古き知恵に再び耳を傾ける人々が出てきたしるしであり、土が人間の暮らしの中心的な場に戻りつつあることを示している。生命のまさに基本となる素材の源が土壌である。健全で生産力のある土壌は、わたしたちにとって不可欠な生命のつながりの貴重な一環をなしている。誇張ではなく、土はまさに生命存在の基盤なのだ。水や大気と同じように、生命は土壌の生成を促し、維持し、しかもそれに絶対的に依存しているのだ。

土地に経済的関係を付与したり導入したりする倫理観は、土地を生命のメカニズムとみなすという心理的イメージの存在を前提としている。われわれが倫理的になれるのは、見たり触れたり、理解したり愛したり、さもなければ信じられるものとの関係を持った場合だけである。(……)こうしてみると、土地は単なる土ではない。土、植物、動物という回路を巡るエネルギーの源泉である。

(新島義昭訳)

——アルド・レオポルド『野生のうたが聞こえる』(邦訳・講談社)

第5章
聖なる「火」のエネルギー

私は生命の火花すべてを与える至上の輝く光である。死は私と無縁だが、それを与えもできる。私は翼とともに知恵もまた身にまとっているからだ。私は美しい野原を流れる神的物質の生命力に満ちた輝くような本質である。私は水中で輝き、太陽や月や星で燃える。私の力は見えない風の神秘。（……）私こそは生命。
（松村一男訳）

——ビンゲンのヒルデガルト

（デイヴィッド・マクラガン『天地創造　世界と人間の始源』〈邦訳、平凡社〉より）

地球とそこに生きる全生命の動力源を無視することはできない。晴れた日の朝、元気を取り戻すと東の空には聖なる火が昇ってくる。

詩人ウォーレス・スティーヴンスが言うように、「われわれは太陽の古き混沌の中で、昼と夜との古き相互関係の中で生きている」。わたしたちだけでなく過去、現在、未来の全生物が生きてゆけるのは太陽のおかげだ。たいていの人は「死」を、「冷たく暗い」ものとして想像する。はじめて空を見上げて以来、人間は太陽へ讃歌を捧げてきた。三千年以上前に書かれたヒンドゥー教の聖典『リグ・ヴェーダ』の冒頭には、神自身が熱によって創造されたとある。

太初《たいしょ》において、暗黒は暗黒に蔽《おお》われたりき。この一切は標識なき水波なりき。空虚に蔽われ発現しつつあるもの、かの唯一物は、熱の力により出生せり。

――『リグ・ヴェーダ讃歌』（邦訳・岩波書店）（辻直四郎訳）

あの偉大なる「光あれ」という宣言とともに球体は回転し、生命を育むエネルギーが流れはじめた。そしてその言葉は時を超えて響き渡っている。

物理学者はエネルギーを仕事をする能力と定義し、エネルギーは無から生じ得ないことを学んできた。つまりエネルギーを得るには別の場所からもってくる以外にない。こうした洞察から科学のもっとも基本的な原理が導かれる。「熱力学の第一法則」だ。この法則によれば、「宇宙のエネルギーの総量は不変であり、エネルギーを新たにつくりだすことはできないし、現存するエネルギーを消し去ることもできない。ある形態から別の形態へと移り変わるのみである」ということになる。

釘を打つとき、金槌《かなづち》を振るために筋肉を動かすエネルギーはからだにたくわえられていたものだ。このとき失ったエネルギーは食物で補うが、食物に含まれているエネルギーは太陽から放射される光子から得ている。釘を打つとエネルギーは釘へ移動し、それが熱として釘や木材、周囲の空気中へと散逸する。

木やガスなどの物質中にたくわえられているエネルギーは、すぐに利用して仕事を得ることができるので「高級」なエネルギーだ。ところがそのエネルギーが水中や空気中に熱として散逸すると、利用しづらい「低級」なエネルギー形態に変わってしまう。ここから、「熱力学の第二法則」が導かれる。「エネルギーの自発的な流れは、質の高い形態から質の低い形態へと向かう。エネルギーの形態が変わるとき、エネルギーの一部は無秩序に分散してしまい、仕事としてすぐには利用できない形態となる」のである。この「乱雑さ」あるいは「無秩序」といった状態を示す概念を「エントロピー」という。熱力学の第二法則をふつうの言葉で表現すれば、「あらゆるものには無秩序状態（高エントロピー状態）へ向かう傾向がある」ということだ。

エネルギーがなければ、生命活動は不可能だ。生命とは、有機体という形態のエネルギーでもあるのだ。からだを動かすため、呼吸をするため、目で見るため、代謝活動を維持し成長するためにはエネルギーがいる。生物は高度に組織化されているため、こうした生命活動を維持するには非常に多量の高品質なエネルギーが必要になる（熟睡中でさえ、からだは一〇〇ワットの電球と同じ熱を発生している）。

生物は地球に誕生して以来三八億年をかけてその数と複雑さを増し、高度な組織化状態にいたった。しかし、すべてのものは無秩序状態へ向かうはずだ。第二法則の存在にもかかわらず、どうして生物は存続してこれたのか？　その答えは、地球上にとめどなく降り注ぐ太陽のエネルギーだ。この高品質なエネルギーが、たえず劣化するエネルギーを補っているのである。太陽光が届かなくなれば、生命活動はたちまち衰弱してしまう。なにしろ真空の宇宙空間では、周囲の温度は絶対温度三Kしかないのだ。この温度は原子内の素粒子の運動をはじめ、あらゆる運動が静止する絶対零度(摂氏マイナス二七三・一五度)よりわずか三度高いにすぎない。

■内なる火——代謝活動

人間は「恒温動物」に属している。「体温が一定」ということだ。人間の体温は環境温度が変化しても、小さな変動範囲で一定に維持されている。実際には、ほぼ摂氏三七度という一定温度に保たれているのはからだの深部に限られる。手足や皮膚なら数度程度は変化する。身体深部の温度(核温)を一定に保つには、熱の発生と失う量とが等しくなければならない。人間のからだは最新式の空調システムを完備した住宅のようなもので、複雑で感度のいいサーモスタットが室温をつねに調整し、住居も居住者も最適な活動条件に維持されている。

炭水化物や脂肪、タンパク質といった燃料を燃やす過程を「代謝」というが、これがからだの主要な熱源になる。体重七〇キロの男性が軽い労働をしている場合に必要な燃料別のエネルギー量は後出の表のようになる。

もうひとつの熱源が皮膚だ。太陽や赤外線ランプなどの輻射《ふくしゃ》源から熱を吸収し、熱いカップなど物体に直接接触することでも熱を得る。さらに皮膚にあたる温水や暖かい空気の流れからも熱を吸収する。それと同時に、皮膚をとおして熱を失ってもいる。環境の温度が体温より低ければ、からだの熱の三分の一までを皮膚からの輻射で失う。冷たい金属製の椅子に座ると、からだから熱が流れ出すため寒く感じる。また冷水や冷えた空気が皮膚の上を流れるときにも熱を失う。スキューバ

分子	所要量（グラム／日）	エネルギー（キロジュール／日）	摂取パーセント
脂肪	65	2500 （597.5kcal）	25
タンパク質	70	1200 （286.8kcal）	12
炭水化物	370	6300（1505.7kcal）	63

ダイビングでウェットスーツを着るのはゴムで断熱するためだが、皮膚に水が接触するのを防ぐので暖かさが保たれる。

さらに、筋肉の活動も熱源になる。からだが活動しているときに発する熱の九〇パーセントは、筋肉の活動によるものだ。熱が過度に奪われたうえ、さらに熱が必要なときは、筋肉活動が増大する。意識的に運動量を増やすこともあれば、無意識のうちにからだを震わせている場合もある。

大人にくらべると幼児の場合、からだの容積に対する表面積の割合が大きいため、皮膚をとおして失う熱量も多くなる。それで幼児は肩から首にかけて「褐色脂肪」をたくわえていて、核温の低下で刺激を受けると、この脂肪を代謝して熱を生みだす。気温が下がると皮膚にある「温度受容器」が気温の低下を検出し、脳の視床下部に信号を送る。すると視床下部は、血管の平滑筋を収縮させ血流を抑制する信号を出す。

こうしたしくみによって、手足は冷えてもからだの重要な器官に熱をまわすことができ、核温を高く保てる。寒さで指先が冷えるのは、この部位に通常流れている血液の九九パーセントが止められるからだ。さらに毛根を包む組織である「毛包《もうほう》」の底部にも平滑筋があるが、これはかつて毛でおおわれていた先祖の進化的な名残りだ。この平滑筋も視床下部からの刺激によって収縮し、そのため鳥肌がたつ。

こうしたしくみでは十分に熱の損失を補えなくなると、低温症の症状が出てくる。低温症の初期段階では、核温は摂氏三六～三四度。血液が身体深部にまわされるため、震えが出て呼吸が速くなり、目まいと吐き気をもよおすようになる。さらに三三～三二度になると、震えは止まり代謝による熱生産も低下する。核温が三一～三〇度にまで下がると自発的にからだを動かせなくなる。瞳孔反射もなくなり意識を失い、さらに心臓の鼓動が不規則になる。核温が二六～二四度にまで達すると、心拍の打ち方がでたらめになり血液を送り出せなくなる。空調を完備した住宅も廃屋となり、まもなく死が訪れる。

周囲の気温や水温が皮膚の温度より高いと、皮膚の細胞が熱を吸収し、熱は血液を介してからだ中にまわる。身体内部の温度が皮膚の温度よりも高い場合は、熱が皮膚から逃げてゆく。それでも十分に体温が下がらない場合は、中枢神経系から信号を受けて汗腺が汗を出し、水分を皮膚から拡散させる。全身の皮膚には約二五〇万個の汗腺がある。温かい汗の水分は蒸発して熱を奪うため、涼しく感じる。発汗量はからだの温度と環境の湿度の両者によって変化する。

熱の発生や損失、吸収に揺らぎがあるにもかかわらず、大きく変動する環境温度のもとでも最適なからだの機能を維持するため、体温はきわめて安定した状態に保たなければならない。平均体温は摂氏三七度で、揺らぎはつねに〇・五度の範囲にある。発熱や月経周期の特定期には、平均体温からのずれが長引く場合もある。熱を感じる「温度受容器」は脳の視床下部にあり、皮膚や脊髄にも補助的に存在する。核温（体内の深部温度）が上昇すると、この受容器が温度上昇を検出し、皮膚近辺の血管を膨脹させる信号を発する。末梢の血流が増加するため、熱は体内深部から皮膚へ移動し散逸する。血流が増加すると、動脈と静脈間の熱のやりとりも減少する。さらに中枢の温度受容器が発汗をも刺激する。それでも熱の発生が治らず核温が数度上昇すれば、高熱症となり死にいたる可能性がでてくる。

熱は感染症の防御にも利用される。発熱によって体温が上昇すると、侵入した外敵には致命的となる場合が多いからだ。発熱のきっかけとなるのは外敵が出すタンパク質の一種で、これが視床下部の体温コントロールのしくみに介入してくるとサーモスタットの設定温度が高めにセットされる。体温はこの設定温度にくらべると低いため、発熱が始まる。体温上昇とともに寒気と震えが出る。発熱が一段落しサーモスタットが通常の温度設定に戻ると、こんどは体温を下げなければならない。発汗が始まり、熱を散逸させるために血液が皮膚へまわり、肌が赤みを帯びる。バクテリア表面から放出される発熱物質の他に、肝臓と脳でも発熱を促すタンパク質を生産している。しかし多くの武器がそうであるように、この外敵に対する武器も使う側に危害をおよぼす可能性もある。高熱は侵入した病原体を焼きつくすとともに、からだにも害をおよぼすのである。

■「外なる火」を手にする

ヒト科の遠い祖先は樹上生活者であり、人間にもっとも近い類人猿と同じように、からだはきっと毛でおおわれていただろう。理由はまだよくわかっていないが、樹上から降り、直立するようになると体毛は消えた。科学者によると人間の祖先はアフリカのリフトバレー（大地溝帯《ちこう》）沿いの熱帯に生息していたらしい。熱帯では温帯でみられるような激しい気温変化はほとんどなかった。しかし、昼夜の温度差や乾季から雨季への変化、激しい嵐は彼らにとって厳しいものだったにちがいない。食べ物を探し、衣服をつくり、住居を建て、火を利用して暖をとることが、初期の人類の観察力と創造力とを鍛えたはずだ。おそらくこうした試練が、頭蓋容量を大きくする選択圧〔自然選択により促される進化の傾向〕をさらに増すようにはたらいたのだろう。

火の扱いの修得は、人間が樹上から降り、さらに広大な世界へと向かう旅路における画期的事件といえるだろう。火を利用して、人間は限られた生息地から脱出した。火のぬくもりを携えて、人間は熱帯から冬の地へと移動した。人間の生息地はヨーロッパやアジア一帯に広がり、ついには北極圏の凍土帯やヒマラヤ山脈、アンデス山脈のような厳寒の地域にまで達し、オーストラリア中央部の砂漠のように一日の気温変化が極端に激しい地域でも生存できるようになった。

【プロメテウスの火】

プロメテウスの神話には火の力の両面性が描き出されている。ゼウスが治めていた聖なる火は神々だけのものだった。ところがギリシャの神々の中でも巧妙なトリックスター、プロメテウスは神々のもとからその聖火を盗みだし、人間《おとこ》に与えてしまった(このような厳しい寒さの時代にはおそらく女性は存在しなかったのだろう)。のちの神話によるとプロメテウスが人間を創造し、神の贈り物である火をもたせたとされている。

このような無謀な行いが罰を免れるわけがなかった。プロメテウスは山腹に鎖で縛りつけられ、昼も夜もワシに不死の肝臓をついばまれた。しかし人類が受けた苦難はそれどころではなかった。

ゼウスは人間から「火の贈り物」を取りあげることはできなかったが、二とおりの効果がある別の贈り物を用意した。最初の女性で、「あらゆる贈り物」を意味するパンドラを創造し、密封した壺をもたせて地上へ送りこんだのである。火のように、パンドラには魅惑的な美しさがあったが、どうしようもないほど気まぐれで、人をあざむき、好奇心が強かった。抗《あらが》いようもなくパンドラが壺を開けると、ゼウスの贈り物がうようよとあふれ出した。それはすべての人間にたえまなく降り注ぐ災いだった。病、絶望、憤怒、妬み、老いはそのほんの一部にすぎない。

これは「エデンの園」の物語の古代ギリシャ版だ。人間は無謀にもあえて知と力に手を伸ばし、予想以上のものを得た。人間が地球の改変に手をそめるきっかけになった「火」がまさに最初のテクノロジーであったことを思えば、プロメテウスの物語の主旨は現代にも生きているといえるだろう。

■身体深部の火

人類は生誕の地である熱帯の生息地をあとにし、気候と気温の変動が激しい新たな地域へ移動していったが、そのとき知恵をしぼって熱を保つ方法を発見しなければならなかった。衣服や住居をつくり、火の扱い方を身につけたのである。しかし、生物である人間のからだには不思議な「暖炉」がすでにそなわっていた。

細胞内の物質に含まれるエネルギーとは、その物質がより単純な物質に分解するときに解放される「利用可能なエネルギー」のことである。この種のエネルギーを「化学エネルギー」といい、酸素中で物質を燃焼し、そのとき放出されるエネルギーの総量を測定して計測する。脂肪なら一グラムあたり三八・九キロジュール（約九・三キロカロリー）、炭水化物が一七・二キロジュール（約四・一キロカロリー）、タンパク質が二三キロジュール（約五・五キロカロリー）となる。

生きている細胞は極小のストーブのようなもので、体内で得られる燃料からエネルギーを取り出し、修復や成長、再生といった機能をはたしている。ではそのエネルギーはどこから来るのか？原始的な生物は、複雑な分子の化学結合のエネルギーをあさっていたにちがいない。角砂糖を火に入れると、炎を上げて燃える。燃焼によって原子間の化学結合が切れ、酸素とのあいだに新たな結合がつくられるのである。砂糖は分解すると二酸化炭素と水、そして熱になる。この熱が、結合の切断によって解放されたエネルギーだ。

細胞は段階的にエネルギーを放出または吸収・利用することで、燃焼エネルギーを制御しながら回収する能力をもつ。細胞の中で点火用のマッチの役割をはたしているのが多くの酵素であり、ブドウ糖分子の結合を切り、二酸化炭素と水そして一グラムあたり一五・七キロジュール（約三・八キロカロリー）のエネルギーを放出する。

原子内では電子がエネルギーを吸収して「励起」（エネルギーの高い状態に移ること）する。ひとつの原子に含まれる電子はそれぞれ異なる「励起状態」にあって、このことが原子のエネルギー量と関係している。十分エネルギーを得ると、つまり十分に励起されると、電子は他の原子と化学結合してエネルギーを解放する。細胞は、特殊な分子中の電子を励起させてエネルギーをたくわえる方法を進化させてきた。その分子とはアデノシン三リン酸すなわちATPだ。

ATPにエネルギーをたくわえるのは、水の入ったバケツを棚に上げるようなものだ。バケツを上げるにはエネルギーが必要になる。そして棚に上げたバケツから水をこぼせば、たくわえたエネルギーを落下する水の仕事として回収することができる。あるいは、風船に空気を吹きこむことを考えてもいい。風船をふくらませるにはエネルギーがいる。風船を破裂させれば、吹き出す空気の勢いからエネルギーを回収できる。これと同じように、励起した化学結合のエネルギーは、その結合を切れば回収できる。細胞には数百もの酵素があって、ATPが放出するエネルギーを利用して分子を合成し、膜をとおして物質を輸送し、筋繊維などの分子を動かしている。

■生命あれ（あるいは最初の一閃）

あの原初の海で、数億年にわたって生命を創造してきたエネルギーはどこから来たのか？　最初に複雑な分子が形成されたときに必要だったエネルギーは、雷光や、溶けたマグマが火山や深海の噴出口から流出して解放された熱エネルギーから得られたと推測されている。

一九五三年、スタンリー・ミラー博士〔当時は大学院生〕は衝撃的な実験で大ざっぱにではあるが生命誕生以前の原始的な大気を再現してみせた。水素とメタン、アンモニアそして水をフラスコに入れて熱エネルギーを供給し、さらにこの混合気体に電気火花を放って雷光のエネルギーを再現したのである。すると一週間とたたないうちに、フラスコ内にタンパク質の基本素材であるアミノ酸など複雑な分子が存在するのをミラーは発見した。その後、他の研究者による実験で、生物中のすべての巨大分子群を生成するのに必要な分子が、実質的にすべて生成された。

最初の細胞が誕生し、存続できた理由についてはさまざまな推測がなされている。おそらく進化の力がはたらくまでは、奇妙な生物や試作品が無数に存在していたにちがいない。ある意味では開発初期段階の自動車のようだったはずだ。初期の自動車にはさまざまな形態があり、車輪にしても三輪のものから、四輪、それ以上のものもあった。動力には蒸気や電気、灯油を使うものもあった。乳母車のような形もあったし箱のようなものもあった。しかし、時をへるうちにいくつかの基本的な構造は自動車の標準規格となっていった。生命の最初の実験も同じような経過をたどったのであろう。

新たな機構や構造が登場するたびに、無数の初期細胞モデルが捨て去られてきたはずだ。しかしある時点で、ひとつの細胞がただ生存し殖《ふ》えるだけでなく、他のあらゆる存在を圧倒し、その後の地球の全生命体の母体となった。現在は生命が自発的に誕生することはなく、生命からのみ生まれると考えられている。しかし、かつてまさに地球のはじまりのころ、すべての生物がそれに続くことになった最初の生命体は突如として現れ、その満ちあふれる生命力で、ほぼ四〇億年にわたり頑強に生存してきたのである。

■エネルギーを探しまわる

生命は誕生してまもないころ、粗暴かつ短命でつねにエネルギーをあさっていたにちがいない。現在も深海では地球内部の熱が放出され、高圧下の海水が摂氏二五〇度以上もの高温の水柱となって噴き出している。驚くのは、この噴出口の沸騰した水柱の中にもバクテリアが存在するのである。バクテリアはこの驚異的な高温の中でよくも生き残れるというより、この熱がなければ寒さで死んでしまうのである。このバクテリアは吹き出す硫化水素からエネルギーを回収でき、初期の生物の中にはこうしてエネルギーを得ていたものもあったことを教えてくれる。

同じように原始的な細胞も、複雑な分子の化学結合のかたちで存在していたエネルギーをあさっていたのだろう。海中に複雑な分子が豊富にある限り、生物は成長、進化、繁殖するためのエネルギーを得ることができたのである。バクテリアも海中で少なくとも二〇億年にわたって繁栄してきた。

深海の噴出口付近のバクテリア以外にも、化学エネルギーを利用する生物が現存する。土壌中のバクテリアはアンモニア分子から陽子と電子を奪ってエネルギーを取り出し、同時に亜硝酸塩や硝酸イオンを放出している。他にも鉄の化合物を利用する生物も存在する。

進化という舞台で演じられる生命の野外劇でじつに印象的なのは、チャンスをとらえそれを土台に前進する生物の驚異的な能力だ。ある細胞が化学エネルギーの利用法を習得すると、そのことが他の生物にとっての好機となる。その細胞が死ねば、他の生物はその死体を餌にし、その分子中に残っているエネルギーを得る。さらに他の生物が最初にエネルギーを回収した生物の捕食者となる。捕食者のそのまた捕食者がさらなる「食物連鎖」の階層をかたちづくっていく。エネルギーを獲得する生物や生物どうしの捕食によって形成される食物連鎖は、自然界のバランスに不可欠な要素だ。

地球内部の熱エネルギーだけでも生物の個体数は維持できるが、その場合の個体数と分布にはおのずと限界がある。動植物の形態の複雑性は爆発的に増加してきたが、この現象は地球内部のエネルギーだけではまかないきれない。地球にいる大部分の生物の、究極のエネルギー源となっているのが太陽なのだ。

■気前のいい太陽

地球が生命を授かったのは、四〇〇〇億にのぼる銀河系の恒星の中で、これといった特徴もない黄色矮星《おうしょくわいせい》という並の大きさの恒星のひとつがたまたま、非常に気前がよかったおかげだ。そうして考えてみると、まったく不思議なことだ。この太陽系内の全物質の約九九・八パーセントは太陽内部にあり、そのうち七五パーセントが水素で、残りがヘリウムだ。太陽の質量は地球のおよそ三三万倍。重力による引力も巨大なため、反発力にまさって水素原子核どうしが押しつけられ核融合が生じている。この核融合が生じるとき、あたかも燃えるかのように光子のかたちでエネルギーを放出し、ヘリウムへ転換していく。

太陽の直径は約一四〇万キロメートルで、表面温度は五五〇〇度以上。中心部は一五〇〇万度というとほうもない高温だ。太陽は毎秒六億三七〇〇万トンの水素を燃やして六億三二〇〇万トンのヘリウムを生成し、その間におよそ三億八六〇〇万メガワットの一兆倍ものエネルギーを放出している。これは一〇メガトン級の水爆一〇〇万個分のエネルギーに相当する。太陽はすでに五〇億年燃え続けているが、ようやく中年期に達したくらいで、あと三〇億から五〇億年は燃え続ける。

太陽は地球から約一億五〇〇〇万キロメートル離れた位置にあって、生命を育む光子を地球に注いでいる。陽子や電子など低密度のイオン化した粒子からなる太陽風も地球にたえず吹きつけている。この太陽風が大気圏上部の原子に衝突するとスパークして光を放ち、空には北極光《オーロラ》と南極光《オーロラ》の光の舞いが繰り広げられる。

　ほかならぬこの地球が、太陽とちょうどよい距離を保って共存していることは、幸運なめぐり合わせだった。さらに地球の大気と地球内部から噴出する水が存在したことで、生命誕生の条件が整ったのである。水は化学反応をすすめるのにちょうどよい媒質となり、生命が誕生した後も、岩石を風化させ最終的に土壌となる素材をつくりだした。また、水蒸気と二酸化炭素分子が原始大気中に存在したことも都合がよかった。これらの分子が温室効果ガスとして作用し、太陽の熱が宇宙空間に逃げてしまうのを防いでくれたのである。

　やがて生物は光合成によって、太陽光を食べて生きる方法を獲得した。これは代謝のしくみの発達と、生物学的な適応の新たな段階となる、進化上の大きな一歩だった。二五億年前から七億年前にかけて、海の主要な生物だった光合成細菌は巨大なマット状に密生していた。それらは現在もストロマトライトという化石として残っている。光合成の副産物として酸素が発生し、二五億年前から五億七〇〇〇万年前にかけて地球の大気は「汚染」された。しかし、大気中にこの反応性の高い「酸化剤」が増えてくると、生命もそれに適応した。

　太陽のおかげで大気中に酸素が生じ、それを用いた代謝が可能となったうえ、オゾン層ができたことも生命に有利にはたらいた。ＤＮＡを損傷させる太陽光の紫外線が遮断されたのである。こうして遺伝子の損傷が免れるようになると、生物の陸上への冒険が可能となった。

植物の光合成は、葉緑体という細胞の小器官が行っている。葉緑体内の異なる色素はそれぞれ異なる波長の光子を吸収する。虹の色のように、波長の異なる光は異なる色として見える。光を吸収するおもな色素は葉緑素であり、そのため葉は緑色に見え、他の色素はこの緑色に隠されてしまう。秋になり色素の生成が止まって葉緑素が分解されると、カロチノイドをはじめとする他の色素が現れ、赤やオレンジ、黄色といった秋の彩りが目を楽しませてくれる。こうした色素が光子をとらえると、光子のエネルギーが色素中の電子を励起し、このエネルギーが電子受容体の分子へと受けわたされ、さらにＡＴＰの生成にまわされる。

葉緑体はきわめて小さな光合成工場で、二〇〇〇個並べても硬貨一枚の厚さにも満たない。しかし一個の葉緑体には、光をとらえる色素分子二〇〇〜三〇〇個を一束にしたものが、びっしり数千個は詰まっている。このきわめて小さな器官の中で、太陽光が生命を躍動させる燃料となるのである。さらに太陽が生みだし、生物であることの証でもある炭素原子鎖《さ》に余剰なエネルギーがたくわえられ、「諸刃の剣」となる贈り物(化石燃料)として現代に届けられている。

■過去からの遺産

生命は惑星という広大な舞台でドラマを展開してきた。たっぷりとリハーサルに時間をかけ、そのレパートリーも驚くほど多くなった。こんにちの生命の多様性と増殖のようすを見れば、生命の生産はとめどなくすすみ続けてきたように思える。人間が時の流れを見通す能力は限られているため、バクテリアや動植物の死骸中に含まれるごくわずかな有機物が積み重なり、厖大な堆積物になっていったことが、なかなか想像できない。しかしたしかに生命は、こうした遠大な時間をかけて地球全体に広がってきたのである。

数十億年をかけて生物の死骸が流されては堆積し、また流されては海底に堆積した。四億年以上前、地殻変動が活発だったころ、海底が隆起し栄養豊富な堆積物が海面に現れた。それまでは植物が存在しなかったが、植物はこのときを期に、この新たな生息地へと進出したのである。まもなく低灌木の茂みから抜きんでて、巨大な樹木が太陽に向かって上へと伸びていった。

三億六〇〇〇万年前から二億八〇〇〇万年前にかけて、大陸は移動しては沈み、海面も上昇、下降を五〇回ほども繰り返した。そのたびに絶滅する種もあれば、新たな環境が有利にはたらいた種もあった。海が干上がると、沼沢地や低地は鬱蒼《うっそう》とした森でおおわれる。そうした一帯が再び水面下に沈むと、森林の有機物は沼沢地の水中に埋没し、酸素不足の環境下で植物の残骸が分解された。

この有機物は光合成と代謝によって生産されたもので、温室効果ガスである二酸化炭素分子に由来する炭素からできている。二酸化炭素は光合成によって大気中から取り入れたものだ。この有機物を微生物が分解して酸素と水素を解放し、炭素を固定した。その後、腐敗した植物から出る酸によってバクテリアは死滅する。

こうしてある程度腐敗がすすむと「ピート」（泥炭）になる。ピートが堆積物の下に埋もれて、水分とガスが絞り出されると、炭化水素の割合が一段と増す。まずピートが茶色の柔らかい石炭になる。これが「亜炭」（褐炭）だ。さらに深部に埋没すると、亜炭は変質して硬度を増し、色も黒くなり「瀝青炭《れきせいたん》」（軟炭）になる。この瀝青炭が高温高圧下で、一般的に石炭といわれる「無煙炭」に変化する。

石油と天然ガスも、やはりかつての生物に由来する炭化水素から生まれる。しかし、石炭の源が湿地の植物だったのに対し、石油と天然ガスは、海洋性の動植物に由来する。酸化作用のおよばない堆積物中に埋没した有機物は圧縮され、有機分子が化学変化を起こし、数百万年かかって石油や天然ガスとなったのである。さらに圧縮されると、石油と天然ガスは多孔質の堆積物中を上昇し、浸透性の低い地層部分に閉じこめられる。こうして少しずつためこまれた石油や天然ガスの貯蔵庫は、エネルギーに飢えた産業文明への太古の生物からの、一回かぎりの贈り物である。

化石燃料は地球史における長い過程が生みだしたものだ。かつて繁栄した生物は、体内の分子にエネルギーをたくわえたまま死んでいった。化石燃料はそうした無数の世代からの遺産なのである。こうして蓄積したエネルギーが数億年をかけて石炭や石油、天然ガスに変わった。その間、炭素は、二酸化炭素となって大気中へ戻る循環からはずれ、これらの物質中に固定されていったため、大気中の温室効果ガスの割合が調整されることになった。この過程が数億年を要したのにくらべ、いまやその遺産はまたたく間に消え去ろうとしている。

人間はその歴史始まって以来、ずっと動物の脂肪や糞、藁《わら》や薪《まき》を燃料として燃やしてきた。石炭を利用するようになったのはこの数百年間にすぎず、石油や天然ガスはさらに新しい燃料で、十八世紀後半の産業革命以降になって使われはじめた。人間は短期間のうちに突然、しかも地球規模で化石燃料に依存するようになったのである。現在の石油消費速度だと、数十年とたたないうちに埋蔵量を汲みつくすことになる。世界中の油田の確認埋蔵量と今後発見可能な推定埋蔵量をあわせても、世界に供給できるのは現在の消費速度であと三五年ぐらいだ。

もし世界中の人々が平均的なアメリカ人と同程度の生活水準とエネルギー消費を享受できるようになり、世界人口が毎年一・七パーセントの割合で成長を続けるとすれば、世界中の化石燃料埋蔵量は二〇年しかもたない。

——デイヴィッド・ピメンテル「天然資源と最適世界人口」(一九九四)

これから二、三世代のうちに油田のほとんどが枯渇するのと並行して、大気中に二酸化炭素が戻ってゆくことになる。しかもその速度は、自然界の循環で除去できる能力を越えている。人間のエネルギー利用によって一〇〇年そこそこのあいだに、大気中の二酸化炭素量は地球規模で増大している。

われわれは大気成分の変化は検出できるが、気候に影響をおよぼすすべての因子を知るには遠くおよばないため、気候変動のあらゆる結果を予測することはできない。しかし、現在の気候変動モデルは大気成分の変化の方向性と非常によく一致し、このモデルによる予測は、観測されている天候や温度の変動とも合っている。石油と天然ガスが枯渇することも、その利用によって健康と環境に問題が生じることもわかっている。さらに予測不可能な気候学的な影響をおよぼすこともわかっているのだから、生態学的持続可能性をめざす施策の中で、エネルギー消費量を管理してゆかなければならないことは明白だ。石炭やピートの埋蔵量はたしかに大きいが、石油や天然ガス以上に多量の温室効果ガスを発生するため、さらに問題は深刻なものとなるだろう。

宇宙空間から夜の地球を眺めてみると、こうした危機的状況を招いた主要な責任の所在がはっきりとわかる。

アフリカのサハラ以南の大部分、そして南アメリカと中国中央部の広範な部分は、広大な暗闇の中に沈んでいる。いっぽう北アメリカと西ヨーロッパそして日本では、世界人口の四分の一の人々が世界中の電気使用量一〇〇億キロワットの四分の三を消費し、エネルギーの浪費を誇示するかのように、異常なまでに煌々《こうこう》と輝いている。

――マルコム・スミス、「ガーディアン」紙より

先進工業国の国民は、発展途上国の人が一生かけて利用するエネルギーを六ヵ月で消費する。

――モーリス・ストロング、「ガーディアン」紙より

■火と戯れることの危険

物語の神々にとって、火が諸刃の剣であることは周知の事実だ。温める場合もあれば燃やしつくすこともある。力を与えることもあれば力を消費することもある。生命を与えることもあれば、簡単に奪い去ってしまうこともある。人間と化石燃料の関係も、この厳しく危険な真理のもっとも新しい実例にすぎない。

先進工業国ではエネルギーを利用して、心地よさと経済の安定、容易な移動と食糧、そして地球を人間に合わせて改変する力を得た。しかし、同時にパンドラの箱というこの力にともなう苦難、つまり大気汚染や土壌流亡そして環境破壊を背負うことになった。化石燃料は安価でしかも運搬が容易なエネルギーであるため、自動車の燃料や機械の製造に便利に使われているわけだが、このことが過剰消費という致命的ともいえる災いをもたらしている。世界中の森林を大規模に伐採し、海を干拓し、水路の通り道を破壊し、人間以外の生物を絶滅させているのだ。では人間は、後先の考えもなく手にしたこの力を抑止することはできるのだろうか?

生物全体の構成はバランスをとりつつ、時とともにたえず変化している。このことが教えてくれる基本的原理は、「各生物の活動は局所的かつ小規模であり、新奇なことはほとんど生じない」ということだ。たとえば自然の中で、フンコロガシは動物の糞に残っている栄養分を利用するため、その糞の中に卵を産み落とす。また、光合成を行う緑色植物が枯れると、葉緑素をもたない植物が寄生し、それが昆虫や他の動物の餌となる。循環の中にまた循環が存在している。生物のシステムにおいては、エネルギーと物質の流れは完全な循環をなしている。したがって土壌や大気、水中など、人間がその保全を固く誓わされた領域に廃棄するような最終産物などは存在しないのである。

人類はこうした循環の数々を破壊し、エネルギーと物質を使い捨て、天然資源を利用しては廃熱と廃物を生みだしている。廃棄物が集積し、予想外の事態となることもしばしばだ。こうした力への信仰に対して、本質的な戒めがある。それは、「テクノロジーには予測できない副作用があり、テクノロジーが巨大化するほど事態の収拾は不可能となる」ということだ。パンドラが例の箱を開けたとき、人間を苦しめるあらゆる災いが地の果てにまでばらまかれた。しかしひとつだけ箱の中に残ったもの、「希望」があった。わたしたちにも希望はある。それは既存のシステムの効率を向上させ、太陽光や風力、潮力、地熱といった代替エネルギーを利用し、エネルギー消費の持続可能な水準を達成することだ。

集団生物学者デイヴィッド・ピメンテルは、エネルギー、土地、水そして生物多様性を持続可能なかたちで利用することを基盤としながら、比較的高い生活水準を達成する経済の姿を描き出している。そのためには化石燃料の利用を減らし、人口爆発の抑制をめざした大胆な施策をいますぐ実行しなければならない。ピメンテルの試算によると、農業や林業の生産性を妨げることなく、九〇〇〇万ヘクタールの土地（テキサス州とアイダホ州を合わせた面積に等しい）を太陽光エネルギーを採り入れるために利用できる。エネルギーを節約すれば、一人あたりの石油消費量をいまの半分の五〇〇〇リットルにまで削減できる。土壌と水資源を保全し、大気汚染を軽減し、大規模にリサイクルをすすめれば、アメリカ合衆国でも資源や環境、生活を守る「保全者社会」が実現できる。ピメンテルによればこのような社会では、

最適人口として約二億人が目標となる。（……）そうすればアメリカ人は比較的高い生活水準を享受し続けることが可能となるだろう。（……）しかし問題が世界全体となると、この『人口―資源方程式』をアメリカ国内のように簡単に解くことはできない。

世界人口の水準は二十一世紀中ごろまでに一〇〇億人に達する。ピメンテルの予測が示しているのは、土壌を保全し一人あたり〇・五ヘクタールの土地から十分な食糧を得るには大変な努力が必要になるということだ。こうした施策には、人口の伸びの急速な安定化が必要となり、その後には必然的に人口の減少がともなうことになる。しかし彼によれば、持続可能な水準が達成できれば、

およそ三〇億の世界人口を維持できる。自律型の再生可能なエネルギーシステムを利用して（…）年間一人あたり石油換算で五〇〇〇リットルを供給でき（これは現在のアメリカにおける年間消費量の半分だが、世界中の大多数の人々にとっては現状より多くのエネルギーが利用できることになる）、一〇億から二〇億の人口であれば比較的豊かな生活を支えられる。

——以上、ピメンテル「天然資源と最適世界人口」より

現実には、地球の人口は現在およそ六〇億で、しかも一一年ごとに一〇億人ずつ増加しているわけだが、それでもまだピメンテルの未来像にはひとつの希望がある。それはまさに問題解決に向けて力を注ぎ、エネルギーを節約し、それを公平に分配することだ。これは新しい始まりの提案だ。いままでは化石燃料が生活のすみずみにまでゆきわたっている。自動車や暖房、製造業や農業などでも多量の化石燃料を利用している。しかし、石油や天然ガスといったこの有限のエネルギー源に頼るようになったのはきわめて最近のことにすぎない。多量に消費すれば温室効果ガスが蓄積する。

その影響を理解できるようになったいま、人間の創造的な能力を代替エネルギーの開発に向ける

ことができる。とくに地球に降り注ぐ太陽エネルギーの利用をすすめることだ。チャンスはいくらでもある。現在のようなエネルギー消費のパターンから抜け出すには時間がかかる。しかし、エネルギー効率を上げていき、天然資源の寿命を延ばし、排ガスや廃棄物を減らしてゆけば、消費パターンを切り替えるまでの時間に余裕ができる。

たとえば、ガソリン一リットルで一五〇キロメートルも走行できる超低燃費車が普及すれば、自動車の利用を続けたとしても生態系への影響を格段に小さくできる。こうして時間を稼いでいるあいだに、大多数の人々が自動車をまったく必要としなくなるような居住空間を設計、建設するのである。産業での製造過程における大胆な効率化によってエネルギーと物質の利用を四分の一にまで減らし、一方消費を減らすことで資源が節約できれば、生態学的な問題を解決すると同時に社会的な公平性も進展する。実現の可能性はある。必要なのは実現へ向けた意志だ。

第6章 生命の絆に守られて………第五の元素「生物多様性」

この惑星が確固たる重力の法則に従って回転するあいだに、かくも単純な始まりからきわめて美しく驚くべき無限の形態が生まれ、いまも生じつつある。そのような観点から生命を見ると、じつに壮大なものがある。

——チャールズ・ダーウィン『種の起源』

多種多様な生物がこの地球を包み、長い時間のうちには、ゆっくりとだが大きな変化を地球にもたらす。一方で、地球の変化が生物の変化をもたらすのだから、生命と地球はいわばひとつである。

——リン・マルグリス他『五つの王国』（邦訳・日経サイエンス社、川島誠一郎、根平邦人訳、訳文は邦訳より引用）

子供らは一粒の種子から植物が生長する驚異に目をみはり、カエルの卵がオタマジャクシに変わっていくのを観察し、チョウが繭《まゆ》の中から現れるのを見て、生命の不思議を深く心に刻みこむ。科学ではこうした生命の奥深い神秘まで見通すことはできない。音楽や詩は、それを表現しようとし

てきた。そして人の親なら、誰でも生命の神秘を心底から感じているものだ。

あなたはわたしを世界の中心に連れてゆき、唯一の母である緑の大地の善と美と不思議を教えてくれた。

——ブラック・エルク（T・C・マクルーハン『大地に触れる *Touch the Earth*』より）

古代の哲学者は生命に四つの元素、地（土）と水と火と風（空気）が必要なことは知っていた。しかし、生物たち自らが協同的な作用によって、それらの元素をつくり維持する決定的な役割を演じていることには気づいていなかった。生命はこれらの元素を、贈り物として成りゆきまかせに受けとっていたのではなく、四元素の生成と補充に積極的に参加してきたのである。

以前にも述べたように、生命自身が全生物にとって快適な条件をかたちづくってきた。生物の代謝のサイクルは水素をとらえ、地球の重力圏から逃げていくのを防いできた。また、生命は水の循環に不可欠の要素でもあり、膨大な量の淡水を吸収、蓄積しては放出し、こうしたはたらきが最終的に気候をもかたちづくっている。テネシー州の伝説的なスモーキー・マウンテンの山並は、現在も山腹の木々が発する霧のヴェールに包まれ、アマゾンの熱帯雨林は、世界中の気候と天候を動かす巨大なエンジンになっている。微生物や植物は大きな岩石をくだいて塵に変え、朽ち落ちればその残骸によって表土が厚くなり、その表土を頼って多くの生物が集まってくる。さらに植物の光合成によって、太陽光のエネルギーが貯蔵可能な化学エネルギーへ変換されるようになると、大気の組成が変わり、生命を維持する酸素を豊富に含む空気が生まれた。
生命はこうしたあらゆる条件を整えると、驚異的な多様化の能力——つまり生命自らがつくりだした環境に適応すると同時に、その中で新たな機会を生みだしていく能力——を駆使して、この生命が手塩にかけた独自の工芸品ともいえる豊饒《ほうじょう》な地球を維持し続けている。絶対不可欠な唯一の生物種が存在するというのではなく、あらゆる生命の総体が地球の豊かさを維持しているのである。だとすれば、この多様な生命の総体を、全生物に不可欠なもうひとつの「基本元素」と考えることもできるだろう。「生物多様性」は、太古の昔にこの惑星の豊饒さをつちかった地、水、火、風と同列に並べるべきものだ。

自然界の構成要素は無数にあるが、その全体が唯一の生命システムを築きあげている。われわれ人間も、この自然との相互依存性から逃れることはできない。人間は大地、海、大気、季節、動物そして地球のあらゆる実りが織りなす緊密な関係の中に編みこまれている。ある要素にはたらきかけたことが、地球全体に影響する。人間は地球という大きな全体の一部なのだ。生きることを望むなら、このシステムの多種多様な姿を慈しみ、大切にし、愛さなければならない。

——バーナード・キャンベル『人類生態学』(*Human Ecology*)

■生と死——つながり合った双生児

生と死はもちつもたれつの関係にある。不思議で皮肉な話だが、死は生命の持続にとって欠くことのできない手段なのだ。人間の長年の夢である「永遠の命」がもし実現すれば、あらゆる生物を進化的な意味での拘束衣で縛ってしまうことになる。それはつねに変化する地球の環境条件に適応するために必要な、進化の自由度を奪うということだ。各世代が継続的に適応・変化できてこそ、種は個体の死をつうじて長年にわたって存続していけるのである。

それぞれの種も、個体と同様に死すべき運命にあることは明らかだ。五億七〇〇〇万年前のカンブリア紀に、生命は爆発的な出現をみせ、多細胞生物もこのころに誕生した。それ以来進化的な時間の中で三〇〇億もの種が出現したと考えられている。科学者は、ひとつの種が他の生命体と入れ替わるまで、平均して約四〇〇万年持続すると考えている。現在の地球には約三〇〇〇万種が生息すると推定されているから、かつて存在したすべての種のうち九九・九パーセントが絶滅したことになる。それでも現存する地球の全生物の起源は、三五億年以上前に海中で誕生した単細胞生物にあって、最初の細胞に注ぎこまれた「生命力」という視点で考えれば、生命には驚くほど持続性があり回復力に富んでいるともいえる。

■全生命の相互のつながり

ブラジル・カヤポ族の首長ベプコロロティは語る、

森は大切な存在だ。そこでは人々が生き、動植物が生息している。森を焼き払ってしまえば森の動物たちを救う意味がない。動物や人々を追い払ってしまえば森を救う意味がない。森を救う人がいなくなれば、動物を救う試みは成功しない。

——ペプコロロティ（「アマゾン盆地におけるアマゾン・オックスファムの活動 Amazonian Oxfam's Work in the Amazon Basin」より）

他の生物から孤立して生存できる種は存在しない。実際、現在地球にいる三〇〇〇万種の生物種のすべてが、生活環の交わりをとおして他の種と関係している。植物は特定の種の昆虫がいるおかげで受粉ができ、魚は広大な海洋を移動して餌をとり、また他者の餌となっている。鳥類の中には地球を半周ほども移動し、北極地方で短かい期間大発生する昆虫を餌にしてヒナを育てるものもある。これらすべてが一体となって、相互につながったひとつの巨大な織物を紡ぎあげている。この織物がすべての生物を互いに結びつけ、また地球の物理的要素とも結びつけている。

ひとつの種が絶滅すればこの織物に小さな穴が開くことになるが、この織物は非常に柔軟だ。一本の糸が切れると、ネットワーク全体を配置がえして対応する。全体をつなぎとめるのに十分な糸が残っている限り、織物の統合性は維持されるのである。

木の鼓動に耳を傾けなければいけない。木もわたしたちと同じ生物なのだから。

——スンデルラル・バフグナ（エドワード・ゴールドスミス他『危機の惑星 *Imperilled Planet*』より）

あらゆる生命は最終的に太陽のエネルギーに依存している。光合成によって植物や微生物がこのエネルギーを吸収する（前述したように、ごくわずかではあるが微生物の中には化学合成によって窒素や硫黄などの無機物質を酸化してエネルギーを得るものがあり、また地球中心部からくる熱エネルギーを利用する生物も存在する）。

光合成や化学合成を行う生物の第一次消費者が草食動物であり、バッタやシカ、オキアミなど多種多様な生物が存在する。これらの生物がこんどは第二次消費者つまり肉食動物であるクモ、オオカミ、小型のイカの餌となる。さらに大型の肉食動物であるハクジラやタカ、人間などは、小型肉食動物を食物とし、最初にエネルギーを取り入れた生物からはもっとも遠い関係にある。最終的に食物連鎖を構成するすべての生物は分解生物によって再処理され、土に還る（図６・１）。

■人間の五感を超えた世界

この地球に住む仲間である他の生物について、わたしたちの知識がいかに限られたものかを知ると愕然《がくぜん》とする。人間に見わたすことのできる世界は、感覚器官の能力に依存している。人間の感覚器官の限界については、イヌの行動を見るたびに思い知らされる。消火栓から木の根元へとわたり歩いては痕跡の世界を嗅ぎまわり、他の動物が残した化学物質のサインから年齢、性別、種別、さらにどのくらい前までそこにいたかまで嗅ぎ分ける。昆虫も、空気中に漂うたった一個のフェロモン分子に反応する。人間には高周波の音は聞きとれないが、コウモリはこの音波を駆使して獲物をとらえ、肉食動物との遭遇を避けている。また低周波も人間には聞こえないが、海の王たるクジラのうたう低周波の歌は、世界を半周するほど海中に響きわたる。人間の視力にも限界があり、感覚

図6・1　温帯生態系の食物連鎖

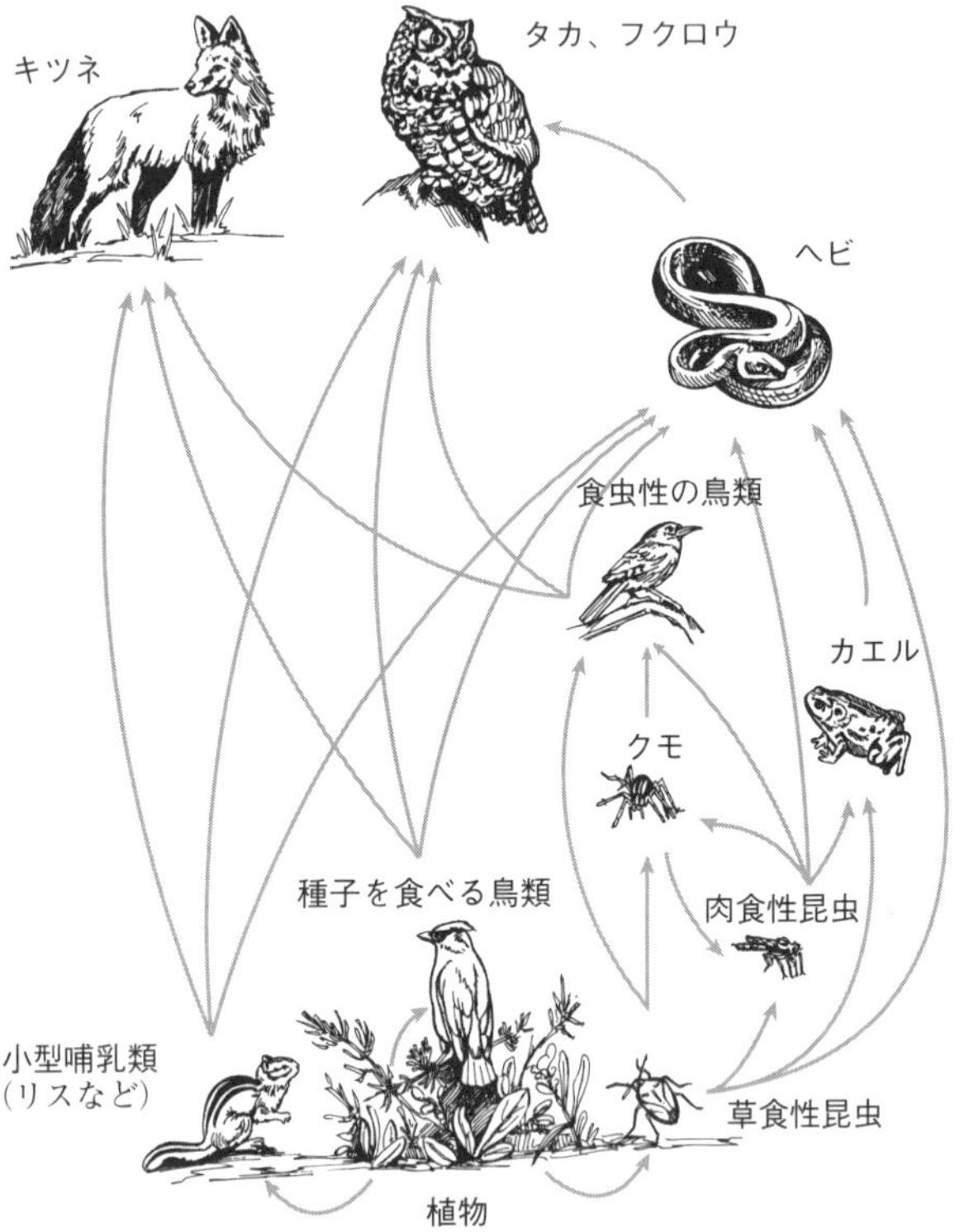

『サイエンス・デスク・レファレンス』(*Science Desk Reference*)
(Macmillan, 1995) p.463より改作

器官が検知できる光は赤から紫までの波長だけだ。ガラガラヘビのように赤外線を感知することはできないし、昆虫たちを特定の花に誘う紫外線も見ることはできない。

わたしたちは水中では呼吸ができないため、海洋生態系や淡水生態系の壮大な多様性と、そこで驚異的な適応をみせる動植物についても、まったくといっていいほど知らない。また重力によって地球表面に押しつけられているため、大空に舞い上がる鳥やはるか樹上を生息地とするコミュニティーの一員のように、この惑星を高空からじかに眺めた者はほとんどいない。穴を掘って生活する動物や植物、微生物など、一生のほとんどを地中ですごす生物たちの地下世界についてもほとんど知らない。さらに人間は昼に活動する動物なので、夜行性生物の相互関係についてもほとんど気づかずにいる。

人間の目の光受容器には一個の細胞大の物体を見分ける分解能はない。したがって池の水や海水の一滴、またひとつまみの土に生息する大量かつ多様な微生物を肉眼で見ることはできない。しかしもちろんこうした身体的な弱点があっても、わたしたちは技術開発によって感知範囲を拡大し、補うことができる。耳では聞こえない音のパターンを機械的に視覚化したり聞きとれるようにして、沈黙の交響楽を感じとることができる。また空気中や物体に付着している医薬品や火薬、DNAなど、きわめて微少な量の分子でも検知できる。

人間にまったく新しい世界を開いて見せてくれたのは顕微鏡だった。この奇妙な生物たちの宇宙をはじめて目にしたパイオニアたちは、拡大鏡の中に現れたその圧倒的な量と多様性に震撼《しんかん》したにちがいない。地球に生命の息吹が吹きこまれてからほとんどのあいだ、こうした微生物が唯一の生命形態だったわけで、こんにちでも微生物のバイオマス（生物量）としての総量は、原生林や大きな群を形成する哺乳類、鳥類の大集団、群れ泳ぐ無数の魚類さらに無数に存在する昆虫などすべてを合わせたバイオマスと等しいか、それ以上になる。この微生物という生命の広大な宇宙は、人間の目には見えなくとも、数十億年にわたって地球生物の支配的位置にある。原始林や鳥類、哺乳類といった大型生物にも驚嘆させられるが、わたしたちがまさに存在できるのは、こうした微生物がうごめく世界のおかげなのである。

■自然は循環する

自然のシステムは何重にもからみ合いながら円環をなしている。ひとつの種の廃棄物は別の種を形成する素材となり繁殖の機会となるため、ゴミになるものは一切出ない（図6・2）。

異なる種がつながりあって循環をなす例を、五種の「太平洋サケ」がなす絶妙な生活環に見ることができる。このサケは厖大な個体数が存在することで知られている。受精卵のうち成魚になるのは一万個に一個にもみたない割合だが、生き残ったサケは成熟すると数千万という単位で海洋から生まれ故郷の河川へと戻る。

サケは、命が生まれる受精の瞬間からマスやワタリガラス、淡水中の菌類などの攻撃にさらされ、海に移動すればシャチやワシ、アザラシに狙われる。さらに死んでからもサケは他の生物の食物となる。死骸はバクテリアや菌類の餌となり、それがまた小さな無脊椎動物の食物となり、最後には新たに生まれたサケの子孫である稚魚の餌となる。鳥類や哺乳類は大量のサケの死骸で腹をふくら

図6・2　摂食関係による生物の分類

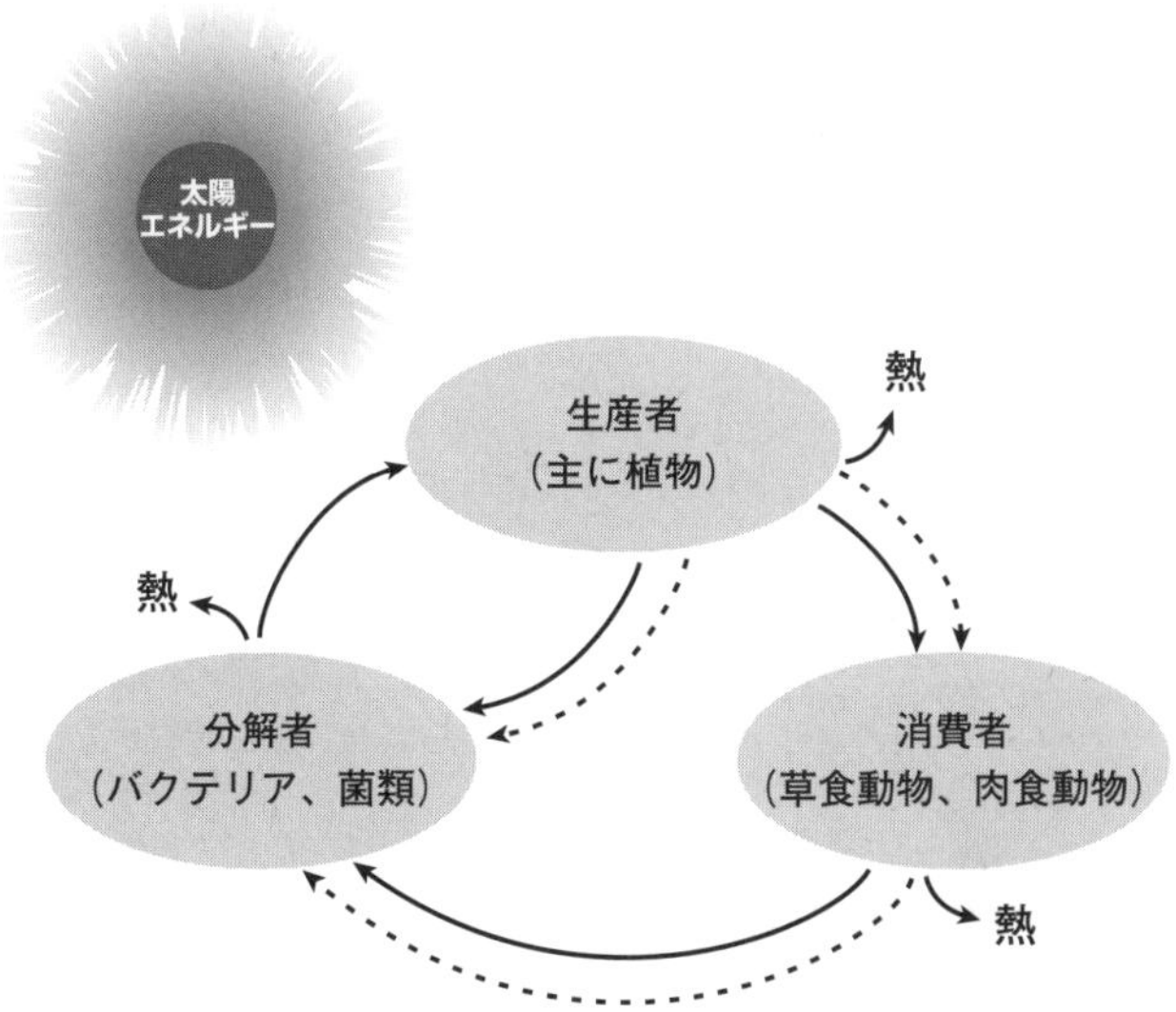

セシー・スター、ラルフ・タガート『生物学——生命の統一性と多様性』（*Biology: The Unity and Diversity of Life*）第6版（Wadsworth,1992）図40.8より改作

ませ、森の中に糞を落としてはサケの栄養を拡散させている。肉食動物である人間には、サケのような生活環は「過剰」で「無駄」なものに思えるが、生物の循環に無駄なものは存在しない。

生物の歴史の草創期、自然は、すでにほかの生物種がすみついている生息環境内にすみつけるように新しい種をつくりあげた。始生代(先カンブリア紀前期〈訳註・約四〇〜二五億年前〉)以来、単独で進化してきた生物はいない。生物群集全体が、まるでそれ自体ひとつの大きな生きものであるかのように進化してきたのだ。その意味で進化はすべて共進化であり、生物圏は相互依存関係の連合である。

——ヴィクター・B・シェファー『進化の博物学』(邦訳・平河出版社、渡辺政隆、榊原充隆訳、訳文は邦訳より引用)

人類は生存のあらゆる面で、大地とそこに生息する生物に依存している。空気、水、土そして生命のあいだに境界線を引くことはできない。あなたという存在もわたしという存在も指先や皮膚で終わるわけではなく、空気、水、土を介してつながりあっているのである。そしてあの天空からくる、同じエネルギー源によって生かされている。つまり人間は文字どおり、まさに空気であり水であり土でありエネルギーであって、他の生物ですらあるのだ。

■なぜ生物多様性が重要なのか

太古の昔から人類は巨大な脳を駆使し、周囲の多様な種を食物にしてきた。人間は食用になる植物はどれか、自分より速くて強い動物を捕獲するにはどうしたらいいかを学んだ。また、動植物にそなわった自然の護身術を利用することも学び、矢の先に毒を塗って川で魚を突いた。薬用効果のある生物を使って病いを癒し、からだを飾る美しい装飾品をつくり、動物の皮を衣服や住居に使って自らの身を守った。人間が世界中に広がって定住し、各地で地域固有の生物をさまざまに利用していることからも、生態系ごとに多様な生物が存在することがわかる。

人間が動植物を家畜化するようになったのは、ほんの一万〜一万二〇〇〇年前のことだが、このときから人間の生活は一変した。文明進化の新たな段階へと一気に跳躍したのである。現在人間が利用している植物や家畜化された動物のすべては、どれもかつては野生だったわけで、野生の動植物がもつ遺伝的な多様性はいまも必要不可欠だ。

環境の変化に対する生物のおもな防御法は、その多様性にある。この点だけからみても、人間が生物多様性を保全することが絶対的に必要なのである。ただし、これは生物多様性を人間が完全に利己主義的に解釈する視点ではあるが。

生物多様性の保全を求めるうえで説得力のある別の理由としては、地球の大多数の生物について人間はまったく無知であるという不幸な事実がある。生物が相互に関係しあう織物のような存在であることはわかっている。しかし、この織物のごく小さな部分を研究するたびに思い知らされるのは、無限に存在するかのような相互の関係性だ。生命が生存をかけて活動し相互に作用しあうパターンは、知れば知るほど奥深いものであることがわかる。

■分子レベルの設計図

ノーベル賞受賞の生物学者ジョージ・ウォールドは語る、

この数年間で、わたしたちはかつてないほど全生物間の絆というものの奥深さについて理解するようになった。(……)すべての生物は密接な関係にあり、その関係はこれまで想像していた以上に緊密だ。

――ジョージ・ウォールド「共通の基盤を求めて」(The Search for Common Ground)

DNA研究によって、分子生物学者はすべての生物に遺伝的関係があることを証明してきた。映画「ジュラシック・パーク」で一番目新しかったのは、琥珀《こはく》に閉じこめられた太古の蚊を発見し、その蚊の内臓に恐竜のDNAの破片がそのままの状態で保存されているという点だった。しかしそういったことが現実にありうるとしても、もっと驚くべき事実は、蚊のDNAと恐竜のDNAに、わたしたち人間の遺伝子とまったく同じ部分があるということだ。人間はその進化の歴史をとおして過去と現在とを問わず、他のあらゆる生物とつながりをもっている。つまり人間は他の生物と遺伝的な親類関係にあるのだ。他の生物が「資源」や「商品」などではなく、わたしたちの親類だということになれば、もっともっと注意深く敬意のこもった付き合い方をしなければならなくなるだろう。オガララ・ラコタ族の聖者ブラック・エルクはこう語っている。

聖なる話、語るに値する話とは、すべての生命の物語だ。その物語の中では、われわれ二本脚のものだけでなく、四本脚も、空をゆく翼も、すべての緑のものも共に暮らしている。これら生きとし生けるものは、すべて、同じ母親から生まれた子どもなのだ。父親は同じ一つのスピリットなのだ。

——ジョン・G・ナイハルト『ブラック・エルクは語る』（邦訳・めるくまーる）
（宮下嶺夫訳）

自然の中で最も尊大な種としての人間と他のすべての有機体との進化上の統一性は、ダーウィン革命のきわめて基本的なメッセージである。

——スティーヴン・ジェイ・グールド『人間の測りまちがい——差別の科学史』（邦訳・河出書房新社、鈴木善次、森脇靖子訳、訳文は邦訳より引用）

■遺伝的な多様性を讃えて

生命はどのようにしてその驚異的な回復力を獲得したのだろう？　一九六〇年代の初頭、新しい生化学技術が開発されると、科学者はひとつの種の生物がもつ特定の遺伝子が生産する物質を分析しはじめた。当時大きな驚きだったのは、生物学者がこれまで検出されていなかった同一種内の遺伝子変異体、つまり同じ遺伝子の異なる形態を大量に発見したことだった。遺伝学者はこの多様性を「遺伝的多型性」と呼んでいる。これはどうやら種が環境変化に対応するための手段らしい。ふつう遺伝子変異があっても、もとの遺伝子がもっていた特定のタンパク質を生産する機能については、ほとんど影響をおよぼさないことがわかっているため、「中立的変異」とも言い、一定の環境下では有利にも不利にもはたらかない。

しかし中立とはいっても一時的かつ相対的なものだ。環境の条件、たとえば酸性度や塩分濃度、気温などが変化すれば、遺伝子変異体はこれまでとまったく異なる機能や効率性を発揮する物質をつくりだすようになる。人間の場合の有名な例が、「鎌状《かまじょう》赤血球」という遺伝子変異つまり突然変異で、血液中のヘモグロビンに影響を与える。この突然変異した遺伝子を二つもっていると（両親からひとつずつ受け継いだもの）、鎌状赤血球貧血を患うことになる。死にいたることも多い非常に危険な病気だ。鎌状赤血球の遺伝子ひとつと正常な遺伝子ひとつの組み合わせの場合は、マラリアが蔓《まん》延《えん》している地域以外ではふつうと変わりない。ところがマラリアの多い地域では、二つとも正常な遺伝子をもつ人よりもマラリア原虫に対する抵抗力は強くなるのである。

■変異の重要性

わたしはキイロショウジョウバエの研究で、ある環境下では見えない（つまり発現しない）が、別の環境中で成長させると異常性が現れる化学的突然変異を確認した。わたしが研究したこの突然変異は気温の影響を受け、ある温度ではまったく正常なのだが、温度がわずか五〜六度程変化しただけで多様な突然変異が発現する。さらにわたしはこのように環境条件に左右される突然変異遺伝子の発現が、羽や目、足などにみられる異常性や麻痺そして死にいたるまで、あらゆる異常の原因となっていることも発見した。

気候変動の結果として地球の気候パターンと平均気温が揺らぐわけだが、新しい気温条件下でも適切に機能し、あるいはさらに優れた機能を発揮できるような遺伝子をもつ種が、その後も生き残ってゆくことになる。


生物種の大多数については遺伝子の一〇パーセントから五〇パーセントが多型的である。典型的な数字では約二五パーセントというところだ。

——エドワード・O・ウィルソン『生命の多様性 I』（岩波書店、大貫昌子、牧野俊一訳、訳文は邦訳より引用）

遺伝的な多型性は、種の生き残りにとって不可欠だ。アメリカシロヅルやシベリアトラのようにひとつの種の生存数がほんの一握りになってしまえば、遺伝的可変性の範囲が激減してしまうため、これらの種の生き残りは期待できない。環境の変化に適応する選択肢が少なすぎるのだ。遺伝子変異体が豊富に混ざりあっていることが、活力があり健康な種の基本的な特徴であり、それはこれまでの進化史上の成功と、将来の予期できない変化への適応力の表れでもある。

集団遺伝学者によれば、もっとも成功している種は（ここでいう「成功」とは長期にわたる生存を意味する）、多くの孤立した地域や諸島群で発見されている。そこには互いの地域を結ぶ「橋」がかかっていて、ポツポツとではあってもつねに個体が行き来できるようになっている。孤立した生物コミュニティーでは、こうしてときおり訪れる移住者を「新たな血」として、つまり変化に対応する新たな可能性をそなえた異質の遺伝子として受け入れながら、その土地に適応した遺伝子のセットを進化させることができるのだ。

最近の大規模な機械化農業は、このことについての非常に高くつく教訓になっている。単一種の作物を広範囲に作付けするいわゆる単作《モノカルチャー》によって、遺伝的な多様性がなくなりつつあるが、これは環境の変動に対して種が脆弱になるため、非常に危険なのである。

一九七〇年、アメリカ合衆国では、トウモロコシ二億六八〇〇万ヘクタールのおよそ八〇パーセントに、雄性不稔《ゆうせいふねん》（花粉に生殖能力がないこと）の遺伝因子が組みこまれていた。この形質は（毎年新しい種苗《しゅびょう》を売りつけたい）種苗会社にとっては非常に有益だったものの、じつは「アキレスの踵《かかと》」で、特定の寄生虫に弱い性質をもっていた。三ヵ月のうちにトウモロコシは壊滅的な「ごま葉枯れ病」となり、それは実質的にアメリカ大陸の全耕作地に広がった。全体の損失こそ一五パーセントだったものの、多くの農場で同年のトウモロコシ被害は八〇から一〇〇パーセントに達し、損失総額は当時の一〇億ドルにのぼった。

単作は生命の進化の戦略に反している。サケは野生のままであれば豊富な遺伝的多型性をもつ魚だが、養魚場にあふれかえっているのは、大きさだけで選択された少数の個体の卵子と精子から育てあげられた養魚場育ちの稚魚だ。ここでも個体の選択によって遺伝的多様性が減少し、この多様性の減少が、サケの遡上《そじょう》率が激減している要因のひとつになっている。

森林警備員も遅ればせながら気づいたことがある。野生の森林なら害虫や山火事そのほかの事故が起きても回復能力があるが、市場価値が高く成長の早い樹種のみを植林した山では、その能力が欠落しているのである。

高水準の遺伝的多様性によって、環境の変動期であっても森林の生産性と健康を維持するために必要な生物学的メカニズムが維持される。（……）遺伝的多様性が減少すれば、環境要因によって森林の健康と生産性が劣化しやすくなる。

——ジョージ・P・ブッヘート「遺伝的多様性——安定性の指標」（Genetic Diversity: An Indicator of Sustainability）

■多様性がもたらす生態系の安定性

生態系は生産者、消費者、分解者、腐敗物食性生物からなる複雑なコミュニティーを形成しており、おのおのが物理的な環境によって課せられる限界内で相互作用しながら、エネルギーと物質を生命の織物全体に循環させている。どのような生態系でも、食べるものと食べられるものが相互依存のネットワークによってつながり合っている。個々の生物が優位性をめぐって争うように、肉食動物とその獲物、宿主と寄生生物のあいだではつねにある種の生物間抗争が起きている。

ひとつの生物種に利益をもたらす突然変異や新たな遺伝子の組み合わせが出現すると、すぐにそれに対抗する生物が出てきて全体のバランスが保たれる。たとえば、菌類は植物に寄生するとその細胞壁を効率的に消化する酵素をつくりだし、獲物である植物への侵入を容易にする。それに対して寄生される生物集団内では、細胞壁がより厚く丈夫な個体が生存し繁殖する割合が大きくなる。そのうちに、寄生生物はこの宿主の改良された防御策を打破する新たな戦略を探しださなければならなくなる。こうして生態系はたえず流動し変化し続けているわけだが、長期的にみれば、生態系内のさまざまな構成要素が互いに拘束しあうため、バランスのとれた状態にある。

生物学者は、地球上の大多数の生物は熱帯雨林に生息していると考えている。ここでは多様性が広大なパッチワークあるいはモザイク状をなしていて、多くの種がおのおのの生息条件のもたらす厳しい制約によって、雨林内の小さな領域内で生息している。アグロフォレストリー〔訳註・持続的に土地を利用するために、農業と林業を組み合わせた土地利用。森林農法〕の専門家フランシス・アレによると、たとえばエゾミソハギという植物が北アメリカで爆発的に繁殖したように、外部からきた生物が熱帯雨林を席巻するようなことはない。というのも、熱帯雨林では生息地となりうる領域が狭いうえ、どんな外来種であってもつねにそれを支配しようとする多くの肉食生物が存在するからだ。

遺伝的多様性が種に回復力を与えるように、どのような生態系であっても、その中にいる種の多様性によってその生物コミュニティー内のバランスが保たれている。種の多様性は、ひとつの種における遺伝的多型性のように、全生態系としての進化的な生存戦略と考えることができる。

この広大な地球は、灼熱の砂漠や北極圏に広がる酷寒の永久凍土地帯、蒸し上がるような暑さの赤道直下の河川流域や乾燥した草地、深海から海抜数千メートルにそびえ立つ空気の希薄な山岳地帯、さらには大気と陸と海が交錯する潮間帯《ちょうかんたい》〔潮の干満で海中になったり陸地になったりする部分〕など、気候条件や地球物理学的な条件によって厖大な領域に分類できる。こうしたあらゆる条件のもとで、生物は機会をつかみ繁栄する手段を手に入れてきた。

すべての生態系は多様な種を含み、さらにおのおのの種はその地域固有の遺伝子のセットを持ちあわせている。したがって、たとえば北方林のように種の多様性が比較的限られている場合でも、ある流域における生物の遺伝的変異は、隣の流域にうつれば同じ生物種であっても異なるのである。どの生態系も唯一特別な存在であり、すべての生態系は地域ごとに固有の存在なのだ。

このように地球自身は多様性の中にまた多様性のモザイクが組みこまれており、生態系、種、遺伝子のパッチワークになっている。長いあいだには大変動によってこの相互連係の織物が破れることもあり、近代に入ってからも北アメリカで数十億羽のリョコウバトが突如として消え、数百万頭のバイソン、広大な原生林が一気に消滅している。しかし、こうした破局的な大変動があってもその後も動植物は存続し、この惑星の生物多様性の屈強さの証となっている。

■人間の文化多様性

人間は、多様性を新たな領域へと広げていった。人類が進化に成功したのは、脳からの贈り物である記憶や予測の力、好奇心や創作力をそなえ、身のまわりの世界のもつパターンと循環とを認識できたおかげだった。さらに環境を利用する能力と試行錯誤によって獲得した知恵を、言語で伝えることができたため、人間の進化のペースは加速した。

人類は文化に磨きをかけてきた。わたしたち一人ひとりは誰でも幼児という同じ出発点から人生をスタートし、社会に旅立つ準備ができるまでは、苦労しながら社会が蓄積してきた知恵や信念を身につけなければならない。しかし、文化というものは各世代が必ずしも同じ学習経験をたどらなくとも着実に成長する。しかも生物学的な変化の速度とくらべれば、文化はそれこそ光の速さで進化すると言ってもいい。この文化の存在によって、人間は比較的短期間に大きな進歩をとげることができたのである。

科学者は分子生物学の技術を用いて、DNAどうしの生物学的な関係性の強さを測定することで人類の起源をつきとめ、大陸を越えて移動した経路を追跡できるようになった。集団生物学者の結論によると、全人類の祖先はわずか一〇万年前に東アフリカの巨大なリフトバレー(大地溝帯《ちこう》)沿いに出現した。そこから世界各地へと広がり、サハラ砂漠を越えて北西へすすんだ者もあれば、南西へすすみ現在の南アフリカへ入った者もあった。北方へすすんだ者はアラビア半島を越え、さらに東へすすんでインドへ向かった(図6・3)。

これらの新しい土地から人類はさらにヨーロッパ、ロシアへと広がり、さらにニューギニアからオーストラリア、シベリアからベーリング陸橋をわたりアメリカ大陸へとすすんだ。人間の肌の色や顔つき、そのほかの身体的特徴は驚くほど多様だが、人間の集団間でのもっとも顕著なちがいは、生物学的なものではなく文化的、言語的相違である。

多くの動物は、遺伝的に刻まれた本能的行動によって生き残ってきた。それとは対照的に、人類のすばらしい戦略とは大きな脳を進化させ、感覚として入ってくる情報を評価し、慎重に行動を選択することだった。観察や経験にもとづいて行動のパターンを変えられる能力と自由度が、人間の本能的行動のほとんどにとってかわった。文化と言語は人間のきわめて重要な性質で、このおかげ

図6・3　地球全体に広がった人類
（数字は今から何年前の出来事かを示す）

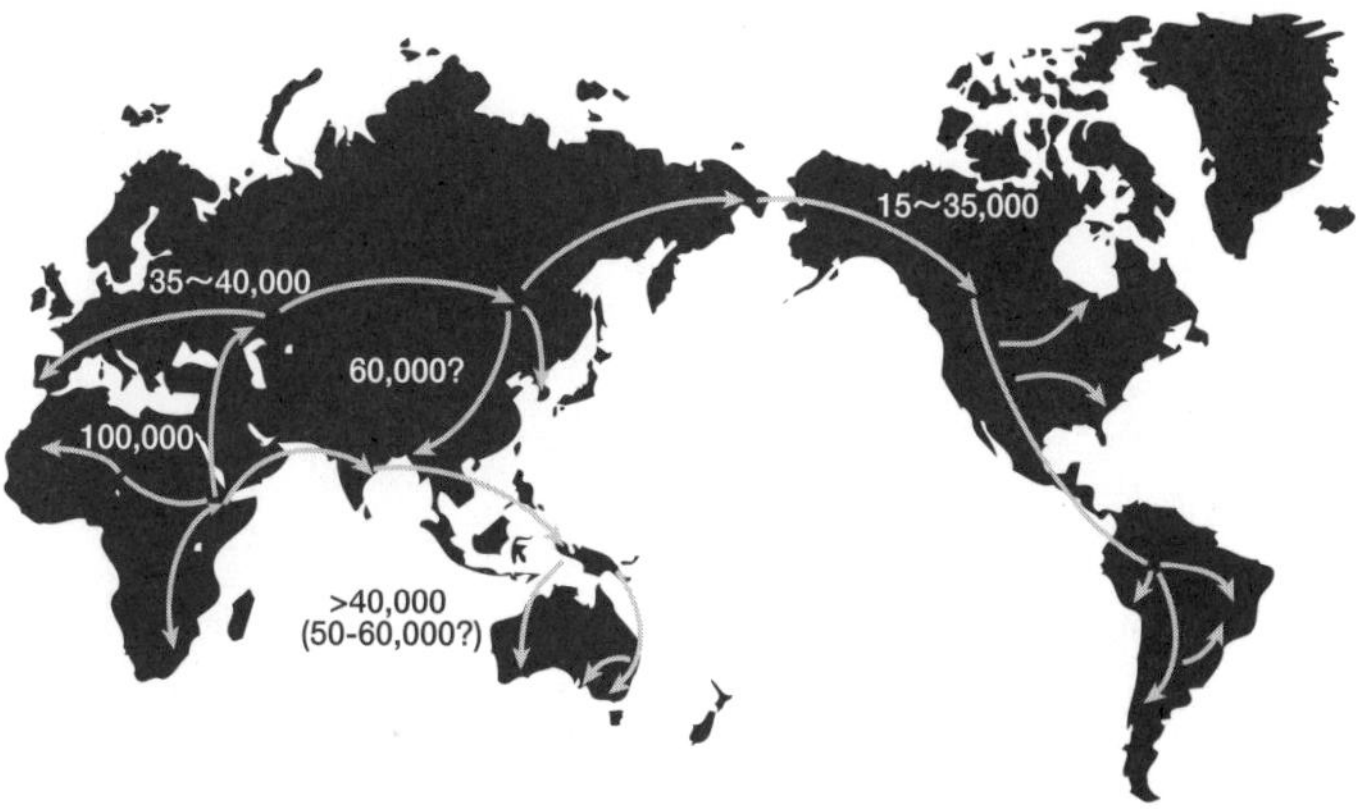

ルイジ・ルカ・カヴァーリ＝スフォルツァ、フランチェスコ・カヴァーリ＝スフォルツァ『偉大なる人類のディアスポラ——多様性と進化の歴史』（*The Great Human Diasporas: The History of Diversity and Evolution*）（Addison-Wesley,1995）より改作

で幅広い環境条件にも適応してこれたのである。物理学者で多彩な環境運動を展開しているヴァンダナ・シヴァ（三三九ページ参照）もこう述べている。

> 多様性は自然の特徴であり、生態学的安定性の基礎である。多様な生態系は、多様な生命形態と多様な文化を生じさせる。文化、生命形態、ハビタット（生息地）の「共進化」はこの地球の生物学的多様性を保全してきた。文化の多様性と生物学的多様性は、連動してすすむものである。
>
> ――『生物多様性の危機』（邦訳・三一書房、高橋由紀、戸田清訳、訳文は邦訳より引用）

ひとつの種のもつ遺伝的多様性や生態系内の種の多様性によって、環境条件の変動に直面したときに種や生態系全体を持続させてこられたように、伝統的な知や文化の多様性は、人間の進化的な成功の大きなよりどころとなってきた。人間は北極の凍土帯、砂漠、熱帯雨林、プレーリーの大草原、さらに近代的な大都市と、じつに多様な環境に適応してきた。ひとつの種がもつ地域固有の条件に適応した遺伝子変異の幅が、環境の破局的な変動に対する緩衝《かんしょう》作用をはたしているのであれば、文化的な多様性の幅もまた、多種多様な生態系の中で人間が活力を保ちうまく生存していくために欠かせないものなのである。

こう考える読者もおられるかもしれない――長く曲がりくねった進化の道のりの先には、もっとも優れた遺伝子や種の組み合わせ、あるいは理想的な人間社会があって、それらが世界中に広がりすべての遅れた個体や社会にとってかわることになるだろう、と。そうなれば多様性などは完全に時代遅れのものになる。

地球の環境条件が不変で一様なら、少なくとも理論的には最高度に進化した安定な社会や種というものも存在可能だろう。しかし自然界では、「最善」であるとか「優位」あるいは「すすんだ」といった言葉はまったくのナンセンスだ。地球上の環境条件は決して一定ではないからだ。生物の生息地である大気と陸と水からなる薄い層、すなわち生物圏の本質は「変化」にある。多くの場合、変化の速度はゆっくりとした地質学的なものでカタツムリの足取りのようだが、この変化はたえまなく生じているため、唯一の完璧で理想的な状態というものは存在し得ない。自然はつねに流動的であり、そこでは多様性が生存の鍵となる。変化が不可避で予測不可能であれば、生き残りの最善策は、多様性を最大限に維持できるように行動することだ。そうすれば環境が変化しても、多彩な遺伝子や種あるいは社会がひとつの集合体として新たな条件下でも生き延びるチャンスが出てくる。多様性によって回復力、適応性そして再生能力が得られるのである。

■生きている惑星

遺伝子から生物、さらに生態系から文化にいたるまで、あらゆる階層でパッチワークのように多様性が組みこまれ、それらすべてを総和すると、ただひとつの生きた全体になる。最終的に得られる総和は、地球そのものということになるだろう。

この地球を生き物としてとらえる神話をもつ文化は多い。創造的な力、養育の女神あるいは強大な精霊の集合としてとらえる神話もある。さらに現代科学が、この地球を生命としてとらえる考え方を裏づけつつある。故郷《ふるさと》である地球の姿がはじめて宇宙飛行士によって宇宙から撮影されたとき、まっ青な球体が白いレースをまとった美しい姿には息を飲んだ。地球に対する認識も変わった。それまであった限界から解放され、はじめて、これが故郷《ふるさと》だと確信できた。それはひとつの統一体をなし、その表面の切ないほど薄い層に生命が繁栄しているのだ。

宇宙生命を探査にやってきた他の銀河の科学調査団がこの地球を観察すれば「生きている星」と結論してもおかしくない。地球は頑丈な原形質の層に包まれ、たえまない惑星規模の大変動の中を生き残り繁栄してきた。大陸は球体全体を移動し、山は空へ向かって隆起し、さまざまな気体成分は増減し、気温もうだるような熱帯から凍てつく寒さの大氷原にまで変化した。このような大混乱の中では生物は単独では生存できず、他の生物たちの助けに頼らざるを得ない。

一方、一個の細胞もまた、それだけでひとつの完璧な生物だ。遺伝素材をすべてそなえ、環境に反応し、成長、繁殖できる分子的構造もある。海綿や粘菌のような多細胞生物になると複雑な生活環をもつ場合がある。個々の細胞が孤立しているときでも、完全な生物の一個体であるかのように成長し増殖できるし、再び細胞が集まってひとつの生物としてふるまう多細胞集合体となることもできる。

実際、人間のからだの細胞も個々別々の存在として機能する種の集合体だ。一九七〇年代、生物学者リン・マルグリスはある理論を復活させた。それは複雑な生物の細胞中にある「細胞小器官」(オルガネラ)という構造体が、寄生したバクテリアの進化的な名残りだとする理論だった。分子生物学という道具を武器にマルグリスは、細胞小器官が細胞内で繁殖できるうえ、ＤＮＡをもち、明瞭な遺伝形質もそなわっていることを示した。そこでマルグリスはこの細胞小器官が、かつては独立した生物だったものが細胞内に侵入し、最終的に宿主である人間と一体化したものだと主張したのである。

これらの微生物の名残りは独立性を捨て、宿主の細胞から栄養と保護を受けた。だとすれば、わたしたち一人ひとりが生物コミュニティーをなしていることになる。一人の人間は約六〇兆個の細胞の集合体であり、その細胞の一つひとつにはかつての寄生生物の子孫が数多く生息している。この子孫は生態学的な居場所を得た見返りに、人間に利益をもたらしているのである。

人間のからだを構成している約六〇兆個の細胞のほとんどすべてには完全な遺伝設計図があって、完全な人間に成長するように指示されている。したがって原理的には、その設計図を冒頭から読み出すきっかけが与えられれば、どの細胞にも別の人間つまりクローンをつくりだす能力がある。

細胞はみな、各職場の要請にしたがって働く人間のように、その細胞が存在する組織や器官の要求にしたがって機能する。しかし人間もまた、すべての細胞がそうであるように、自分の職業とは別に多くの活動をしている。一人の人間として家族やコミュニティー、国家の一員であることから逃れることはできないのである。そしてこれらの集合体にはそれぞれに特徴があり、独自のふるまいをする。他の多くの種も同じように、さらに大きな集合体の部分となっている。

■超個体としての生物

わたしはかつて自らのテレビ番組「ザ・ネイチャー・オブ・シングズ」で、ハーバード大学の著名な生物学者エドワード・O・ウィルソンに、なぜアリは進化的にあれほど成功したのかをたずねた。ウィルソンは自らの研究生活を、このどこでもみられる昆虫の研究に捧げてきたこともあって、わくわくするような答えが返ってきた。社会をつくる昆虫の種の数は数万だが、非社会的な昆虫は数百万種存在する。それでも社会的な昆虫が世界を支配しているのは、ウィルソンによると「超個体《スーパーオーガニズム》」として行動するからだ。彼はこう語っている。

アリのコロニーは、昆虫がただ集まって生活しているだけの集合体ではありません。アリ一匹ではアリではないのです。アリが二匹になると、まったく新しい状況が見えはじめます。そして百万匹もアリが集まると、働きアリはさまざまな階層にわかれ、それぞれが異なる仕事をします。葉を切るものや女王アリの世話をするもの、幼虫の面倒をみるもの、巣穴を掘るものなどさまざまです。するとこの集団がひとつの生物のように見えてきます。約一〇キログラムほどの体重で大きさはイヌくらい。この生物が家一軒分ぐらいの領域を支配しているのです。(……)
その巣は約一八トンの土を動かし、アメーバの仮足《かそく》のように働きアリの大列を送り出しては、葉っぱなどを集めてきます。巣はとても頼もしい存在です。補食動物から身を守ることができます。さらに環境、つまり巣の気候を調節することもできるのです。このハキリアリの巨大な巣に遭遇したとき、わたしは後ずさりしてわずかに焦点をずらして眺めてみました。すると目の前にこのような巨大なアメーバ状の生物が見えてきたのです。

このわくわくするような説明で、まったく新しい視点からアリを理解することができた。

一九九二年にはミシガン州の科学者たちから、度胆《どぎも》をぬくような発表があった。菌糸体《きんしたい》という地中にいる糸のように長い菌類が、異なる生物の集合体ではなくひとつの個体らしいというのである。報告書によると、たったひとつの生物が一六ヘクタールにもわたって広がっているというのだ！その後まもなく、ワシントン州の生物学者がじつに六〇七ヘクタールを占める一個の菌の存在を報告している。

人があるシステムに属している場合、その人には自分の役割が何なのか簡単にはわからない。（……）そのシステムを徹底的に知りつくしていなければ、制御元のネットワークが存在するかどうかも気にかけないだろう。このネットワークがシステムの流れを維持し、入力された情報にこたえ、外部からの要求に順応し、揺らぎがあってもシステムの流れを安定なものに保っているのである。

——ハワード・T・オダム『環境、権力、社会』（*Environment, Power, Society*）

クウェイキング・アスペン〔カナダ全土に分布するヤマナラシに似たポプラの一種〕の森では、サッと風が流れるたびにきれいな白い樹皮をした木々の葉がキラキラと光にゆれる。この森もまさにひとつの生物だ。ランナーを伸ばして根をおろし、葉を広げるイチゴのように、クウェイキング・アスペンも生殖を介さずに増殖する。根元から三〇メートルも離れたところからでも芽吹いてくる。だからこのアスペンも、多様な地形を利用する「超個体」のひとつだ。アスペンのある部分は湿った土壌で育ち、地下に張った共有の根をとおしてその水分を他の部分と分かち合い、ミネラル分の豊富な土壌の部分ではより高く生長するのだろう。ユタ州では、一本のアスペンの木から四万七〇〇〇本もの幹が出ているものが見つかっている。この木一本で四三ヘクタールの面積をおおい、重量は六〇〇〇トン近いものと推定されている。

このように、細胞→生物→生態系というふうに複雑性をかたちづくる各階層において、新たなタイプの構造と機能が現れてくるのであれば、地球上のあらゆる生命の総体をひとつの存在としてとらえることもできるだろう。

大気という一枚の薄皮でおおわれている地球。大陸は周囲に水が流れ、巨大な群島を形成している(図6・4)。全生物の集合体は空気と水という基盤によって統合され、驚くほど複雑で相互につながりあったコミュニティーを形成している。地球上のいわば原形質(細胞内の生体物質)層の全体が互いに歯車のようにかみ合い、生命をもち呼吸するひとつの存在として、厖大な時間と空間の変化の中を生き残ってきたのだ。

生物システムは機械にたとえられることが多い。心臓はポンプで、肺はふいご、脳はコンピュータや交換器というわけだ。地球そのものを宇宙船とたとえることもしばしばだ。しかし、生物システムを機械とくらべるのは誤りだ。機械的な装置は人間が入念に手入れをし修理をしなければ、着実に老朽化し使いものにならなくなる。しかし生物は生存してゆくために自らを治療、交換、適応し再生産する。したがって地球上の全生命の総体が「超個体」であるなら、自らの永続的な生存を

図6・4　大陸は、水の惑星に浮かぶ島々

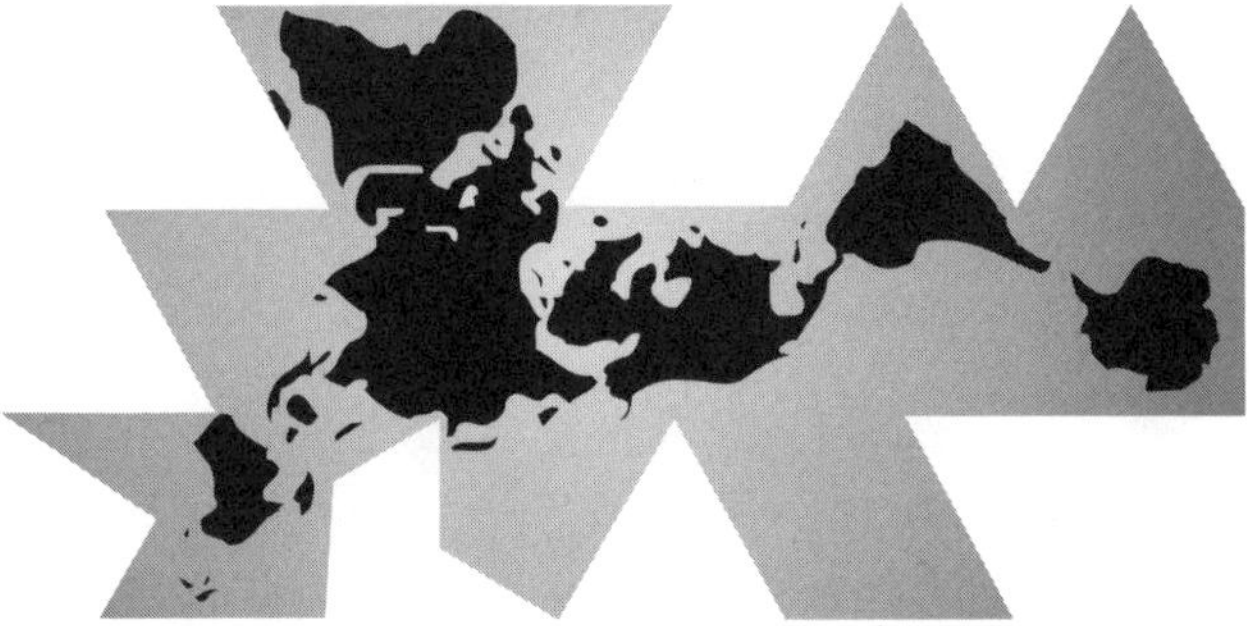

「宇宙船地球号」(Our Spaceship Earth)(WorldSat International Inc., 1995)
と題された、衛星からの写真にもとづいた画像による

可能にする過程があるはずだ。

生物物理学者ジェームズ・ラヴロックはこの生きている地球の全体性に「ガイア」と名づけた。「母なる大地」を意味する古代ギリシャの言葉だ。

ガイアは他の星々と同様、人類の運命には無関心だ。長い目で見れば、生物圏は持続しても種はそうはいかない。（……）これまで地球上に存在したほとんどすべての種がいまでは絶滅している。ときには地球上の種の半数が一挙に絶滅することもあった。これからの百年が再びそうした時代になる可能性もある。生命の物語は氷河時代や火山噴火による寒冷化、隕石の衝突、集団死によって一時中断する。そしていま、この物語を中断させているのがわたしたち人間だ。

――ジョナサン・ワイナー『THE NEXT 100 YEARS 次の百年・地球はどうなる？』（邦訳・飛鳥新社、引用は柴田訳）

ラヴロックが指摘したのは、人間の活動が地球の生物物理学的な性質を乱す主要な原因になっているということだ。たしかに、この人間による混乱が生みだす新たな環境条件を巧みに利用する生物も多くいるだろう。生命は好機をとらえるのに巧みだから、何らかの変化が生じれば、その場でその変化の利用法を探しだす。伐採された森林の広大な跡地も多くの場合、すぐに植物の緑でおおわれ、シカなどの有蹄《ゆうてい》類がこの豊富な食糧によって成長し増殖する。人間の廃棄物によって微生物が繁栄することも間違いない。カモメがゴミ捨て場で大繁殖するようなものだ。しかし、ガイアのフィードバック機構は長い時間をかけて効いてくるものであり、最終的にどの種が存続しどの種が消滅するかにはおかまいなしだ。このガイアという発想、つまり地球全体を生きている存在と考えれば、人間が誘因となっている現代の大規模な種の絶滅という突発的状況をも生命は生き残ることになるわけだから、慰めにはなるかもしれない。しかし同時に肝に銘じておかなければならないのは、人間の生存が保証されているわけではないということだ。

……………【ジェームズ・ラヴロックとガイアの概念】……………

ジェームズ・ラヴロックは医学研究から研究者としてのスタートを切った。微少な量の分子を検出する研究をすすめる中で、ラヴロックは非常に高感度の装置を開発し、一兆分の一という濃度の検出を可能にした。この装置を使ってラヴロックは南極上空の大気圏中にフロン類（CFCs）が存在することを発見したのである。これが後にオゾン層破壊の発見につながった。

一九六〇年代初め、ラヴロックは月探査宇宙船サーベイヤー号の設計について助言を求められた。それからまもなく、NASAは火星への宇宙船ヴァイキング号での、生命探査の実験計画をラヴロックに要請した。この課題について思いめぐらすうちに、ラヴロックは生命そのものについて考えざるを得なくなった。そもそも生命とは何か、無生物とのちがいは何なのか。

火星と金星にも大気はあるものの、ほとんど二酸化炭素だけで大気中に酸素は存在しないことをラヴロックも知っていた。これと対照的に地球の大気は二酸化炭素が少なく、酸素が二一パーセント存在する。酸素は反応性の高い元素なので大気からなくなりやすいのだが、除去される以上の酸素を植物がつねに放出しているため、この損失分が埋め合わされている。

驚くべきことは、地球の酸素レベルが長期間にわたって比較的一定している点だ。酸素の濃度がわずかに増大して二五パーセントから三〇パーセント程度になれば、おそらく大気は燃え上がるだろうし、逆に一〇パーセントまで減少すればほとんどの生物にとって致命的となるだろう。何かが数百万年のあいだ、酸素をこれしかないという濃度に保ってきたのである。

海が塩辛くなったのは、岩石や土壌からごく少量の塩類が溶けだし河川に流れ、海へ注ぎこんだためだろうとラヴロックは推論した。では、なぜ海はどんどん塩辛さが増していかないのか？ また、なぜ地球では二酸化炭素のレベルがどんどん上昇して気温が上昇しないのか？ 金星では二酸化炭素が豊富な大気によって、惑星全体がオーブンのように熱い。これと対照的に、火星の大気は希薄で、二酸化炭素の割合も低いため熱を保持できない。そのためこの惑星は凍てついているのである。しかし、ここ地球では、太陽光の強度が太陽ができた時より二五パーセントも増大したにもかかわらず、海は蒸発していない。何かが地球の温度と海の塩分濃度を比較的一定に保ってきたのだ。

ラヴロックの大胆な結論は、「地球上の全生物の総体が何らかの方法で二酸化炭素と酸素の濃度、海洋中の塩分量と地表温度を一定に保っている」というものだ。それは意識的にとか計画的にというのではなく、地球の自発的な過程であり、ちょうど人間が運動したり、負傷した傷を癒すとき自然に心臓の鼓動が早くなるようなものだ。しかし、いまではテクノロジーによって、ガイアが自発的に除去する能力をはるかにしのぐ速さで温室効果ガスが生産されている。最終的にはバランスをとるための変化が生じて二酸化炭素の水準が低下することになるだろうが、とほうもない生態学的な変動はもう止められないだろう。そしてガイアは自らが永続するうえで、種の生存と絶滅についてえこひいきはしないはずだ。

■地球と人間との新しい関係

研究所から、そして現代科学者の頭脳から、好奇心をそそられるヒントや興味をかきたてられる手がかりが生まれつつある。人間という存在に意味と重要性を与える、新たな物語を紡ぎあげるためのヒントだ。人間は、宇宙の塵から生まれ太陽のエネルギーを受ける地球上の生命であり、生命の起源の断片をいまも携えている。それは、人間が地球上の他のあらゆる生命と親類関係にあることの証でもある。

地球に生きるものとして、わたしたちは生命の基本的な生存方法を共有している。それは生物的多様性と文化的多様性だ。そして進化をつうじて、仲間である他の生物とともに生きる方法を洗練してきた。しかし、新しい世界観で武装した人間は、気がついてみると舞台の中央に立ちつくし、家族であることがわかった生物たちの運命と自らの運命を、震えるその無能な手に握りしめていたのである。

都市では人口が増大し、人間の生活と他の生物の生活とのつながりはテクノロジーによっておおい隠されてしまっている。生物は清浄な空気や土壌そして水を提供してくれる以外にも、毎日数限りない重要なはたらきで人間の生活を支えている。食物の一片たりとも、かつて生物でなかったものはないのである。ところがその出所は隠蔽《いんぺい》されてしまっている。砂糖や小麦粉、野菜や果物、肉やスパイスが栄養と食の喜びを与えてくれる。綿や羊毛の服を着るとき、木材やプラスチックや化石燃料を消費するとき、肥料で畑を肥やすとき、どの場合もかつての生物の恩恵を受けている。昆虫は人間が頼りにしている植物を受粉させ、馬や牛は筋力を提供し、動植物は多くの医薬品の原料にもなっている。すなわち人間は肉体も精神も自然によって育まれているのである。

人間もかつては地球に優しい生活をしていたが、こんにちでは人口、テクノロジーの利便性、消費財の需要が爆発的に増大し、地球の生産力の大部分を人間が使いこんでいる。この過程で人間は他の生物の生息地と生存のチャンスを奪い、絶滅へと追いやっているのである。

スタンフォード大学の生態学者ポール・エーリックらの推定によると、数百万の生物種の中のひとつの種にすぎない人間が、この惑星のもつ基礎的な生産力のうち四〇パーセントを使いこんでいるという。つまり、植物がとらえた太陽光の総量のうち、人間はその大部分を他の生物にまわさず、牧場や農地、森林伐採などに使いこんでいるのである。人間が太陽エネルギーを横領しているため、他の生物はそれを利用できず、絶滅に追いやられている。

湿地を排水し、水系はダムでせき止め、大気や水そして土壌を汚染し、広大な森林を伐採し、農業や都市開発、工業団地のために土地を開墾することによって、地球の生産能力の源である生物多様性が低下する。その結果、世界は破局的速度で種の絶滅を経験しているところだ。

この人間の活動の空前の速度と規模が意味するところを、ワールドウォッチ研究所元研究員アラン・シーン・ダーニングは論説「森を守る——その費用はいくらにつくか?」(Saving the Forests: What Will it Take?) で臨場感あふれる解説をしている。

宇宙空間から低速度撮影した地球の映像を想像してみよう。一分間に一〇〇〇年の早送りで、最近一万年の様子を再生してみる。一〇分間のうち七分以上は、画面に映し出される映像はスチール写真のように動きがない。青い地球があって、陸地は木々のマントをまとっている。陸地の三四パーセントが森林でおおわれている。ときおり野火が閃光を発する以外、森林のマントに自発的な変化はみられない。人間のあり方を変貌させた農業革命も最初の一分間の映像には出てこない。

七分半後のことだ、アテネ周辺の陸地とエーゲ海の小さい島々から森林が消えた。これが古代ギリシャの繁栄の姿だ。他にはほとんど変わりがない。九分後すなわち一〇〇〇年前になると、ヨーロッパや中央アメリカ、中国そしてインドで森林のマントがすり切れてきているのがポツポツと見受けられる。さらに終演一二秒前、いまから二〇〇年前になると、森林の消失は広がりを見せ、ヨーロッパや中国の一部が「禿げ山」となった。終演六秒前のいまから一〇〇年前になると、北アメリカ東部の森林が伐採された。これが産業革命だ。しかしほかに変わったところは見受けられない。森林はまだ陸地の三二パーセントをおおっている。

最後の三秒、一九五〇年以降になると変化は爆発的に加速する。森林の消失は広大な範囲におよび、日本やフィリピン、東南アジアの大陸部、中央アメリカと「アフリカの角」地域〔アフリカ北東部の突出部〕の大部分、北アメリカ西部と南アメリカの東部、さらにインド亜大陸とアフリカのサハラ砂漠より南の一帯から森林が消えている。アマゾン盆地では牧場主や小規模農家が森に火を放ち、これまでまったくなかった森林火災が猛威をふるう。中央ヨーロッパの森は大気と雨の汚染によって枯死した。東南アジアは疥癬《かいせん》を患ったイヌのような状態で、マレーシアのボルネオは体毛をそがれたかのようだ。最後の数分の一秒になると、森林の大規模伐採はシベリアとカナダ北部にまで広がる。非常に多くの地域で森林があまりに突然消失するため、イナゴの異常発生が地球を急襲したように見える。

画像が静止した最後の一コマ。陸地をおおう木々は二六パーセント。それでも当初の森林地帯の四分の三はいくらかでも木におおわれている。しかし生態系が手つかずの状態で残っている森林は地表のたった一二パーセント、最初の画像にあった森林の三分の一だ。残りの地域は商業用木材が植林されたところで、断片的に再生されているものの生物学的には貧相な森林だ。これが現状であり、地球は人間経済の作用あるいは失敗によって、甚大な変化をこうむっている。

――「ワールドウォッチ・ペーパー 117」より

こうしてみると、地質学的な時計でいえばほんの一瞬のうちに地球の森林は取り返しがつかないほど消失したことになる。森林破壊の曲線を一万年分だけ描いてみれば、わたしたちの時代でほとんど垂直に上昇し、図からはみ出すほどになる。さらに環境汚染の発生や土壌流亡、人口増大、温室効果ガスの生産などのグラフを描いてみても、どの曲線もまさに最後の瞬間で垂直に上昇する。チェルノブイリや大規模な伐採、一九八四年のインド・ボパールでの有毒ガス漏出事故、巨大ダムの建設、原油の流出事故といった個別の大災害も、絶滅へいたる恐るべき病の痙攣・発作のひとつにすぎない。

いま十字架に磔《はりつけ》にされているのはキリストではない。それは木だ。人間の貪欲さと愚かさという悲惨な絞首台にのせられている。すでに窒息死しかけている世界で、生きとし生けるものが与えてくれるこの最高の自然空調システムを破壊するとは、愚か者の自殺行為以外の何ものでもない。

——ジョン・ファウルズ(T・C・マクルーハン『大地に触れる』より)

■大規模な絶滅の危機

過去の生物に関して推測できることはわずかだが、化石からわかることは、生物種の数と複雑性は一度増大した後、突発的な絶滅が続き、突如として減少したということだ。科学者は、こうした大絶滅の危機的事態が過去五億年のあいだに五回あったことを確認している。化石記録からわかる当時存在した種全体のうち、少なくとも六五パーセントが絶滅した。化石記録には大きなかたよりがあって、化石として見つかっている二五万種の動物のうち九五パーセントが海洋生物だ。しかし、この五回の大絶滅という出来事は、種の集団が大規模に消失し、絶滅が地球規模で起きたことを示している。

この「五大絶滅」が起きたのはオルドビス紀末期（四億四〇〇〇万年前）、デボン紀後期（三億六五〇〇万年前）、ペルム紀（二畳紀）末期（二億四五〇〇万年前）、三畳紀末期（二億一〇〇〇万年前）そして白亜紀末期（六五〇〇万年前）だ。恐竜は突然姿を消したため進化上の敗者と考えられがちだが、実際には陸上を一億七五〇〇万年ものあいだ支配していたのである。それにひきかえ人類はほんの一〇〇万年そこそこといったところだ。

大絶滅後、いずれの場合も生き残った種が分化し、その数と複雑さを回復してゆくが、生物多様性が大絶滅以前に存在した水準にまで回復するのには数百万年を要している。エドワード・O・ウィルソンの言葉を借りれば、

過去五億五〇〇〇万年のあいだに五回の大絶滅があったわけだが（……）いずれの場合も自発的な進化によって回復するのに、およそ一〇〇〇万年を要している。人間が現在の一世代で行っていることは、将来の全世代を苦境に陥れることになる。

――「バイオフィリアと環境保護の倫理」（Biophilia and the Conservation Ethic）、スティーヴン・R・ケラート、エドワード・O・ウィルソン編『バイオフィリア仮説』（*Biophilia Hypothesis*）より

わたしたち人間は幸いなことに、生物多様性がかつてない最高水準に達したときに進化してきた。しかし、将来の人類の各世代はそれほど幸運な状況にはない。現代の絶滅への危機はかつて例のないものだ。ひとつの種がこのように大規模な多様性の消失を引き起こすことは、これまで一度もなかったのだから。

ヨーロッパの入植者がはじめて現在のアメリカ合衆国に到着した当時、アメリカ大陸は推定三二〇万平方キロメートルの森林におおわれていた。しかしわずか五〇〇年のあいだに、二二万平方キロメートルを残して伐採された。

——エドワード・ゴールドスミス他『危機の惑星』(*Imperilled Planet*)

現在の種のおおよその絶滅速度と化石記録で観察された変化を比較して、ウィルソンは現在進行している絶滅速度が「先史時代に起きた絶滅よりも一〇〇〇倍から一〇〇〇〇倍も速い」と結論している。現在の熱帯雨林の破壊速度をもとにすれば(一年に約一・八パーセント)、毎年、生物種全体の約〇・五パーセントが絶滅あるいは絶滅しつつある。全生物種の半数以上が熱帯雨林に生息しているから、熱帯雨林にはひかえめに見積もっても一〇〇〇万種が存在する。そうすると、この絶滅の割合だと一年に五〇〇〇〇種以上が消えていることになる。一日に一三七種、一時間に六つの種が絶滅しているのだ！　汚染や大規模伐採以外の森林への悪影響や外来種の生物が入ってくることによる種の絶滅は含んでいないため、これでも極端にひかえめな推定だ。一九九〇年代はじめにウィルソンはこの計算から、人間の活動が現在の速度でこのまま拡大すれば、三〇年以内で少なくとも地球上の生物種の二〇パーセントが消え去ると結論している。ウィルソンによれば、すでに人間は出現してからこれまで、生存した全生物種の一〇パーセントから二〇パーセントを絶滅させてきた。現代の絶滅危機のもっとも恐るべき側面は、消失しつつあるものについて、わたしたちがまったく無知でしかも無関心なことにある。カナダの自然保護運動家で哲学者のジョン・A・リヴィングストンはこう記している。

アメリカヤギュウ〔バイソン〕やナキハクチョウや、オオツノヒツジが猟銃の前に倒れていくのをみてきた。プレーリードッグやクロアシイタチやアメリカシロヅルが、草刈機の前に敗退してゆくのを見てきた。巨大なヒゲクジラ類が、貪欲な国際商業資本の手で絶滅寸前の状態に追いこまれていくのも見てきた。だがなにより問題だと思われるのは、これらの動物がいなくなるのは残念だが人類の進歩のためにはやむをえぬことだったとする、あいもかわらぬ伝統的な仮定である。（……）

問題は、たとえ自分が生きのびるために他ならないにせよ、人間は間もなく環境に対する倫理を採用しなければならぬということである。この場合の「環境」とは、この地球上のただ一つの住み家の中に存在する人間以外のもののすべてを含めたものである。

──『破壊の伝統』（邦訳・講談社、日高敏隆、羽田節子訳、訳文は邦訳より引用）

■生命の織物を保全する

種の形成と同じく絶滅も進化の過程にとって必要なものではあるが、人間の略奪行為による絶滅は空前の加速をみせている。種の消滅に危機感をつのらせるといっても多くの理由があるだろうが、そのどれもがまったく人間の利己的な主張だ。おそらくもっとも浅はかな理由は、「人間に有益な用途をもたらすかもしれない種を未発見のまま消してしまうのは惜しい」というものだ。さらに、ニシアメリカフクロウやマダラウミスズメなどは「指標種」として地球の状態の目安になっているから、という理由もある。ちょうどカナリアが炭坑の空気の状態の指標となってくれるのと同じことだ。言いかえれば、こうした種が消えれば、地球が全体として人間の居住に適さない状態になるだろうから、絶滅させないようにしようというわけだ。

新顔のウイルスは、環境破壊の進んだ地域から浮上している。その多くは、綻《ほころ》びかけた熱帯雨林の一隅か、人間の入植が急速に進んでいる熱帯のサヴァンナから生れているようだ。熱帯雨林はこの地球の生命の豊潤《ほうじゅん》な貯蔵地であり、世界の植物や動物の種の大半がそこに含まれている。熱帯雨林は同時に、ウイルスの最大の貯蔵地でもある。なぜなら、すべての生物はその身にウイルスを帯びているからだ。(……)

ある意味で、地球は人類に対して拒絶反応を起こしているのかもしれない。人間という寄生体、その洪水のような増加、地球の全域を覆っているコンクリートの死斑、ヨーロッパ、日本、そしてアメリカに癌《がん》のように広がる工業廃棄物埋立地——すべてこういった現象に対して、地

球は自己防衛反応を起こしはじめているのかもしれない。（高見浩訳）

——リチャード・プレストン『ホット・ゾーン』（邦訳・小学館）

生物学者として、わたしは現在の地球の生物構成が進化の最終段階であることをどうしても認めざるを得ない。その根拠は、この現在の地球の生産性だ。この複雑な生命の織物の構成要素についてほとんどわかっていないにしても、絶対確実なことがある。それは、これまで人間はこの織物全体のおかげで存在してこれたということだ。人間の未来についてほとんど考慮せず、この織物を大規模に引き裂くのは、自殺同然の集団狂気のようなものだ。

世界的な環境シンクタンクであるワールドウォッチ研究所は、一九九〇年代を「転換の十年」と位置づけたが、地球はますますストレスに苦しむ症状をみせている。多くの人々が危機感をもって最善の行動戦略を見いだそうとしている。著名なアメリカの環境運動家デイヴィッド・ブラウワーは地球の「CPR計画」を提唱している。ブラウワーの言うCPRとは「Conservation, Protection and Restoration」の略だが、これは「心肺蘇生」(CPR)という略語と、うまく意味を重ねている。ブラウワーがかつてわたしに「これからは『再生』を人類の最優先課題としなければならないと思う」と語っていたが、わたしも同感だ。

ではどうすればいいのか？　科学が教えてくれるのは、自然界についてのほんのわずかな断片的知識にすぎない。生物どうしの相互関係や相互依存性に関する知識はもちろん、地球の生物が織りなす生物学的なしくみについてはほとんど何も知らないに等しい。さらに大気や大陸、海洋の物理的性質や複雑性についても理解がおよんでいない。人間には十分な知識があるから、森林や気候、水、海や地上の動物を「管理」できると思っているとすれば、それは危険な幻想だ。

絶滅の後では責任をとれる者は誰もいなくなってしまうのだから、われわれはいまこそしっかりと責任をとっておかなければならない。

——ジョナサン・シェル『核兵器廃絶』(*The Abolition*)

【本当の幸せとは?】

❦ 経済成長は社会の各人の必要を満足させるために必要だ。しかし経済成長によって地球上の人間以外の生物が犠牲になっているわけだから、人間は、自分の必要性をもっとも満足するものが何で、幸せをもたらすのは何かをよく吟味する義務がある。

わたしがこのことを意識できるようになったのは一九八九年のことだった。この年わたしは当時六歳と九歳になる娘と妻とともに、アマゾンの熱帯雨林の奥深くにあるアウクレ村へ、カヤポ族首長のパイアカンを訪ねた。土でつくった小屋の中に一〇日間ハンモックを張って寝起きし、シンプルな生活を体験した。一番近い集落まで行くにもカヌーで一四日の旅だ。

アウクレには二〇〇人の住人がいるが、水洗トイレはないし水道の蛇口や電気もない。生活のペースものんびりしたものだった。目が覚めて気がついてみると、部屋は村の子供たちで一杯になっていて、鼻をつき合わせるほどの距離からわたしたちをのぞきこんでいることもよくあった。

テレビを見ないアウクレの観衆にとって、わたしたち家族は明らかに娯楽の対象になっていた。朝食はバナナかグアバに昨日の夕飯の残りもの。湧き水から新鮮な水を飲み、近所づきあいの場は朝の長い水浴び、子供と女性たちはピアウという魚を獲《と》っていた。

毎日、森に入っては果物や食用の植物をとり、丸木船に乗って魚やカメの卵、カピバラ（南米の川辺にすむ齧歯《げっし》類最大の動物）などを探しに出かけた。アウクレ村でわたしたちは、女性と子を産む力を讃えた三日間続く華やかなお祭りを見ることができた。また、結核でなくなった老人の心のこもった葬儀にも参列した。男たちが赤ん坊を背負う紐を編んだり、羽根の髪飾りを作っている姿もあった。そこには腰を落ち着けてものごとを考え、遊び、観察し学習する時間があった。一〇日間の訪問を終え、村と別れを告げるとき、わたしの娘らの目からは涙があふれていた。

豊かな先進工業国であるカナダの日常生活と何と対照的なのだろう。わたしの毎日は、トロントでのテレビ番組の仕事か、自宅があるバンクーバーの「デイヴィッド・スズキ・ファウンデーション」かブリティッシュコロンビア大学で仕事をしている。自分の時間は義務と約束に縛られている。時計と秘書とスケジュール表がわたしの行動を一から十まで指図する。朝、目覚まし時計で目を覚ますと、あわててシャワーを浴び、娘たちの朝食とランチをこしらえてからオフィスにすっ飛んでいき、留守電を再生する。メールを読み依頼に応える。一日が細切れの時間になり、ものごとを観察したりよく考えるような時間はまったくない。

小さいころ、わたしは未来世界に関する読み物を好んで読んだ。ロボットや機械が人間に必要なことはすべてやってくれ、自由に読書をし、友だちと遊んだりつき合ったりできる世界だ。さて、その未来がやってきた。わが家には電子レンジ、インスタント食品、パソコン、ファクス、モデム、電話、留守電があり、ヘアードライヤー、食器洗い機、テレビにビデオ、ステレオ、CDプレーヤー、洗濯機と乾燥機もある。しかし生活は加速を続け、毎日を全速力で走り抜けているかのようで、注意深く観察したり考えたりする時間はほとんどない。アウクレのあのひと時を思い返しては、わたしはしばしば自分にこう質問する。この生活スタイルとあふれるモノは、何のためにあるのだろう。アウクレでは川で泳ぎ、釣りをし、歌を口ずさんでいた。バンクーバーでの生活はアウクレ村より幸せで自由なのだろうか？ 子供たちはまだ大人の世界や経済のドロドロした現実を知らない。だから子供たちには、当然わたしの問いへの答えはわかっていた。だからこそ子供たちはアウクレを発つときに涙をこぼしたのだった。

* * *

もちろん、種の絶滅は取り返しがつかない。絶滅危惧種を保全する大げさな施策をとったとしても、人間の活動が一大転換をし、生物種の生息地を本気で保護しない限り、種を保存できる見こみはほとんどないだろう。

生物圏内の生物が複雑に関係しあっている薄い層が、土壌と大気そして水の生産性と清浄さを保っている。そして時と自然だけが、この生命を維持するもろもろの要素を保護し無傷に保っている。驚くべきことに、人間が環境に対する攻撃の手を弱めたり休止あるいは手を引けば、自然はひとりでに回復していく。五大湖のひとつエリー湖は、一度は富栄養化で「死」を宣告されていたが、いまでは生命が戻ってきている。またオンタリオ州東部のサドベリー周辺では、最新式の洗浄装置が設置されたおかげで、製錬所の堆積場からの酸性の排水が減少し、草花が戻ってきた。さらにイギリスのテームズ川でも汚染を防止する法律が施行され、魚が再び姿を見せている。

地球の美しさについて深く思いをめぐらせる人は、生命の終わりの瞬間まで、生き生きとした精神力をたもちつづけることができるでしょう。

鳥の渡り、潮の満ち干、春を待つ固い蕾のなかには、それ自体の美しさと同時に、象徴的な美と神秘がかくされています。自然がくりかえすリフレイン――夜の次に朝がきて、冬が去れば春になるという確かさ――のなかには、かぎりなくわたしたちをいやしてくれるなにかがあるのです。

――レイチェル・カーソン『センス・オブ・ワンダー』(邦訳・新潮社)(上遠恵子訳)

もはや存在しないものをよみがえらせることはできないにしても、自然の再生の過程を促すことはできる。第一に、わたしたちは破壊的な生活様式を改め、生命が戻り再び繁栄することを促す条件を提供しなければならない。地面や小川からはゴミ、コンクリート、アスファルトをなくすことができるし、その土地に固有の作物を栽培し、かつて存在した動植物の種を再び導入することもできる。しかし重要なのは、地球じたいの回復力がはたらくための時間を与えなければならないということだ。

この惑星を癒してゆく第一歩として、模範となる刺激的な計画がある。日本やカナダで、小川や河川に「太陽の光をあてる」努力がすすめられているのである。つまり、都市開発のもとで地下に埋設してしまった川をもう一度地上に出そうというのだ。水辺が空の下に戻り、コンクリートの棺《ひつぎ》から解放され、植物に囲まれ、土と触れながら水が流れるようになれば、再び生命を支え、水じたいと環境を浄化する能力も戻ってくる。オーストラリアでも、二〇年前に激しい反対を振り切ってタスマニアのペダー湖を冠水させたダムについて、経済的、生態学的な分析を行った結果、取り壊すのが現実的であるという判断が下った。アメリカのイエローストーン国立公園ではオオカミを、またモンタナ州とワイオミング州では放し飼いのバイソンの群を復活させている。

大規模なものだけでなく小さなことでも、自然システムの破壊から方向転換していこうという兆しが見えている。これまでカナダ中の都市や町村では、公共地にも私有地にも、外来種で農薬が必要な、非常に手間のかかる芝生や園芸植物が植えられていた。それを土地固有の植物に置きかえ、昆虫や鳥、小型哺乳類の生息地を確保するようになってきたのである。有機農業も無農薬食品への需要が増えるにつれ、経済的にも成り立つ選択肢となってきており、このことが土壌中の微生物を活性化し、生産性を高める結果につながっている。多くの生物と人間が共存できるように、各地で小規模な保護活動が実施されており、個人レベルでもこうした運動に参加する人が増えてきている。

これまでも村や町、地域が、そして国ですら滅びることがあった。しかし、いまではこの惑星全体が脅威にさらされている。この事実を前にすれば、誰しも基本的で倫理的な問題に取り組まざるを得ない。人間が生き残ってゆくには、いまこのときから、理性ある選択と入念な施策をとる以外に道はないのである。

——一九九〇年世界平和の日の法王ヨハネ・パウロ二世のメッセージ「生態学的危機——人類の責任」(The Ecological Crisis: A Common Responsibility)

これまで人間は危機に直面するたびに勇気をふるい、犠牲を払って勇敢な行動をとってきた。生態学者ポール・エーリックの言葉を借りれば、地球上で解き放たれた生態学的大破壊は「真珠湾攻撃一〇〇万回分が一挙に襲いかかる」ようなものだ。しかし難しいのは、この絶滅の脅威を戦争の恐怖のように現実的なものとしてとらえることだ。

エドワード・O・ウィルソンは世界中のアリに関する自らの研究にもとづいて、高慢な人間の鼻っ柱を折るような見解を述べている。

人間がきょう限りで消え去ることになれば、陸上の環境は人口が爆発する以前の肥沃なバランスのとれた状態へと戻ることになるだろう。しかし、アリが絶滅した場合は、他の数万種もの動植物までも消え去り、いたるところで陸上の生態系が単純化し、弱体化することになる。

——「バイオフィリアと環境保護の倫理」(スティーヴン・R・ケラート、エドワード・O・ウィルソン編『バイオフィリア仮説』より)

結局、決定的な変革とはわたしたちの生きる態度を改めることなのである。わたしたちは、自然との新たな関係の中で自らをとらえなおさなければならない。

「太陽の歌」

いと高い、全能の、善い主よ、
　賛美と栄光と誉れと、
　すべての祝福は
　あなたのものです。

いと高いお方よ、
　このすべては、あなただけのものです。
　だれも、あなたの御名を
　呼ぶにふさわしくありません。

私の主よ、あなたは称《たた》えられますように、
　すべての、あなたの造られたものと共に。
〔ことに貴い兄弟太陽と共に〕

太陽は昼であり、
あなたは、太陽で
私たちを照らされます。

太陽は美しく、
　偉大な光彩を放って輝き、
　いと高いお方よ、
　あなたの似姿を宿しています。

私の主よ、あなたは称えられますように、
　姉妹である月と星のために。
　あなたは、月と星を
　天に明るく、貴く、
　美しく創られました。

私の主よ、あなたは称えられますように、
　兄弟である風のために。
　また、空気と雲と晴天と

あらゆる天候のために。
あなたは、これらによって、
御自分の造られたものを
扶《たす》け養われます。

私の主よ、あなたは称えられますように、
姉妹である水のために。
水は、有益で謙遜、
貴く、純潔です。

私の主よ、あなたは称えられますように、
兄弟である火のために。
あなたは、火で
夜を照らされます。
火は美しく、快活で、
たくましく、力があります。

私の主よ、あなたは称えられますように、

私たちの姉妹である
母なる大地のために。
大地は、私たちを養い、治め、
さまざまの実と
色とりどりの草花を生み出します。

私の主よ、あなたは称えられますように、
あなたへの愛のゆえに赦し、
病いと苦難を
堪え忍ぶ人々のために。

平和な心で堪え忍ぶ人々は、
幸いです。
その人たちは、
いと高いお方よ、あなたから
栄冠を受けるからです。

私の主よ、あなたは称えられますように、

私たちの姉妹である
肉体の死のために。
生きている者はだれも、
死から逃れることができません。
大罪のうちに死ぬ者は、
　不幸です。
あなたの、いと聖なる御旨《みむね》のうちにいる人々は、
幸いです。
第二の死が、その人々を
そこなうことは、ないからです。
私の主をほめ、称えなさい。
　主に感謝し、
深くへりくだって、主に仕えなさい。
（庄司篤訳、〔　〕内は原書を参照し柴田により補足）

――アッシジの聖フランチェスコ（Caietanus Esser,O.F.M.編著『アシジの聖フランシスコの小品集』〈聖母の騎士社〉より）

第7章
「愛」という自然の法則

人間であるということ――人類に生まれたという意味で――は、また人間になるという点から明らかにされなければならない。この意味で赤ん坊は可能性として人間であるにすぎず、社会・文化・家族の中で人間性を獲得していかねばならないのである。

（小口忠彦訳）

――アブラハム・H・マズロー『人間性の心理学』（邦訳、産業能率大学出版部）

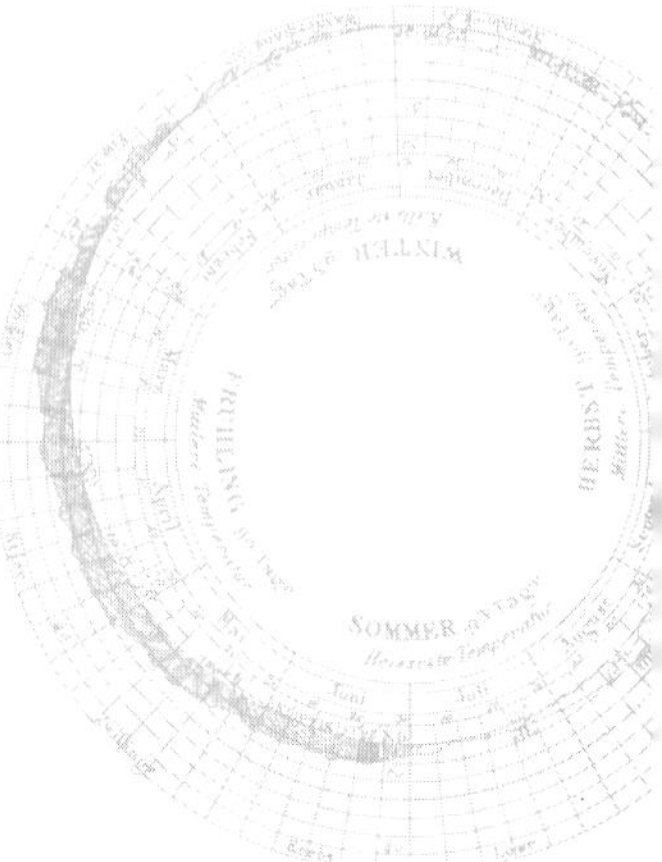

地球から生まれかたちづくられたものとして、まさに人間という存在は、体内の代謝の炉《ろ》を燃えたたす空気と太陽光、生命に形を与え、そのはたらきを促進してくれる水、そして細胞の成長、再生、繁殖に必要な原子と分子を提供してくれる土壌というもろもろの「元素」に絶対的に依存している。

この全生物の基盤である地・水・火・風の四元素は、多様な形態の生命全体によってその質が高められ、維持されている。これらの要因がすべてそろっていることが重要であり、生きていくためにはこの条件が満足されなければならない。わたしたちのからだは、微妙な調節のゆきとどいた生理学的な警報システムによってこうした重要な要求にこたえ、空気や水、土そしてエネルギーが必要なときには、それらを摂取するよう促している。わたしたち人間が成長し繁栄していく能力は、これら基本的な「元素」の質と量に直接関係している。

しかし、人間はパンのみで生きられるわけではない。著名な心理学者アブラハム・マズローが指摘しているように、人間にとってもっとも緊急な要請とは基本的な生理的欲求を満足させることであり、それがわたしたちの思考と行動を支配している。ところが空気や水、食糧、暖かさが適度に供給されると、その必要性は人間の頭から消えてしまう。そのかわりに人間の幸福にとって大切な、新たな一連の必要性が現れてくる。

> パンが豊富にあり、いつもお腹いっぱいの時には、人間の願望はいったいどうなるのであろうか？
>
> 直ちに、他の（より高次な）欲求が出現し、それが生理的飢餓に代わって優位に立つようになる。そしてそれが満たされると、順に、再び新しい（さらに高次の）欲求が出現してくるといった具合である。これが我々のいう、人間の基本的欲求はその相対的優勢さによりその階層を構成している、ということなのである。
>
> ――アブラハム・H・マズロー『人間性の心理学』（小口忠彦訳）

この惑星を共有している多くの人間はパンで胃袋をふくらませていなくても、これらの高次の欲求が満たされれば、人間としての可能性を最大限に発揮できる。わたしたちの身体的、精神的な健康と幸福は、こうした一組の基本的な必要性が満たされるかどうかにかかっている。

> 動物として［人は］呼吸し、食べ、排泄し、眠り、適切な健康状態を維持し、繁殖しなければならない。これらの基本的な必要性は最小限の生物学的な条件をなしており、どんな人間の集団であってもその一人ひとりが生きてゆく限り満たさなければならない。これらの生理学的つまり生命維持に不可欠な必要性と、それらが相互に関係しながら機能することが、人間の本質的な存在をつくっている。
>
> ――アシュレイ・モンターギュ『人間発達の方向』(*The Direction of Human Development*)

人間は社会的存在つまり群れる動物であり、それゆえ生涯のあらゆる段階で互いに依存しあって生きていく。他の多くの動物と同じように、人間も自分では何もできない状態で生まれる。したがって安全な環境で成長し学習するには、親による長期間の子育てが必要になる。また成長の過程においては自己意識を確立し拡げていくために仲間が必要となるし、結婚の機会にめぐり会い、活動への報酬を受けたり祭事を楽しむためには社会が必要になる。こうした絶対的な必要性を人間から奪い去ることはできず、それがかなえられなければ苦しみ、死ぬことにもなりかねない。群からはぐれさまようカリブーのように、わたしたちも仲間から孤立しては生きてゆけない。わたしたちは、まさに生まれたそのときから、他者との緊密な関係をつくり、その関係によって育てられるのである。

■もっとも重要な条件――愛という要素

どんな人間社会でも、ひとつの圧倒的な条件が個々人の発達を方向づけている。人類学者アシュレイ・モンターギュによれば、人間の十分に健康な発育のためには、

ヒトの幼児が健康な発達をとげるためには、やさしく愛情に満ちた世話をじゅうぶんに受けることが他の何にもまして必要なのだ。健康であるというのは、最低限、愛し、働き、遊び、しっかりとものを考えることができるということである。(……)幼児の愛にたいする欲求は重大で、幼児が健全な人間に成長発達するためには、それが満たされなければならない。

――『ネオテニー――新しい人間進化論』(邦訳・どうぶつ社、尾本恵市、越智典子訳、訳文は邦訳より引用、以下同)

数多くの研究が示しているように、人が生まれてから受ける養育に愛は不可欠の要素だ。愛によって自立して生きることが促され、より大きなコミュニティーの一員にふさわしい資質が身につく。また愛されることによって愛し方を学び、他者の存在を想像し思いやる方法を身につけ、他者とものごとを共有し力を合わせることができるようになる。こうした技量がなければ、人間集団が協同

して生きてゆくことはできないだろう。親と子の絆には、相互扶助という愛のもっともすぐれた性質を、もっとも純粋なかたちで見ることができる。親の与える「無条件の愛」という喜びは、その愛を受けた者から恩返しという無上の喜びとして返ってくるのである。

相互引力という性質はまさに、宇宙に存在する全物質の構造中に組みこまれているのかもしれない。世界を動かしているもの――少なくとも世界をひとつにまとめ上げているのは、本当は「愛」という相互引力なのではないだろうか。

約一四〇億年前のビッグバンのとき、宇宙誕生の混沌とした状況からあふれ出たエネルギーが、膨脹を続ける宇宙全体を満たしていき、新たに形成された粒子は最後には融合して原子となっていったが、それらは互いに急速に遠ざかりつつも、相互に作用する引力を感じていた。質量をもつ物質は、質量のある他のあらゆる物質を引き寄せる。陽子と電子が出現すると、これらの質量による引力は正・負という電荷のもつ引力によって大きく増幅されることになった。この宇宙ではほんのかすかではあるが、すべての物質が互いに引力を感じているのだ。

ビッグバンから一〇億年たつと、突如として星雲が出現する。さらにわたしたちの銀河系や太陽が発達してかなりたってから、地球では生物の細胞の中で水素が姿を変えて生体物質となった。膜が細胞と環境を分離し障壁をかたちづくって細胞内の物質濃度を高め、代謝が機能するようになった。膜は生命を環境から分離したわけだが、膜どうしは互いに強力な親和性があり、二つの細胞を近づけると膜どうしが融合し、両細胞の細胞質の成分も結合してひとつの細胞となる。ウイルスやバクテリア、そしてアメーバやゾウリムシといった単細胞動物はこうした融合によって遺伝子を組み替える。また、性周期をもつすべての動植物は、生殖活動という感動的な行為をつうじて互いに引きあう。

木や草の間にさえ友情の跡が認められますが、(……) ぶどうの木は楡《にれ》の木を抱きしめていますし、桃の木はぶどうの木を可愛がっています。これらの植物は、何も感ずることはないまでも、平和の利益だけは感じとっているように見受けられます。こうした植物は、いわゆる感覚能力はなくても、持続する生活を持っているがゆえに、感覚あるすべてのものとの親近性を持っているのです。また、岩石類ほど不感不動のものが何か他にあるでしょうか? ところがこの岩石さえも、さながら平和と和合に対する感受性を包蔵しているようです。こうして磁石は鉄を引きつけ、これをしっかりと引き留めてしまいます。

(箕輪三郎訳、ただし原文に即して柴田により一部変更)

——デシデリウス・エラスムス『平和の訴え』(邦訳・岩波書店)

ジガバチが泥の小部屋をていねいに手入れし、そこに麻痺させた虫を餌として入れ卵を産み落とす様子を観察したなら、どうしてこの行為を愛と呼ぶのを否定するような人間中心主義になれるだろうか? オスのタツノオトシゴが子ども(幼生)を自分の袋に入れて保護する行為が愛でないとするなら、他にどう解釈したらいいのだろう? コウテイペンギンの親が何ヵ月間も不眠不休で卵を足の上に載せて保温する姿、太平洋サケが叙事詩的ともいえる旅の末、生まれ故郷の河川をさかのぼって交尾し、新たな世代を生み自らは死んでゆく行為が愛でなくて何だろう？　これらの行為が遺伝的にコード化された指令にしたがった生まれつきのものだとするなら、さまざまなかたちで現れる愛は、まさに生命の設計図に組みこまれているのだと結論するのがいっそう理にかなっている。

現在なら眉をひそめるような実験だが、心理学者ハリー・F・ハーローとマーガレット・K・ハーローは、生後まもなく母親のもとから引き離されたサルの赤ん坊を使って有名な実験を行った。その赤ん坊に、餌が出てくる針金細工の人形か、餌は出てこないが肌触りの柔らかいタオル地の人形を並べて、どちらかを親として選ばせたのである。するとこのサルの赤ん坊は、針金の人形から餌が得られても、母親代わりの布製の人形を好み、肌をすり寄せたのである。しかし、餌が十分に与えられ物理的には十分世話をしてもらっていたにもかかわらず、このサルは成長しても子供を育てることにまったく関心を示さないなど、異常な行動をみせるようになった。

この実験で明らかにされたことは、霊長類には愛に対する強い欲求があること、ほんのわずかでも愛情のこもった親の気配があれば、食物よりそちらの方が優先されること、そして親を喪失するとその悲痛な経験は一生涯続くということだった。相互引力、協同そして調和、すなわちルネサンス期の人文主義者エラスムスのいう「愛の法則」によって設計された宇宙で、サルよりさらに高度に社会化したわたしたち人間にとっては、愛し、また愛されることは根本的な必要条件となっている。アシュレイ・モンターギュはこう述べている。

愛の生物学的な根拠は、生物がつねに安心できる状態を必要としている点に見いだせる。あらゆる社会的な生物の基盤は、基本的な必要性のすべてが統合されたところにあり、それは安心の欲求というかたちで表現され、この必要性を満たす唯一の方法が愛なのである（……）感情のこもった愛が必要であることは、食物の必要性に劣ることなく明らかで抗しがたい。（……）彼［人間］が社会的な場面で満足できる活躍をするためには、基本的な社会的必要性の中でももっとも重要なこの条件が、感情的に適切なかたちで満たされ、個人的な安心感と心の平静が保てるようにならなければならない。

――『人間発達の方向』

わたしたちは誕生する以前から愛に育まれている。子宮という平穏な場で安心を得ながら、胎児は生理的、物理的そして心理的にも母親の状態とみごとに同調している。逆に、胎児が子宮内で成長、発達することで、妊娠期間中の母体は、ホルモンによって調整されている生理的周期に影響を受ける。こうして母と子は協同的状態をとおして結びあっているのである。モンターギュによれば、

胎児は、圧力と同様、音にも反応でき、しかも自分の毎分一四〇回の心拍音と頻度七〇の母親の心拍音とでシンコペーションの音の世界を創りだしている。羊水につかりつつ、ふたつの心臓による交響音にひたされることで、胎児は、すでに生命のもっとも深層のリズムに調子をあわせているのである。〃人生のダンス〃はすでにはじまっている。

――『ネオテニー』

この生命のダンスは、踊り始めからステップもたつく終演をむかえるまで、きわめて双方向的な関係がたえず保たれている。誕生後は、授乳が母と子の親密な絆をつなぎとめている。赤ちゃんが泣き出したのがわかると、遠くにいても母親の乳房からは母乳がにじみでる。育児によって育まれ表現される愛が相互的であるように、その恩恵もまた相互的だ。乳房をしゃぶる行為は幼児が栄養をとり幼児の口部を刺激するだけでなく、消化器系、内分泌系、神経系、泌尿器・生殖器系さらに呼吸器系を活性化する。同時に母親にとっては乳児との接触は、母体の子宮の収縮を促して通常の大きさ、形状に戻るのを助け、後陣痛や子宮内壁からの出血を緩和するのである。肌のふれ合いと授乳があいまってエンドルフィンの分泌が促され、母子ともに満足で幸福な状態が生まれていることは間違いない。心理学者アルフレッド・アドラーはこの状態が種の存続をになっていると考えた。

新生児の最初の行為は、母親の乳房からお乳を飲むこと、すなわち協同することであり、それは母子ともに心地よい行為だ。(……)人間にそなわる大部分の社会的な感覚も、この母親との接触の感覚のおかげだろうし、同時にもっとも重要な人間文明の持続も、この接触の感覚に負うところが大きいのだろう。

――『社会的利益――人類への問いかけ』(*Social Interest: A Challenge to Mankind*)

新しく生まれた人間一人ひとりに健康と人間性を与えるのが、愛という決定的な贈り物だ。この贈り物はとだえることなく受け継がれてゆくものであり、各世代から次の世代へと順ぐりに手わたされてゆく。モンターギュの言葉を借りれば、

愛されることで、幼児の内ではある力が解きはなたれ、そして他者を愛するようになる。

つぎのことはひじょうに重要で、私たちはそれをよく理解し、よく知る必要があるだろう。つまり、こどもは、愛情という点において成長発達するよう奨励されているのであり、しかもそれは、こどもにとってごくあたりまえの生得権であるということ。

――『ネオテニー』

■家族を越えて社会へ

親の愛情を育み、揺るぎないものとする基本的な集団が家族だ。家族という人間の集まりには非常に多様な形態がある。現代西欧諸国の核家族からアフリカの多くの地域でみられる大規模な複合家族、イスラエル特有の共同体キブツまでさまざまだ。一夫多妻制あり、一妻多夫あり、妻の兄弟に権力が与えられたり、義理の母が力をもつ家族制度もある――どんなかたちの家族であれ、家族がうまくいく目安は家族全員が幸せであることだ。

社会学者のあいだでは、幸福と社会階級、一人あたりの物質的消費、あるいは個人所得のあいだに相関性はないことが、ずっと以前から知られていた。その一方で、幸福は明らかに個人的な人間関係に左右される。一般的には、結婚したことのない人よりも結婚しているカップルの方が幸福感

を得ている確率が非常に高く、離婚した場合は先にあげた二つのグループのどちらよりも幸福を感じられない場合が多い。わたしたちの「安心感を得たいという絶えざる欲求」は愛によって満たされ、幼児と同じく大人にとっても愛は幸福の鍵を握っている。愛は引力であり、絆そして結合力でもある。愛はまた、おのおのが属している「場」でもある。各個人からは他者との関係の輪が広がっている。相手によって関係の深さの程度はさまざまだが、その輪の中には関係する他者全員が含まれる。そしてこの各個人から広がる輪が重なりあう領域が、愛という場を構成しているのである。

人は誰も孤島ではなく、一人では完結しない。
誰もが大陸の一部、本土の一部なのだ。
小さな土くれであれ、波がさらえばヨーロッパはその分小さくなる。
岬が削られるように、友やあなた自身の土地が小さくなるように。
誰の死であれ、自分自身が削り取られる。わたし自身が人類の一部だから。
人を遣《や》って誰を弔う鐘かを問うてはならない。
それはあなたのために鳴っているのだから。

――ジョン・ダン『重篤な病の床にあっての祈り』(*Devotions upon Emergent Occasions*)

人間とは誰もが自分の内にある遺伝的な構成と、生涯の物語を紡ぎだしている外的な経験との両方が表現された存在だ。誰もが唯一の個人であると同時に、集団の一部でもある。こう言ってもいいだろう、つまり人間は氏《うじ》と育ちが相互に作用していて、多くの場合その両者を解きほぐすのは難しい、と。たとえば、わたしはカナダで生まれ育ったが、身体的特徴は純粋に日本人的な遺伝子構造を反映している。第二次世界大戦中、外見が敵である日本人に似ていたことが邪魔をして、遺伝的な出自が日本であっても、日系カナダ人にはその国家への忠誠心までは遺伝しないことがなかなか理解してもらえなかった。その結果わたしの人生は激動することとなり、バンクーバーから退去させられ、遠く離れた山岳地の収容所へ閉じこめられ、ブリティッシュコロンビア州から追放された。この波瀾に満ちた人生がわたしの人格と性格を育んでくれたわけであり、それは遺伝と環境との相互作用の例証でもある。

個人にはそれぞれ固有の経験があって、そこには性や宗教、民族そして社会的、経済的環境の相違が反映している。そしてこうした経験の総体によって人は大人に成長してゆくのである。問題は、わたしたちの可能性が十二分に花開くような社会を形成することだ。モンターギュによれば、こうした社会の実現は子供たちの健全な養育にかかっている。

こどもは人間性の〝前走者〟であるといいかえられる。前走者というのは、こどもが健全に発達したとき、健全で満たされた人間に、ひいては健全で満たされた人間性につながる特徴をすべてもっている、という意味である。

――『ネオテニー』

モンターギュによれば、健全な人間となるには、子供のころに生理学的な必要性を満たしてやるだけではまったく不十分である。彼は以下に示すように、幼い子供が成長するさいの心理学的必要性をあげ、子供の可能性を十分に伸ばすにはこれらの条件が満たされなければならないとした。

1・愛の欲求
2・友情
3・感受性
4・確実に考える欲求
5・知る欲求
6・学ぶ欲求
7・仕事をする欲求
8・体系づける欲求
9・好奇心
10・驚く心
11・遊び心
12・想像力
13・創造性
14・寛容さ

15・柔軟性
16・実験精神
17・探索する心
18・弾力性
19・ユーモアのセンス
20・よろこぶ心
21・笑いと涙
22・楽天主義
23・正直さ
24・同情的知性
25・ダンス
26・歌

――『ネオテニー』

家族や共同体がこうした条件をどの程度まで満たせるかが、集団としての社会の豊かさと活力の目安となる。人間は親と子の基本的な絆を越えて、人間である他者と相互にはたらきかけ合うことが必要だ。人間は本質的に社会的動物であって、あらゆる他者から孤立して自由にふるまうバラバラの原子のような個人ではありえない。わたしたちの歴史やアイデンティティー、さらに生きがいやものの考え方は、生まれ育ち、生活の支えとなっている社会集団に由来するのである。

人間！　万物の中で最も複雑なもの。従って万物に最も従属するもの。お前を形成したすべてのものに、お前は従属しているのだ。こうした見かけだけの隷属状態にさからってはならぬ。（……）多くを借り受けている者よ、お前の数々の資格は、それと同数の従属によってでなければ買えないのだ。独立は即ち貧困であることを理解せよ。多くのものがお前を要求しなければならぬ。多くのものがお前を頼みとしなければならぬ。

——アンドレ・ジイド『ジイドの日記　I　1889〜1911』（邦訳・新潮社）

（新庄嘉章訳、ただし正漢字は常用漢字に、旧かなづかいは新かなづかいに改めた）

■惨事から学ぶ教訓——愛の欠乏

愛されないままに成長すれば、身体的、社会的幸福に悲惨な反動が現れる。マズローはこう記している。

神経症をその発端にまでさかのぼれば、きわめてしばしば、幼児期における愛の剥奪であることがわかるのだが、このことは実際にはすべての心理療法の治療者に認められている。いくつかの半ば実験的な研究は、極端に愛情が剥奪された場合、幼児の生命にも危険を及ぼすとさえ考えられるような点を幼児および乳児に確認している。すなわち、愛の剥奪は病気を引き起こすのである。

——アブラハム・H・マズロー『人間性の心理学』（小口忠彦訳）

しかし残念ながら、人間の愛の能力は暴力という恐ろしい力によって相殺される。暴力の犠牲者を目のあたりにすれば、愛と、その最大の源泉になりうる家族とが絶対的に重要であることを思い知らされる。前述した実験もそうだが、若い動物から親の愛情を奪い去り、その効果を科学的に調べることは、現在では世論の感情を逆撫《さかな》でするものだ。ところが戦争で引き裂かれた世界中の国々では、人間の子供たちがこの残酷な愛の剥奪にさらされているのだ。科学者はこうした子供たちを調査してきた。

独裁者ニコラエ・チャウシェスクが一九八九年一二月二五日に処刑されたあと、ルーマニアではひどい窮乏状態にある子供たちが収容所に入れられていたことが明らかになった。チャウシェスクがルーマニアの人口増加をもくろんだため、多くの子供が望まれずに生まれた。そしてたいていは子供を国家の手にまかせた。チャウシェスクの失脚当時で、およそ一〇万〜三〇万人もの子供が施設に収容されていた。過密状態のうえ人手も不足し、ほとんどの施設が最低限度の食事や衣服、部屋しか与えていなかった。ある調査団によると、

児童と介護人の割合はたいてい六〇対一で、個別の対応は不可能だった。幼児はベビーベッドに放っておかれ、他の子と友だちになる機会もほとんどなかった。トイレ指導も食事もろくに

与えられない厳しい管理下にいた。

——子供たちのヘルスケアに関する共同研究グループ「ルーマニアにおける子供と家族への健康および社会的ケア・システム——将来のヘルスケア改革への方向性」(Romanian Health and Social Care System for Children and Families: Future Directions in Health Care Reform)(「ブリティッシュ・メディカル・ジャーナル 304」〈一九九二〉より)

七〇〇にのぼる子供用収容施設の中でも「リャガーネ」というタイプのものは、孤児ではなく、親から長期にわたって放置されたり置き去りにされた子供を収容した施設だった。この施設を調査した科学者が目にしたのは、子供たちの巨大な共同寝室に簡易ベッドがずらっと並べられ、職員はつねにいら立っていて、子供たちにトイレ指導をしたり、服を着たり歯を磨くことを教える時間などまったくない様子だった。子供は長時間孤独な状態におかれ、泣いても誰に気づいてもらえるわけではなく、食事のときも抱いて食べさせてもらうこともなかった。その結果、子供たちは運動能力全般の発達が極度に遅れ、細かな身のこなし、社交性そして言語の発達も極端に悪くなっていた。三歳以下の子供の約六五パーセントに、栄養失調による細胞や組織の異常と活動上での異常がみられた。

小さいころから長期にわたって人との接触を絶たれた子供のその後は非常に悲惨だ。いまでは科学者によって、子供の人生のもっとも早期には大人からのよい刺激が決定的に重要なことが立証されている。

合理的思考や問題解決、一般的な推理力に必要な神経的基盤は、おおよそ一歳ぐらいまでに確立すると考えられる。（……）幼児が毎日聞いている単語の数が、その後の知能や学業成績、社会的能力を予測するうえでもっとも重要な目安となるという研究者もいる。（……）そのような言葉を聞くためには、熱心で一生懸命に面倒をみる人間がそばにいなければならない。

——サンドラ・ブレイクスリー「賢い子供にする——言葉はその最良の道」（Making Baby Smart: Words Are Way）（「インターナショナル・ヘラルド・トリビューン」紙より）

家族から見放されることは、発達の遅れや障害につながるだけではない。マズローも記しているように、病気を引き起こし死にいたる場合もある。チャウシェスク失脚前のルーマニアでは、毎年収容施設の子供の三五パーセントが死亡していたともいわれる。

それでも世話のゆきとどいた環境に戻り、不可欠な必要性が満たされれば、人間は驚くべき回復力をみせる。ルーマニアのバベニにある重度身体障害児を収容した孤児院には、一七〇人の子供がいたが、全員「回復不能」とみなされ、残酷にも放置されていた。この施設には薬剤師もいなければ栄養士や臨床心理士、ソーシャルワーカー、理学療法士や作業療法士そして教育の専門家もいなかった。十分な食物と水はあったものの、子供たちは大人とほとんど接触できなかったため、七五パーセントが自分の名前や年齢も知らず、トイレのしつけもほとんどできていなかった。食糧や水、空気とエネルギーといった基本的な条件は満たされていたが、人との接触がなく、創造的で思いやりのある愛情も得られなかった。しかしその後衛生的な環境と入浴、理学療法、栄養面での改善、そして人間との接触を増やし、心理的カウンセリングが始まると、一ヵ月以内に目をみはるような改善がみられた。

ルーマニアの子供たちの窮状が公表され、施設での介護がもたらす身体的、精神的なよい影響が明らかになると、養子縁組の申し出が殺到した。一九九一年だけで七三二八人のルーマニアの子供が養子として引き取られ、そのうち二四五〇人はアメリカ人が引き取っている。

養子としてアメリカに渡った六五名について詳細な診断が行われ、当初「身体が健康で発達面でも正常」と判断されたのはわずか一〇例で、その他の子供は「臨床的にも検査結果からも、重度の内科的疾患や発達障害、行動障害」がみられた。科学者の所見によれば、五三パーセントがB型肝炎にかかっており、三三パーセントに腸内寄生虫がみられ、多くの場合標準より身長が低く、自発的な運動量が全般的に乏しく、話す能力に遅れがあり、癇癪《かんしゃく》やアイコンタクトの忌避《きひ》があり、臆病になっていた。基本的な肉体的必要性だけが与えられていても、社会との接触がなければ、発達面での深刻な反動が現れることは明白だ。幸いなことに科学者によると「養子になった子供たちの多くは愛情にあふれた家庭環境によくなじみ、栄養条件の改善や内科的治療、発達教育の効果も現れているようだ」。

しかし、小さいころに恐ろしい体験をしたトラウマ(心的外傷)を克服することは必ずしも容易ではない。一九九〇年以降、アメリカでは東欧やロシアの孤児院から約九〇〇〇人の子供を養子に迎え入れてきたが、多くの場合深刻な問題をかかえていて、簡単には解決しそうにない。一九九六年

の「ニューヨークタイムス」紙に掲載されたサラ・ジェイの記事によれば、

一人の子は多動すなわち攻撃的で、アイコンタクトを拒み、癇癪もちで、会話や言語上の障害があり、注意力に欠け、接触に対し極度に敏感なようだった。またこの子は、感情的な絆を形成することができないようだった。

——「海外からの養子があまりに多くの問題をかかえて来るとき」(When Children Adopted Overseas Come with too Many Problems)

またこの記事には、ルーマニアからの養子を迎えた三九九軒の家庭についてのヴィクトール・グローザ博士の調査が紹介されている。

推定によると、子供たちの五分の一はグローザの表現を借りれば「回復力の強いいたずらっ子」で、過去を克服し力強く成長している。しかし五分の三は「傷を負った賢い子」で、すばらしい進歩はしているが同年齢の中ではまだ遅れている状態だ。そして残りの五分の一が「問題児」で、ほとんど回復をみておらず手に負えない状態だ。

健全な家庭があることで、子供が自尊心を育むのに不可欠な安全性が確保され、自信もつくが、家族が属するコミュニティーの支援によって、安全と自信はさらに強化される。戦争下では大人たちが子供の不安感を和らげられないため、子供の心身の健康にとって大きなダメージとなる。クロアチアでは内戦によって一〇万人以上が難民となったが、その多くは生活手段をもたない子供たちだった。一番小さい子は親と生き別れになることが多かった。難民収容所の就学年齢に達している児童の約三五パーセントには母親がいなかった。

小学校の児童が家族から離されると、食欲を失うか過食になり、睡眠障害に苦しんだり悪夢にうなされるようになる。学校に関心がなくなり、集中や記憶が困難になり、神経過敏、恐怖、会話の障害、心身症の症状が現れる。また、感情がなくなり、激怒したりたえず悲しい気持ちに襲われたりし、適応障害や大鬱病を引き起こす。イワンカ・ジブチッチという研究者はこう結論している。

信頼できる親しい大人がいることは、子供にとって非常に大きな支えとなる。両親には守ってもらえないとわかると、戦争の恐怖にさらされた子供のトラウマ体験はさらに悪化する。(……)強烈なストレスの中を生き残ってきた子供が立ち直れるかどうかの最良の目安は、子供のそばにいて重要な支えとなる大人たち、なかでも両親自身がそのトラウマの原因となった状況を克服する能力だ。

――「クロアチアにおける戦争のストレスに対する子供たちの情動的反応」(Emotional Reactions of Children to War Stress in Croatia)

先史時代の人間は現代のわれわれとくらべると、全体的に穏やかで協力的、非好戦的で非攻撃的だった。ところが文明世界のわれわれは互いに悪影響をおよぼしあうようになり、より攻撃的で敵対的になり、もっとも重要な場面すなわち人間関係において、どんどん非協力的になった。「野蛮」という言葉にこめられた意味は、正しくは現代のわれわれにこそあてはまる。

——アシュレイ・モンターギュ『人間発達の方向』

戦争は社会的、経済的、生態学的な大惨事だ。戦争とはまったくもって持続不可能的な状況であって、全人類と未来の世代が真の必要性を満たせるように心をくだく者なら、誰もがこれに反対するにちがいない。戦争の影響として即座に現れるのは戦死者や障害者、住む家をなくした者たちだが、社会的、生態学的な影響はその後何世代にもわたって響いていく。われわれには、生き残った子供たちがこうむった精神的ダメージの程度については完全に理解できてはいないし、そうした子供たちのダメージが今後の世代にどれほど影響するかもわかっていない。戦争は究極の残虐行為であって、敗者だけでなく勝者からも人間性を奪う。親から子供を奪い、家族を引き離し、共同体を破壊する。戦争は犠牲者からぜひとも必要な愛を奪い、仲間とともにあることの安心感を奪い去る。

■人間の共同体の過去と現在

人間は霊長類というもっとも社会的な動物に属する。これまで人間が生きた歴史の九九パーセントの時間は、狩猟採集をなりわいとした非定住型の小規模な家族集団として暮らしていた。家族や部族が蓄積してきた技術と経験を頼りに、獣や略奪者、災難から自らを守り、獲物をとらえ、食糧を採集し、共同体のための必要な資源を集めた。土地や仲間のこと、人生の重要な節目を再確認するために全員で集まっては、共同体への帰属意識とアイデンティティー、そして世界観を身につけた。社会集団にはその他にも利点があった。たとえば結婚相手を見つけ、長期的な人間関係を維持し、音楽、物語、芸術や娯楽を共有することができた。

人間はどの時代にあっても、生存のための重要な能力である記憶と先見の力に大きく頼ってきた。太古の昔から、人間は自らの行為がもたらすであろう結果について、過去の経験で得られた知見をもとに評価してきた。チェスの競技者が駒の動きを読むように、太古の人間も過去から未来そして現在へと頭の中をパッパッと切り替えることができた。人間以外の種ではあり得ないことだ。

きわめて重要なのは、太古の人間が現代なら「費用対効果の分析」にあたることを行っていた点だ。長期にわたる努力に対してありうる利益を計算していたのである。部族の蓄積された知識は、手のこんだ儀式や慣習を介して重要な決定に影響を与えるようになり、またそうした儀式や習慣が共同体の仲間どうしの結束を強めていた。

しかし最近では「費用対効果の分析」は表向きには大いに行われているものの、実際には、人間というひとつの種の活動全体はますます遠い未来にまで影響するようになってきており、その影響はもはや予測できなくなっている。それに「費用」と「効果」の中味も変わった。かつて費用や便益についてもっとも重要な要件といえば家族や集団の長期間の生存や幸福だったが、現在では企業の思惑や就職、市場でのシェアや利益が社会の意志決定を左右している。したがって費用と便益はまったく異なる価値体系で評価されるようになっていて、たとえば共同体や生態系の健全性などは無視されているのである。わたしたちは自分にとって真に重要な問題について考える習慣をなくしてしまったか、真に重要なものは何かという感覚がひっくりかえってしまったのだろう。生活をバラバラの断片として考えるのではなく、もっと総合的に考えなければならない。シンクタンク「『持続可能な発展』調査研究所」（ＳＤＲＩ）のジョン・ロビンソン博士とキャロライン・ヴァン・バーズは、幸福というものをより厳密に表現する方法を提案している。

生態学的な持続可能性という概念については大いに議論があるようだが、人は誰でも社会的な幸福という概念なら理解できる。個人的な幸福についても問題なく評価できる。それは自分の財産や住んでいる場所、家族や友人、身体的健康、その他の多様な条件について、どう感じているかによる。同じように、隣近所や共同体の幸福感についても、ほとんど直感的な目安で判断できる。共同体の活気、争いごとがないこと、健全な木々や川の流れがあるといったことだ。（……）社会的な幸福のさらに厳密な姿は、多くの指標を利用することで見えてくる。公衆衛生の程度や個人の収入のレベル、貧困者の比率、人種間の対立、犯罪率、暴力事件の発生件数は、マイナス要因としてよくとりあげられる目安だ。一方プラス要因としては文化的遺産、その土地に固有の知恵、芸術コミュニティー、ボランティア活動といった指標をあげることができるだろう。これらの状況を総合することで、はじめて共同体の健全性を評価することができる。

——『わたしたちのもてる手段の範囲内で生きる』（*Living Within Our Means*）

人間の数が増えテクノロジーが発達するにつれ、人間関係の性質も変化した。部族は発展して国や国民国家となった。一時的な野営地が定住集落となり、町や都市となった。個人的な持ち物や小さな装飾品など控えめに所持していたモノが、所有権や富といった概念に発展した。

二十世紀になると、人間の社会は劇的に変化した。もっともめざましいのは移動手段の変化だ。かつては人力に頼っていたものが、いまでは化石燃料の力が輸送をになっている。それまで何日、何週間、何ヵ月といった単位で表していた距離が、数分あるいは数時間でカバーできるようになった。こうした距離と時間の短縮と移動速度の増大は、社会や経済にはかりしれない影響を与えている。とくに大きな影響を受けてきたのが、家族と地域共同体だ。

二十世紀にはパプアニューギニアなどの国々がこれまでの狩猟採集的生活を捨て、数千年間守られてきた生活様式から飛行機とテレビとコンピュータの世界へわずか一、二世代のうちに突入した。先進工業諸国でさえ近年の変化は激しいものがある。オーストラリアやアメリカ合衆国、カナダでも、田舎における質素な生活と訣別したのはほんのひとつ前の世代であり、海底ケーブルによる国際電話や宇宙ロケット、天然痘とポリオの消滅、コンパクトディスク、コンピュータ、ジェット機、経口避妊薬がふつうのこととなった社会へと変貌した。どの革新的変化ひとつをとっても生活様式を永久に変えてしまうものであり、そのつど古い生活様式は葬り去られてきた。これらが一体となってひとつの革命を形成しているのだが、この革命じたいを明確にとらえるのは非常に難しい。なぜならこうした変化そのものが、わたしたちの生活にもっとも浸透しかつ依存せざるを得ない部分になっているからだ。しかし、こうした革新的変化の一つひとつが残らず、伝統的な知識の権威と価値、そして長い時間をかけ行動しては熟考して蓄積してきた知恵の権威と価値を衰退させてきた。共同体の意志決定をになってきた伝統的な情報源も捨て去られた。土地に根ざした比較的小規模で、長年持続した伝統的な共同体が消失したとき、何がそれに代わるのだろう？

共同体は信念や価値観、歴史と慣習を分かちあうことで固く結びついている。共同体とはつねに包括性と排他性が紙一重というところで成立しているものである。宗教をめぐる対立（北アイルランドやパレスチナ）や民族紛争（東チモール、ルワンダ、グアテマラ）の爆発は、こうした共同体のもろさを証明している。何世代も平和に共存し、互いに結婚し友情が培われていたとしても、権力に飢えた者が疑惑と恐怖をあおり立てれば、共同体は引き裂かれ、破滅的な結果となるのである。心理学者アンソニー・スティーヴンスはこう語る、

共同体とその儀式が必要となったのは太古からのことで、何千世代、数十万年をかけて人間の精神に組みこまれてきた。それが満たされないとなれば、人間は「疎外感」にさいなまれ、精神病や心身症のえじきとなる。

――「基本的必要性」（A Basic Need）

共同体に対する脅威は戦争だけではない。わたしたちは「近代」という固定観念に縛られていて、現代的で新しいものが優れていると考えている。この固定観念においては、古いものや伝統的なものはみな原始的で価値がないものとみなされる。テクノロジーと物質主義によってもたらされたと

ほうもない変化に圧倒される中で、現代の人間は過去の人々より優れているという信念が広まり、わたしたちはそれを受け入れてきた。いかなる先人よりも豊富な情報をもち、移動の能力も増し、良い教育を受けているため、思考やニーズも洗練され、これまでの世代とは次元が違うというわけだ。産業は莫大な生産性を誇り、自動車やコンパクトディスク、テレビ、スニーカーといった商品があふれかえる現代は、たしかにこれまでのいかなる世代ともかけ離れている。

しかし、だからといって歴史にもはや価値がないと言えるのだろうか？　祖先とのつながりを絶ったため、記憶と未来を見通す力を失い、目もくらむほど移り変わりの早い世界の中で、わたしたちはまったくの無力であることを悟らされている。文脈がなければ、情報は無意味だ。思考の土台を確保しなければ、物事を正しく評価することもできない。時空の中でつながりを失えば、わたしたち人間は孤立し、途方にくれることになる。

> 胎盤は呪術医からの供物をそえて敷地内に丁重に葬らねばならない。臍《へそ》の緒《お》は胎児と子宮をつないでいるものであるから、葬られた臍の緒はその子を土地に結びつけ、部族の生きる聖なる大地とつなぎ、大地の大いなる母へとつなぐ。子供がその土地を離れたとしても、この臍の緒はつねに本人の生まれた土地へグイッと引き寄せているため、必ず故郷《ふるさと》へ戻ってくる。故郷《ふるさと》へ戻ったときには（……）「きょうのこのとき、わたしの臍は大いなる母である大地の子宮と再会をはたした！」と言うだろう。
>
> ——プリンス・モドゥペ『わたしはかつて野蛮人だった』（*I Was a Savage*）

儀式とは、意味と価値そして互いの絆を公に確認し表明することだ。儀式は人々を互いに結びつけ、先祖と結びつけ、そして世界における自分の位置へと結びつける。アンソニー・スティーヴンスが指摘しているように、先進工業諸国では富や消費財そして生活の快適さが驚異的な水準にまで到達した一方、人々の絆となる共同体と儀式がますます渇望されるようになってきている。こうした欲求が増大しているのは、家族崩壊が急速に広まり、大人も子供も同じようにその結果に苦しむようになっているからだ。

■都市で途方にくれる人々

人間の集合が村落より大きくなると、集団の意味は抽象的になってくる。都市や地域、国家になれば、さらに多様で不均一な集団となり、その集団内の多くの人々は互いに見知らぬ者どうしで、共有する価値観も少なくなる。

人間が大規模に集まることによって、利便性が生まれ、商売が繁盛し、商品やサービスを得やすくなり、さまざまな社会的経験や活動が得られるという利点が生まれる。さらに文化的活動や知的な討論、アイデアをやりとりする機会も増える。しかし、こうした都市での活動は必ずしも互いに恩恵を与えるものではなく、人間が生まれつきもっている互いに結束して安全をはかる手段は通用しにくい。実際にはまったく通用しないことの方が多い。

数千年のあいだ、人間の小規模な共同体は、人々の社会的必要性を満たしながら比較的安定していた。しかし人間が爆発的な速度で「都市型生物」へと転向するのにともない、人々を結束させていた社会のしくみは衰退していった。消費文明では社会の健全性を導く主要な方法として「市民権」というものを登場させた。しかし政府と企業の方針を導くのは、社会的目的よりむしろ経済的目的の方だった。その結果、失業率が高まりストレスや病気が増え、家族と共同体が崩壊した。

安定した共同体や隣近所の存在は、幸福感や有意義で生きがいのある人生、仲間がいるという安心感を得るうえでの必須条件だ。それらは人間の健康と幸せの要《かなめ》でもある。共同体をつくりだすのは経済なのではなく、愛と思いやりそして助け合いである。愛や思いやりといった性質は各個人が持ちあわせていて、互いにさしのべあうものだ。人が孤立していて共通認識もなく、時間と空間の中におさまるべき場所から離脱し、自然界という源泉から切り離されてしまえば、そうした愛や思いやりをまともに表現することなどできない。

共同体があって、その中に形はどうであれ安定した家族があることで、子供の好奇心や責任感、創作力を伸ばす環境ができる。森林伐採や表土の消失、汚染、気候変動といった生態系の劣化は持続可能性の基盤を切り崩すため、社会を不安定化する。こうした結末の一端をまざまざと見せつけられたのが、カナダ大西洋岸のニューファンドランドで、一九九四年にタラ漁の操業が全面禁止になったときだった。その地で五〇〇年間続いた社会基盤が消失し、一夜にして四万人が職を失った。生態系の健全性は、共同体全体の健康に不可欠なのである。

戦争やテロリズム、差別、不公平、貧困が社会的安定性をもろくするという視点は非常に重要だ。このニューファンドランドの例をはじめ、アメリカ先住民の特別居留地やオーストラリアにある先住民コミュニティーでみられるように、慢性的で高水準の失業は、絶望や病気の原因となり、人々を死にさえいたらしめるのである。生きがいある雇用の必要性は、家庭の安らぎだけでなく共同体の健全性にとっても重要だ。社会的目標として完全雇用をめざすことは、政府や個人の経済的な利益の他にも切実な理由があるのだ。

経済はかつて人々とその共同体に奉仕するために生まれた。ところが、現代の経済合理主義者は、経済のために社会的サービスを犠牲にし、捨て去らねばならないと主張する。しかし、社会的動物である人間の基本的条件をよく考えてみれば明らかなように、生物多様性や完全雇用、公平と安全性を保証された家族と共同体こそが、持続可能な未来を描き出すうえでまさに議論の余地のない出発点となるのである。

> 愛の法則は、まさに重力の法則のように、それを認める認めないにかかわらず機能する（……）科学的な正確さで愛の法則を応用する人は、驚くべき偉業をなしとげる。（……）この愛の法則を発見した人々は、現代のどんな科学者よりも偉大な科学者だった。（……）この法則について研究するほどに、わたしは人生に喜びを感じ、この宇宙のしくみに歓喜した。わたしは愛の法則によって安らぎを得、説明することのできない自然の神秘の意味を悟った。
>
> ——マハトマ・ガンジー（P・クリーン、P・コメ『平和——夢ひらくとき *Peace, A Dream Unfolding*』より）

家族から隣近所、隣近所から国家、そして人間という種の全体へと集団が包括的になるにつれ、他者とのつながりは、一見すると薄れて消失するかのように思える。ところが人間が生きるうえでの他者との連続的な関係を追跡していくと、つながりの輪はさらに広がっていることがわかってきた。先のジョン・ダンの詩にならって言えば、わたしたちがその一部であるところの「大陸」は、さらに地球を包みこむまでに広がってゆくのである。

「愛の法則」は基本的で、他の物理的法則と同じく普遍的なものだ。わたしたちが見わたすものすべてに、この法則が書きこまれている。このことによって、人間と人間以外の世界は緊密に関係しているのである。以下でそれを見ていこう。

■バイオフィリア——進化的なつながりを回復する

地球上で、人間がこれまで生活してきた場所について考えてみよう。人間は誕生して以来、ほとんどの時代は完全に自然の世界の一部をなし、生活のあらゆる場面で自然に依存していた。周囲の土地を歩き回り、季節に導かれ、土地に負担をかけずに生き、生物の豊饒《ほうじょう》さによって生かされていた。こんにちのアフリカにみられる充実した動植物の多様性が、過去における豊饒さを示すものだとすれば（化石が過去の豊饒さを実証している）、人間の起源である祖先は圧倒的な規模の動植物群に囲まれていたことになる。人間は環境を共有する無数に繁殖した生物の中から生まれ、その環境に固く結びつけられていた。こうした生物群は人間と遺伝的に近い関係にあっただろうし、捕食の対象にもなっていただろうが、それだけではなかった。それらは人間の「仲間」であり、さえぎるもののない夜空を分かちあい、音でつねにお互いの存在をアピールしあっていたのである。

現在でも狩猟採集社会では、人々は食物の源に対して敬意と共感をもって接している。カラハリ砂漠のクン族の猟師は、猟をする前に断食をして心身を猟にふさわしいものに浄める。獲物を仕留めると、命を捧げてくれたその動物に感謝し、待っている村人らのところへ運んでから、しきたりどおりにみんなで分けあう。食物とは他の生物の肉体をいただくことであるから、ふさわしい感謝のしるしを示さなければならない。いまから八〇年ほど前にカナダ北部の先住民イヌイットのイヴァルアジュクは、

> 生きるうえで最大の危難は、人間の食物が魂そのものであることからくる。われわれが食べるために殺さなければならないすべての生き物、衣服にするために倒さねばならないすべての生き物には、人間がそうであるように魂が宿っている。ところが魂は肉体とともに滅びることはない。だからこそ魂が身体を奪ったわれわれに復讐してこないよう、怒りをなだめておかなければならない。
>
> ——クヌート・ラスムッセン、「カリブー・エスキモーの知的文化」(*Intellectual Culture of the Caribou Eskimoes*)

人類史を進化的な文脈から見わたしてみると、他の動物と共存する必要性は、わたしたちのヒトゲノムつまり人間そのものをつくりあげるDNAという設計図に、遺伝的プログラムとして長い時

間をかけ組みこまれてきたのではないかと考えられる。エドワード・O・ウィルソンはこの必要性に「バイオフィリア」（ギリシャ語の「生命」と「愛」に由来する）という自らの造語をあてている。ウィルソンの定義によれば、バイオフィリアとは「生命もしくは生命に似た過程に対して関心を抱く内的傾向」ということになる。さらにここから、「人間が他の生物に対してもつ感情的な友愛関係」が生まれ、「感情的反応の糸が何本も撚《よ》り合わされて象徴的存在となり、文化の大きな部分を構成するようになる」。〔「　」内はウィルソン『バイオフィリア――人間と生物の絆』〈邦訳・平凡社〉より狩野秀之訳〕

わたしたちの文化も含め、あらゆる文化の長老や詩人、哲学者たちが、兄弟愛あるいは姉妹愛、相互の思いやり、そして人間以外の生き物の世界と利害を共有しているという思いを表明してきた。それは愛というよりほかに言い表しようのない関係であり、その源泉が「仲間意識」だ。つまり、人間が他のあらゆる生物と同じく、この地球の子であり同じ家族の一員であるという認識なのだ。

太陽、風、雨、夏、冬――こういった「自然」の筆舌につくしがたいけがれのなさと恵み深さが、永遠に大いなる健康と歓びを与えてくれる！（……）私は大地と理解しあえるのではあるまいか？　私自身、からだの一部は葉っぱであり、植物の腐植土なのではあるまいか？

――ヘンリー・デイヴィッド・ソロー『森の生活――ウォールデン』（邦訳・岩波書店）（飯田実訳）

都市環境では、遺伝的に組みこまれた種としての欲求は抑えられることがふつうであり、わたしたちの渇望は満たされないままになる。こんにちでは、バイオフィリアという欲求も悲しいほどに満足する機会が減り、ガーデニングやペットを飼うこと、動物園へ行くことぐらいが関の山になっている。ウィルソンによれば、主だったスポーツイベントに集まる総数よりも動物園を訪れる人の方が多いのは理由のないことではない。わたしは末期がん患者の瞑想会に参加したことがある。患者さんは化学療法や放射線治療、摘出手術の後、希望と絶望のジェットコースターに身をまかせているようなものだった。しかしこの人たちは自然の治癒力と鎮静作用の生き証人だった。病気を生きることで、はじめて「本当に生きる」ことができたと語り、ほとんど全員が「自然の中に身を置くこと」が重要であることを口々に話してくれた。森の中を歩いてもいいし、浜辺を散策し、農場や別荘でゆっくりするのもいい。

実のところ、われわれは世界を支配してもいなければ、理解してもいない。ただ、コントロールしていると思いこんでいるだけだ。われわれは、なぜ自分たちがある決まったやりかたで他の生き物に接するのか、なぜ他の生き物を多様かつ本質的なかたちで必要としているのかさえ理解していない。

——エドワード・O・ウィルソン『バイオフィリア——人間と生物の絆』（邦訳・平凡社）
（狩野秀之訳）

子供たちがスズメバチやチョウに反応する様子を見てみよう。幼児は昆虫の動きや色に魅せられて、手を伸ばして触ろうとする。恐怖感も嫌悪感も見せず、ただ強く引きつけられている。ところが幼稚園に通う年ごろになると、自然の魔法は嫌悪感へと置きかわってしまうことが多く、カブトムシやハエを見ると恐くて嫌で尻込みしてしまう。子供が自然を恐れることを身につけてしまうと、疎外感が増大し、生まれもったバイオフィリアの欲求は満たされなくなる。人間は自然との絆も、仲間である生き物への思いやりある行動をとる愛も切り捨ててきた。神経衰弱、ひどい怪我、孤独、死といった極度な危機的状況にならないと、安らぎと癒しの故郷《ふるさと》へ戻れないというのでは残念だ。

バイオフィリアという概念を思考の土台にすえることで、人間の行為をチェックし、進化のメカニズムを説明することができる。それは新たなる物語であり、生物の世界に人間を包みこみ、長いあいだ離れていた家族のもとへと帰郷する物語だ。バイオフィリア仮説を支持する研究も増えてきている。一例をあげれば、建築学教授のロジャー・S・ウーリッチの報告がある。

自然の中や都会の緑地でのレクリエーション体験に関する一〇〇件以上の調査から一貫しているのは、こうした体験でもっともよく実感されているのが、ストレス緩和の恩恵だということだ。

人間が本質的に自然界との親密な絆を必要としていることは、科学的にも立証可能だから、次のようにいえる。

人間が自然への依存度を減らせば、貧しく弱い存在となる可能性が高い。(……)人間が一貫性のある充実した存在をめざすなら、自然との密接な関係が欠かせない。

経験からもわかるように、愛とは築きあげるものだ。愛は二人のあいだの絆となるから、愛を受けた者に影響すると同時に、愛を与える者をもかたちづくる。愛された子供は、その経験から自分自身が愛されるに値する人であることを知り、他者を愛せるようになる。バイオフィリアが教えてくれるのもこれと同じ教訓だ。ウィルソンによれば、

他の生き物のことを知れば知るほど、自らの存在に喜びを感じるとともに大切に思えるようになる。人間が称賛されるのは、他の生物をはるかにしのぐからではなく、他の生物を知り、まさに生命の概念を深めるからだ。

——以上、スティーヴン・R・ケラート、エドワード・O・ウィルソン編『バイオフィリア仮説』（*Biophilia Hypothesis*）より

■心理学と生態学の融合——エコサイコロジー

わたしたちが自然界とひとつになった存在であることを忘れてしまえば、環境に対する行為が、自分自身に対する行為であることもわからなくなる。近年になって新しい学問分野が誕生した。それは人間精神の研究と自然のコミュニティーの研究とを結合させたものだ。この「エコサイコロジー」（Ecopsychology）という学問は、人間とその故郷《ふるさと》である自然との絆を取り戻すとともに、現代都市という異郷の生活で疲れ切った人間の救済を試みる。

エコサイコロジストは、人間が自分自身と環境とに危害を加えるのは、人間が自然から分離したところに原因があると主張する。さらに既存の社会的秩序に迎合してただ現状を受け入れるのではなく、本来の健康な精神のためには現状の規範に立ち向かい、人間と他の全生物との相互関係性を配慮しなければならないとしている。児童心理学者アニタ・バロウズはこう指摘する。

自己は皮膚を境にしてその「内部」に存在し、すべての他者そしてあらゆる存在はその外部にあると考えるのは、西洋的な精神を築いてしまったからにすぎない。自己と他者を行き来する現象が生じる〔皮膚という〕場については（……）自己に関する新たなパラダイムのもとで理解できるようになるだろう。そして、この透過性の膜はわたしたち自身が存在する生息場所を指し示し、表現しているのであって、わたしたちをそこから分離しているのではないことがわかるだろう。

――「幼年期におけるエコロジカルな自己」（The Ecological Self in Childhood）

自己を環境から分離したものとして考え続けるなら、自らの行為の結果を敏感にとらえることができず、いますすんでいる道が自滅へつながる可能性があることも理解できないだろう。たとえば、都会の空気がもはや物理の教科書に出ているような無色無臭で味もなく目に見えない気体ではないことを、わたしたちの目や鼻は教えてくれている。ところが、こうした大気汚染と喘息をもつ子供の数の増大とのあいだに関係があることには気づかない人は多いらしい。一九九〇年ハーバード大学で開催されたある心理学の大会では、人間の方向転換のためには自然との絆に対する知覚を深めていく必要があるという結論が出された。「自己が自然界にまで拡張して感じられれば、この世界を破滅へと導く行為が、自己破壊として体験されることになるだろう」

自然との断絶は都市開発の手法によってさらに深刻化している。先進工業世界の人口と、急激に増加しつつある発展途上国の人口の大半は都市で生活しているが、そこでは都市プランナーや建築家そしてエンジニアが環境の姿を決定している。その結果、安定した思いやりのあるコミュニティーとしてはあまりに欠陥の多すぎる都市ができあがった。こうした都市では人間の生存条件である人間以外の生物種の多様性が極端に小さくなっていて、育ちざかりの子供からもこの基本的な生存条件を奪いとっている。民族植物学者ゲイリー・ナブハンはこう指摘する。


二十一世紀までには、世界中の子供たちのほぼ半数が人口一〇〇万以上の大都市で成長することになろう。その一方で、人間以外の生物にとって生存可能な生息地はどんどん見つけにくくなっている。すでに発展途上国で生まれた子供のうち五七パーセントが貧民街やスラム街あるいは路上で生活している。そうした子供たちにとっては、他人に占有されていない場所を手に入れることは他の生物と同じようにどんどん難しくなっている。だまし合いがはびこり、子供たちが出会える野生動物といえば動物園の檻に入っている動物か、ゴミ捨て場や裏通りをねぐらにする動物だけだ。

——「子供たちは野生の自然を必要としている」(A Child's Need for Wilderness)

生活の大部分の時間を過ごす場所の姿が、わたしたちの行為の優先順序を決め、環境に対する感性をつくりあげる。アスファルトやコンクリート、ガラスで人工的につくられた居住地では、人間は自然の外部にあって自然の上に立つ者であり、自然界の不確実性や予測不能な事態について心配する必要はないという思いこみが助長される。人間の歴史の大半を支えてきた祖先からの伝統的な生き方をいまも続けている少数先住民の姿をみれば、わたしたちの人生や価値がまったく変わってしまったことがわかる。哲学者ポール・シェパードの言葉を借りれば、

先住民の生き方は、自然淘汰によって人間の個体発生が自然界に適応してきた姿であり、協力しあうこと、統率力、段階的な精神的成長を育み、神秘的で美しい世界を探求する心をつちかってきた。その世界では、人生の意味の手がかりが自然の中に組みこまれており、日常生活も精神的・霊的な意味合いやめぐり会いと分かちがたく結びついていた。そして集団のメンバーは、儀式をとおして神の世界創造に加わることで、個々の成長段階や試練の通過を祝った。

シェパードは、人格を形成する基本的な人間関係には母と子の絆が宿っており、一度その絆の存在が確信できれば、周囲の人々からの強いはたらきかけが得られると述べる。

またシェパードによれば、子供時代の非常に大事な時期に、実際に自然を体験できなければ、野生世界との感情的な絆を育めず、そのことが大人になってからの自然への接し方にも悪影響をおよぼすという。その結果として、実利主義者や虚無主義者のように、生態系への破壊的な態度を押し

とどめるたががはずれてしまう。そして、浪費に無頓着で、くだらない品物の中に埋もれ、敵とみなしたものを抹殺し、新しいものは何でも手に入れ、年寄りを軽蔑し、人間の自然な成長を否定し、張りぼての文化伝統をこしらえては、繰り返し見せられてきたアメリカ式の成功物語に溺れる。これは狂った状況における、支離滅裂で無秩序な個人的悪夢の徴候であって、そこでは支配力を追求するテクノロジーが、悪化する一方の問題を生みだしている。そしてこの個人的な悪夢が社会にまで拡大したのである。

——以上、『自然と狂気』(*Nature and Madness*) より

現代の人間の住みかとしてもっとも一般的な都会の環境は、科学技術による支配という幻想を永続化し、この世界への見方をつくりあげている。都市は現代人の思考方法を表現しており、標準化、単純性、一方向性、予測可能性、効率性と生産性にもとづいた機械論的あるいは技術的モデルを反映したものになっている。アメリカ先住民の作家ヴァイン・デロリアによれば、こうした固定観念が、人間の築いてきた人工的環境の性質に反映しているという。

未開地は都市の街路や地下鉄、巨大ビル群や工場群へと姿をかえ、現実世界《リアルワールド》は都市の人間が住む人工的な世界へと完全に入れ替わってしまった。(……)人工的な宇宙に囲まれ、人々に注意を促す前兆は空模様や、動物の鳴き声、季節の変化ではなく、単純な信号の点滅や救急車やパ

トカーのサイレンとなり、都会人は自然の宇宙がどんなものか、想像もできなくなっている。

——『わたしたちは話し、あなたがたは聞く』(*We Talk, You Listen*)

人間は適応能力の高い生物種であり、自ら環境をつくりあげ、どのような物理的、生物学的条件が生じようともそれに適応してゆくことができる。多湿な熱帯雨林から乾燥した砂漠地帯、凍りつくツンドラ地帯そして風が吹きすさぶ草原にいたるまで、人間の生きてきた歴史はめざましい適応能力の物語でもある。こうした柔軟性は大都市の環境にもおよび、都市では物理的な必要性は十分満足されている。しかし、精神的には深刻なほど荒《すさ》んでいる。心理学者チェリス・グレンドニングによると、

肉体の滋養、活気あるコミュニティー、新鮮な食物、労働と意味のつながり、さまざまな経験ができること、個人的な選択やコミュニティーでの意志決定、そして自然界との精神的なつながりなどは、野生的な生活でならごくふつうに見いだせた充足感のよりどころだ。ところがテクノロジーを駆使した建築ではそうした源泉がむしばまれている。これらの条件は生まれながらにして満足されるべきものだ。こうした条件がなければ、われわれは健康ではいられない。喪失感とショックから、ドラッグや暴力、セックス、モノの所有やさまざまな装置を新たなよりどころとして、精神は一時的な満足感を求めることになる。

——「テクノロジー、トラウマ、そして野生」(Technology, Trauma and the Wild)(セオドア・ローザク、

（メアリー・E・ゴメス、アレン・D・カナー編『エコサイコロジー *Ecopsychology*』より）

■愛が人間をつくる

物質に基本的な性質として内在しているのが、愛の基盤とも考えられる相互の引力だ。母と子の絆から始まる愛は人間性を育む力であり、心身の健康の源でもある。人は愛を受けることで他者を愛し思いやる能力が生まれるのであり、このことは人間が社会的な生き物としてともに生きるうえでもっとも欠かせない要素だ。さらに愛は、人間という種を越えて広がる。人間には、他の生物との親和性が生まれながらにそなわっている。わたしたちが持続可能な未来を慎重に構想していくためには、愛と家族を経験できる機会、そして他の生物と出会える機会をその重要な柱としなければならない。

第8章

聖なる物質……自然にやどる精神性／霊性

もしも魂が手をたたき、うたうのでなければ、
その肉体の衣が裂けるたびにさらに声高くうたうのでなければ
——W・B・イエーツ「ビザンチウムへの船出」
（高松雄一訳）

基本的で、なくてはならない肉体的な必要性を満たすことは、人間の幸福の第一歩にすぎない。これまで見てきたように、愛や友だちづきあい、そしてコミュニティーを拒否することは、人間性を育むうえで深刻で致命的なダメージの要因となる。しかし肉体的条件や社会的条件を満たしたとしても、その先にはまた別の必要性がある。それは長期的な健康と幸福にとって欠くことのできない条件だ。他のすべての必要性を包みこむものであり、人生の一側面でありながら、非常に神秘的でもあるため、無視されたり否定されることも多い。つまり、わたしたちにはスピリチュアル（精神的・霊的）なよりどころが必要なのだ。空気や水と同じように、また愛や友だちづきあいのように、わたしたちは自分が属している世界について知る必要がある。

さまざまな天地創造の神話は、人間はどこから来てなぜここにいるかを教えてくれる。これらの物語によれば、まずはじめに水があった。それから空と火ができ、大地が生まれ、そこに生命が登場した。わたしたち人間がこの惑星の子宮からはい出してきたという物語もあれば、粘土と水から造られたり、小枝を削って造られたというものもある。また、種子と灰を混ぜあわせたり、宇宙卵《コズミック・エッグ》から孵化《ふか》したという物語もある。

いずれにせよ、人間はこの地球を構成している神聖な諸元素から造られた。そして現在の人間もこの地球によって育まれている。呼吸するたびにこの地球を吸いこみ、また地球を飲み、食べている。さらにこの惑星全体に命を吹きこんでいる火花も分かちあっている。創世の神話が教えているのはこうしたことであり、現代の科学によっても同じように説明される。

神話によれば、人間はさまざまな目的をもって生まれた。他のすべての生物と同じように、子供をたくさん産み、殖やすよう命じられている。また、創造主を祝福し感謝を捧げ、奇跡のような創造のわざの一つひとつに名をつけ大切にしなければならない。あるいは、ただそれらに呼びかけるだけでもいい。ホピ族の神話に出てくるスパイダー・ウーマンは、顕現《けんげん》した神ソトゥクナングにこう語る、「あなたの命じられたとおりに『最初の人間』を造りました。完璧で形もしっかりしています。配色もうまくいきました。命があり動きもしますが、話すことはできません。たしかに話す能力に欠けているのです。ですからあなたの手で、人間に話す力を与えてやっていただきたいのです。それから知恵と、繁殖の力も与えて下さい。そうすれば、人間たちは人生を楽しみ、創造主に感謝することになるでしょう」。

天地創造の物語は、人間が住む世界を生みだしあるいは再生する。この目に見える世界を創り、人間が生きていくうえで守るべき掟を示しているのである。天地創造の神話は信じられないほどおびただしく多様だが、「すべての始まり」の物語は、それを人生のよりどころとして生きる民族にとって、あらゆる物語のうちでもっとも神聖であり、他のすべての物語の起源となっている。神話はわたしたちが争いと矛盾に折り合いをつけ、首尾一貫した現実像を描き出すのを助けてくれる。それらは集団をまとめあげる民族固有の価値を構成し、一組の信念体系をなしている。現代のような懐疑的な社会においてさえ、わたしたちはこの神話の力を借りて生きている。神話は心の奥深くに根づいているため、そのリアリティーを疑うことはないのである。

神話は人間がどこから来たかだけでなく、その後の好ましからぬ成りゆき、つまり人間が故郷《ふるさと》から追放され、楽園から立ち退《の》かされたことも教えてくれる。多くの神話が、創世時の調和にみちた世界での居場所を失った過程を説明している。最初の男と最初の女が神のようになれると信じ、「善と悪を知る木の実」を食べた。プロメテウスは神にだけ許された神聖な火を盗み、人間は罰を受けることになった。

多くのアフリカの神話にも似た物語がある。「すべての動物は人間が何をやりだすかを見ていた。人間は火を作った。二本の棒きれをうまくこすり合わせて火をおこした。その火が茂みに飛び火し、さらに森を舐《な》めつくしていったため、動物はその火災から急いで逃げなければならなかった」モザンビーク北部のヤオ族の物語だと、人間が火を持ちこみ「心優しくおとなしい獣」を皆殺しにした。こうした残虐性のため、神々もこの地上から去っていってしまったのである。

ほとんどの神話体系にこうした物語があって、人間がどのように神に逆らい、ごまかし、自らを神に似せようとして天を侮辱してきたかが説明されている。他の生物とは一線を画した行動をとり、自ら神の意志から離反して調和を乱した。人間が凋落《ちょうらく》する神話はほとんどの文化に共通してあるのだから、この問題は特定の文化に関係するものではなく、人間共通の問題なのだろう。わたしたちは事態が悪化しつつある世界を生きている。どこを見ても紛争と悲劇があたりまえの世界で、ひとり孤独に混乱していることも多い。数々の神話は、この無秩序の原因を教えてくれる。

人間は地球上の他の生物と、どうしてこれほどまで違ってしまったのか？ 反抗的で喧嘩好き、野心があって貪欲——こうした性質が、わたしたち人間を自然界から引き離しているのだ。しかしこれはわたしたちが意識をもっているためなのかもしれない。意識とその創造物である文化は、人間の主要な適応手段だ。巨大な脳のおかげで、人間は繰り返しや類似性、相違を識別し、パターンを認識することができる。ここから歴史を学び将来を予測することができ、計画を立てられるようになったのである。人は自分の経験から学べるため、自分が同年齢だったころとくらべれば、より多くの知識を子供に教えることができる。さらに脅威に対しては、経験をもとに自ら判断し生活様式を変更して対応するため、人間の変化は生物の進化速度よりも速い。

（……）朝君のうしろから大股で歩く
君の影でもなく、夕方君を迎《むかえ》に出てくる

君の影でもない、違ったものを見せてやろう
一《ひと》つかみの骨灰で死の恐怖を見せてやろう
——T・S・エリオット『荒地』（邦訳・創元社〈西脇順三郎訳、原文は正漢字〉）

しかし意識には欠点もあった。時間を認識できるため、自らの起源と運命について理解できる。つまり人間は自らが死ぬ運命にあることを知っている。だから意識の中核である大切なこのわたし、わたし自身、自己が最後には消え去る運命にあるということが、いつも頭から離れないのである。

嘆きの涙で声を張りあげる。美しい花や気高い歌に別れを告げなければならないと思えば、胸が詰まる。しばらくの間だ、人生を楽しもう、歌おうじゃないか、永遠の別れをしなければならないのだから、いま暮らしているこの土地になきがらを埋める運命なのだから。

この大地に二度と生まれ変わることはできず、再び若返ることはないことが、どんなにつらく怒りがこみあげてくることか、友たちにならわかってもらえる。

ほんのしばらくはここで友たちと過ごせはするが、二度とこういう時はない。ともに楽しむことも、知り合うこともない。

わたしの魂はどこに住まうのか？　わたしの故郷《ふるさと》はどこなのか？　わたしの家はどこになるのか？　この世に生きる自分が惨めでならない。

とっておきの織物を手にとって広げてみる。黄色い花の上に青い花を重ねて編みこんである。

子供たちに持たせてやろう。
わたしの魂をたくさんの花の中でたゆたわせ、酔いしれさせてやろう。もう間もなく、すすり泣きながらわたしたちの母のもとへ向かわなければならないのだから。

——アステカの哀歌、マーゴット・アストロフ編『アメリカ先住民の散文と詩』(*American Indian Prose and Poetry*)より

死には一時的なものもある。地球が太陽を回り、それに合わせて季節もめぐる。人間はこのことから、自然界における死が再生の先ぶれでもあることを学んだ。おそらく神話におけるエデンは、最初に人間が進化した熱帯地域にあったのだろう。そこでは冬でも太陽が空からすべり落ちることはなく、空気はつねに暖かく湿り気があり、木々には見わたすかぎりどこまでもびっしりと果実がなっている。人類が温帯地域を越えてさらに分散して以来、落葉が舞い散るのを目にし長い冬を耐え忍ぶと、再び春がやってくることを知り、しかるべき儀式と供物を捧げた。しかし同時に、年寄りに元気がなくなり死んでゆくのをみとり、子供に急に先立たれ、愛する者を失う悲しみにも耐えてきた。自然の死とはちがい、人間の死は永久のものだ。シェリーは哀歌「アドネース」でこううたう、

ああ　悲しい!　冬はおとずれまた去ったが
悲しみはめぐりくる年とともにかえる
(上田和夫訳)

自然の時間は循環的でつみ重なっていくが、人間の時間は直線的で回帰しない。この自然の循環性と人間の運命の一回性との矛盾から、人間は永遠性や絶対的な存在、不変で時間を超越した存在を求める。それは自分の中にある本質的な自己、魂であり精神《スピリット》／霊だ。水や空気、エネルギーや食べ物がなく、他の生命も他の人間の存在もなければ、人は死ぬ。しかしまた、人間は、精神《スピリット》／霊という観念にも決定的に依存している。精神《スピリット》／霊をなくすことはまさに致命的であり、時と変化の中に溺れ、現在から終末までの猶予期間が容赦なく縮まってゆくのをただじっと見ているしかない。死とそこへいたるまでの時間は友人や家族、人生の喜びと幸福のすべてを脅かす。だからこそこのつらい思いを癒す精神《スピリット》／霊が必要となるのである。

「精神《スピリット》／霊」(spirit)は力強く、神秘的な言葉だ。英語の場合その意味は、見えない織物のように、あらゆる存在の階層に広がっている。以前の章でも述べたように、精神《スピリット》／霊は空気であり息でもある。さらに広がって人生や言葉という意味にもなる。それは水面をただよう神聖な創造の力であり、神性そのものすなわち部族の大霊や聖霊、森羅万象の神でもある。精神《スピリット》／(精)霊はうつろいやすく、目には見えず、強力で、不滅なものもある。人を陶酔させ、元気づけることもあれば、人に宿ったり取りつく場合もある。また、重要な問題の本質《エッセンス》を表現する場合もある。

なにより精神《スピリット》／霊は世界に命を吹きこみ、神聖な場にする。「精神性《スピリチュアリティ》／霊性」(spirituality)とはご存じのように、神聖なる存在、聖なる存在、神なるものを理解することだ。現代世界では、物質と精神は正反対のものとみなされるが、神話はまったく別の視点を教えてくれる。神話が描き出す世界には精神《スピリット》／精霊がすみずみにまで浸透していて、物質と精神はたんに世界の全体性の異なる側面にすぎない。つまりそれらは協同して「存在」を構築しているのである。

あらゆる文化が人間の能力を超えた力、死後の世界、霊《スピリット》の存在を信じてきた。さらに多くの文化では、人間とその現実を構成する自然界の周囲には生気に満ちた聖なる世界が存在すると信じてきた。世界を部分に分け制圧する脳のはたらきによって脅かされていた、世界との一体感や共生の感覚を、わたしたちはこうした視点の数々から取り戻すことができる。それらは、心身と世界の調和を回復し、わたしたち自身がその部分である世界へと再び足を踏み入れ、世界を祝福するための掟と儀式を教えてくれる。神話を生みだし混沌の中に一貫性を見いだす能力、意味を創りだすわたしたちの心の能力は、人間の意識という劇薬に対する解毒剤であり、死を癒してくれるものなのかもしれない。

■精霊の生きる世界

伝統的文化において人々は生気に満ちた世界を生きている。山や森、川、湖、風や太陽にはおのおのにそれを治める神がいる。また木や石ころ、動物には精霊《スピリット》が宿っている。死者やまだ生まれていない者の霊《スピリット》も、生きているものたちの世界で躍動し、終わることのない循環的な時間の中にあって永久に存在しているのである。こうした世界観では、人間の死を含めあらゆる死を、誕生、生、死、再生という自然の連続した過程の一段階にすぎないものととらえる。さらに人間はこうした創造のわざ全体の中において、生きている大地の創造的な意志にさまざまなかたちで参加する。つまり、人間独自の意識によって世界と自己を切り離すのではなく、逆に人間の方がひとつの意識をもった世界に属していると考えるのである。そのような世界ではすべての存在が連続的な創造の過程にあり、他のあらゆる存在と相互作用している。こうした世界観では、儀式によって過ちを正すことができ、精霊《スピリット》たちをなだめ、世界があるべき姿に展開していくようにできる。こうした儀式は、世界の創造に関わる者として人間がその責任をになっている（おそらく人間が原因となって起こる混乱が多いからだろう）。

ハワイの伝統的な世界観も、数限りなく存在する世界観の一例にすぎない。マイケル・キオニ・ダドリーがこうした信念の一部を要約してくれている。

> ハワイでは伝統的に、人間が生きているのと同じように、世界も生きているものと考えられてきた。また自然全体にも意識があり、ものごとを理解し行動することができ、人間と相互関係を結ぶこともできる。（……）ハワイでは、土地や空、海、そして人間の先達である自然界のあらゆる生物を家族として考えていた。つまり人間よりも早く進化の階段を登りはじめた、意識をもつ祖先と考えたのだ。こうした祖先らが人間の面倒を見、保護してくれたわけだから、こんどは人間が祖先に同じ行為（aloha'aina＝土地への愛）で恩返しをしなければならない。
>
> ――ロジャー・S・ゴットリーブ編『この聖なる大地――宗教、自然、環境』（*This Sacred Earth: Religion, Nature, Environment*）より

同じように、オーストラリア先住民にとって自分たちが住んでいる土地は神の力ぞえによって、

たえず再生されつづけている。彼らの先祖は「ドリームタイム」という時空を超越した創世の物語をうたった。そして生態学者デイヴィッド・キングスリーが記しているように、現代のオーストラリア先住民にも「再生と記憶の想起とによって、土地の神聖さを永続化させる責任」があり、代々受け継がれてきた同じ歌をうたう。オーストラリア先住民の女性は、神聖な場所を通過すると祖先の霊《スピリット》がからだに入り、それによって妊娠すると信じている。その霊《スピリット》はそのまま臨月まで成長し、人間としてこの世に生を享《う》ける。「つまり、すべての人間は本質的にその土地の精神《スピリット》／霊であり、その土地と永遠の強い絆で結びついている。男も女も土地の精神《スピリット》／霊が肉体化したものであり、ほんのつかのま人間の姿に身をやつしているのだ」。

オーストラリア先住民が人物の身元を知ろうとする場合、その祖先の霊《スピリット》がどの聖地に由来するのかを知る必要がある。「人はたんに生みの親の子というだけではない。人はまず第一に土地が肉体化したものであり、生まれた土地に深く根ざした霊的存在だ。土地の霊《スピリット》を身籠《みご》もるという信仰がはっきりと示しているのは、人間は土地に根ざした存在であって、その根を抜かれて生まれた土地の外部へ移されれば方向を見失い、病を患って最後には死にいたるということだ」（以上、デイヴィッド・キングスリー『エコロジーと宗教 *Ecology and Religion*』より）

あらゆる宗教は、自然と社会における人間の生きる場所について探求してきた。宗教は死や無秩序といった不可思議なものに説明を与え、神話と道徳的な教えが人間の世界と人間以外の世界とをつないでいる。ヒンドゥー教やユダヤ教、キリスト教、イスラム教などの現存する世界宗教も初期の形態では、こうした伝統的な世界観が示す世界に似た、生気に満ちた統一的な世界観を提示していた。老子は『道徳経』にこう記している。

何ものか一つにまとまったものがあって、天と地よりも以前に生まれている。（……）それは、この世界のすべてを生み出す母だと言えよう。

〈金谷治訳、『老子』〈講談社〉より）

しかし、世界宗教の中には何世紀ものあいだにその基調を変え、かつてとはまったく異なる世界像の展開と、その新たな世界での人間の位置づけを支持するものもあった。

■精神と霊性の疎外

もはや人間は原始的な存在ではなく、全世界も神聖ではなくなったようだ。聖なる森の大枝から光を奪い去り、高きところや神聖な流れのほとりから光を消し去った。わたしたち人間は、汎神論者《はんしんろんしゃ》から無神論者となったのだ。

——アニー・ディラード『石に話すことを教える』（邦訳・めるくまーる、引用は柴田訳）

西洋諸国は霊《スピリット》を追い払い、生き物が織りなす世界から逃げ出してきた。いまでは家族や血族、土地との肉体的、精神的／霊的な絆は忘れられ、おもに知識に頼って生きている。個人が他の個人に影響を与えて関係を結び、からだの外部にある命のない冷たい世界にはたらきかける。人間は知識を周囲の物質に応用し、都市、道路、トースター、ミキサー、コンピュータ、医療技術、クリップ、ライフル、テレビなどを生みだし、驚くべき物質文明を築きあげてきた。しかし、気がついてみるとわたしたち人間は互いの絆を断ち、孤独にさいなまれ、死の恐怖に怯えている。こうした状態を表現する言葉が、引き離されることを意味する「疎外」だ。わたしたちは世界のよそ者となり、世界の中での居場所を失ったのだ。

世界と訣別したことで、わたしたちは世界に影響を与え、世界から盗みだし、利用し、解体することもできるようになった。世界が他者であって、縁もゆかりもないものだからこそ、世界を破壊することもいとわない。人間は自ら引き起こした破壊に対して絶望と悲しみ、そして罪悪感を感じることはできても、自らの生き方を変えることはできないらしい。どうしてこうなってしまったのか？　信仰をなくしたためだろうか？　それとも信仰をなくしたことは、原因ではなく結果なのだろうか？　おそらくそれは、土地への直接的な依存から離れた人間社会の「近代化」による避けがたい結果なのだろう。

自然界から離脱する動きは、次々と現れた卓越した哲学、つまりこの文明をかたちづくってきた思想によって可能になった。こんにちではそのような思想があたりまえのものとなってしまい、それがたんなる観念（つまり再考や修正、放棄が可能なもの）であるとは考えられず、現実そのものと思いこんでしまっている。この人間特有のひどい堕落、楽園からの追放の起源については、多くの哲学者がプラトンとアリストテレスに由来するものと考えている。プラトンとアリストテレスは観念的な原理としての世界を経験世界から分離すること、つまり知と身体とを分離し、人間をその生息地である世界から分離することを強力におしすすめた。その過程で哲学者たちは、実験科学への礎《いしずえ》を築いたのである。

ガリレオは、自然の言語は数学（人間が発明した抽象的な言語のひとつ）でできていると考え、デカルトがこの言語を強力に後押しして近代世界が登場した。デカルトの有名な人間存在の定義「考える故に我あり」によって、世界と人間の関係の新たな神話が完成した。人間は思考する存在（世界で唯一の存在であり、これが人間存在のすべて）であり、人間以外の世界は測定が可能なもの（あるいは思考の対象）の集まりとなった。それ以来人間は、主体と客体、心と身体、物質と精神といった二元論的な世界に生きるようになったのである。そこでは脳による識別・分類の能力が世界を牛耳っている。

わたしたちも二元論的に物事を考える。そのことをさしてウィリアム・ブレイクは、「心を縛る枷《かせ》」と呼んだのだが、精神によるこのような抽象的産物は、一見当然にみえ、疑う余地もないと思われるほどのものとなって世界の見方をつくりあげ、世界の視点を限定してしまったのである。

ユダヤ教のラビ、ダニエル・シュワルツは語る。

昔々——とはいってもおとぎ話や子供への寝物語というわけではない——自然に関する知識は現在よりずっと少なかった。ところが昔の人々は、現在よりよっぽどよくその世界を理解していた。自然界のリズムにとても近いところで生活していたからだ。
だが多くの人々は伝統的な理解のおよばない、はるか遠くへとさまよい出し、ずっと昔の自然との親密な関係からも遠ざかった。先祖にとっては軽視などできなかったことを、わたしたちは真面目にとりあわなくなった。季節がめぐり、洪水が襲い、虹がかかり新月がめぐる世界から、人間は自らを引き離してきた。その喪失感が身にしみていながらも、さっさと道を引き返すことができず、世界との絆を再発見する純真な心にもなれない。しがらみが多すぎるのだ。

――「ユダヤ人・ユダヤの言説・自然」(Jews, Jewish Texts and Nature)(ロジャー・S・ゴットリーブ編『この聖なる大地――宗教、自然、環境』より)

この分断された二元論的な世界では、一人の人間は頭脳をからだに閉じこめたものと規定される。わたしたちはこの身体、この皮膚の層が自己という領域の限界と考えている。わたしがこの世界で動かしているわたしという人間とはそういうものなのだ。周囲の事物に囲まれ、さまざまな開口部や神経終末から匂いや味、視覚といった感覚をメッセージとして受けとる。それによって外部の世界を知ることができ、また危険な誤解をしていたことが判明する場合もある。

このように身体を機械とみなす発想が出てきたのは人類史上ほんの最近のことだが、そこから身体の限界を解放するテクノロジーが生みだされてきた。身体という機械にさらに機械を組み合わせて能力を高め、移動速度を増大させ、機械としての身体のパワーとセンサーの感度を増幅し、外部の世界にはたらきかけていったのである。心が身体の内部にあるというのは、機械の中に幽霊《ゴースト》が存在するようなものだ。わたしたちの文化は、人間がそういう存在だと教えている。そしてわたしたちもそれがあたりまえで、ごくふつうの現実の姿と受けとめているのである。詩人リチャード・ウイルバーの詩はウイットに富んでいる。

この世界の牝牛の乳搾《しぼ》り。搾るついでに、
牛の耳にぼそりとつぶやく、「君は実在してないのだよ」。
――「認識論」(Epistemology)

このような身体観に囚われたままだと、もっとも恐れている事態、すなわち肉体とともに死すべき運命が待っている。現代医療が最善をつくすというのも、これと同じ文化的な世界観であり、同じ穴のむじなだ。つまり、医学も分断された二元論的な世界で機能している。現代医療にとってはこの道にそって進むうえでの、いかなる限界や境界もあってはならないものだ。医療の至上命題とは、「為しうることはすべて為さねばならぬ」というものだ。

医療にとって、生物学的な限界とは征服すべき課題なのだ。一キログラムの未熟児が生存できるようになれば、〇・五キログラムの未熟児でも助けられる可能性が出てくる。外科手術によって乳児の先天性欠損を治療できるとすれば、その技術を応用して胎児への手術も可能になる。帝王切開による分娩、ホルモンによる排卵誘発、人工授精、胚移植。こうしたあらゆる技術が、科学者である医者を、生殖と発生という人間のもっともプライベートな過程における指揮者に祭りあげる。また人間の一生のもう一方の端では、老化を病気ととらえがちだ。器官や組織、遺伝子系統の障害など、つまるところ機械の故障とみなされるのである。そしてひとたび老化を異常とみなすようになれば、高齢者は尊敬に価する名誉ある人生の先達ではなく、厄介者扱いされる恥ずべき存在となる。トロント、ヨーク大学の環境学教授ニール・エヴァーンデンはこう述べている、

「意味の風景」が「事物の風景」にとってかわられたというのは、おそらく史上はじめてのことだろう。ルネッサンス以前、人間は他の生物とともに、質的に多様で、いたるところがかけがえのない場所であるその世界に自らの位置を占めていた。ところがルネッサンス以降になるとはじめて、そうした場所はすべて同一とみなされるようになり、変質させ利用するうえでさしさわりのない物質と化したのである。環境からあらゆる価値の痕跡を削りとり、それを自我の裁量にのみ従わせることで、われわれはこうした〔物質的〕世界観にいたった。その結果、個々の人間という存在が大きく強調されていく一方で、環境はむなしく色あせていったのである。

――『生まれながらの異邦人』(*The Natural Alien*)

肉体はやがては衰弱し死ぬ運命にある。機械は摩耗するのである。肉体が死ねば、そこに宿る霊《ゴースト》も消える。このような結論は死がわれわれの運命だからではなく、死についての考え方によるものだ。個人は互いに離れればなれになれば、身体的な限界を越えて連絡をとろうとする。永遠の絆を求め、個人である自己の周囲に世界を描き出し、そこにコミュニティーをつくりあげてそれを維持しようと苦闘する。

自然界から分断されたわたしたちは、孤独で、破壊的な性質と罪の意識をもつようになった。と

ころが、わたしたちの環境破壊の解決手段なるものもまた、自然からの分離と孤立化を生みだしたまさにその知識の枠組み内で考えられている。「自然を救え」というスローガンも経済的に意味があるからであって、人間の病を治療できる薬効をもつ物質が自然界に存在する可能性があり、その可能性を実現することが「自然的正義」とさえ言われるからだ。こうした議論はすべてデカルト的世界像に由来する。知識を世界に応用し、世界を観察し、分析し、計量するのである。つまるところこれらはすべて知識をめぐる議論なのであって、議論には必ず勝者と敗者が存在する。

分子生物学者ジャック・モノーはこう述べる、

この峻厳にして冷静な思想は、いかなる説明も提示せず、しかもあらゆる霊的な糧への欲望を禁じ断念させるものであるから、とうてい先天的な胸苦しい不安を鎮めることができず、それどころか、ますますそれをかきたてるのである。この思想は、人間性そのものに溶け込んでいた数十万年来の伝統をひと掃きで消し去ろうとした。それは〈人間〉と自然とのあいだの物活説的旧約〔太古からのアニミズム的な契約関係〕を告発し、この貴重な絆の代わりに、冷えきった孤独な宇宙のなかでの胸苦しいまでに不安な探索を、あとに残すだけにしたのである。

――『偶然と必然』〔邦訳・みすず書房、渡辺格、村上光彦訳、訳文は邦訳より引用、〔 〕内は柴田が註記〕

科学的方法とは、西洋世界の物の見方を洗練したものであり、うつろいやすい個人的体験にみられる混乱や見当違いを完全に払拭したうえで（それができるとわたしたちは教えられている）、生命の誕生からその終焉におよぶ世界を理解しようとする。現代科学はこうしてとらえた世界像を検証し、それを再現してみせるわけだが、そのさい自然をバラバラに腑分《ふわ》けして調査探求しておいてから、すべての事象をありのままに含んだ、簡明で合理的かつ抽象的なシステムにもう一度組み立て直せると思いこんでいる。わたしたちは意識をもつことの危険性を胸にかかえこみながら、意味と価値が抽象化された世界へ自らを追放してしまったのかもしれない。それと同時に、傷を癒してくれる過去の儀式や供物を捧げることも拒否してきたのである。

しかし現在の文化にも、この地球に人間の手が入らないまま残された部分の開発や入植を考え直そうとする気運が見えてきた。自然との精神的・霊的な和解の試みについてもさまざまな形がみられる。水晶の効果を信じ、惑星の動きに助言を求め、ときには新興の宗派などの求めに服し、古い宗教を新しいかたちで復活させようとし、巡礼に旅立ち、聖地に集う。「超自然現象」や「超常現象」の探求も含めこうした動きは、多くの人が心の奥深くで地球との一体感とこの惑星に生きる目的を渇望していることの現れだ。神学者と生態学者は、来世というよりも、いまこの場で聖なるものを認知する必要性について深く考えはじめ、故郷《ふるさと》である森羅万象の世界へと人間が帰郷するのを助けようとしている点で、ともに共通の基盤を見いだしつつある。

■楽園への帰還

自らの存在理由がわからなくなったのは人間のみだ。人間は（……）自らのからだや五感や夢に関する奥深い知識を忘れてしまった。

——レイム・ディーア（デイヴィッド・マイケル・レヴィン『存在に関する身体の記憶——現象心理学とニヒリズムの脱構築 *The Body's Recollection of Being: Phenomenal Psychology and the Deconstruction of Nihilism*』より）

有機質や生物体の本能的反応の中には何百万年にも亙《わた》る祖先の経験が蓄積されており、身体の機能の中には血肉となった知識が生きており、この知識にはこの世に関するほとんどすべての情報が含まれている（……）
——エーリッヒ・ノイマン『意識の起源史（下）』（邦訳・紀伊國屋書店）（林道義訳）

わたしたちはどうすればかつての「世界」に戻り、その世界の精神性／霊性を取り戻し、聖なるものを祝福することができるのだろう？　心理学者デイヴィッド・マイケル・レヴィンは、人間はテクノロジーによって、身体に刻みこまれた知恵を切り捨ててきたのであるから、まず身体性に回帰することから始めなければならないと考える。人間が紡ぎあげてきた物語は、分裂と混乱の中から意味と秩序を編みあげてきた。ところがとくに西洋世界の物語では、真理の源泉から人間の経験が排除された。抽象的で普遍的な原理からなる「客観的実在」の方が、日常的に経験する雑多な感覚的世界よりも妥当で正確だとされたのである。しかし、この感覚的世界はまさにわたしたち人間自身が属する世界であって、わたしたちのからだにしみ通っているし、その感覚世界をわたしたちはたえず創造し再生してもいる。

世界が現実にはどんなに「主観的」なものであるかは、ちょっと考えてみればわかる。夏の盛りに庭を歩き、あたりがどのように動き変化するかを観察してみればいい。植物たちはめいめいの歴史を教えてくれる。どこからやってきて誰が庭に植え、どう成長し、どのように生き残ってきたか。庭の植物にはあなたが意識的につくりだし維持した関係性が濃密に含まれていて、時空に展開する意味の場をなしてもいる。他にも花壇にはいろいろな意味があふれている。うまく育っているよとか、ひょっとすると除草や剪定《せんてい》がまだ終わっていないぞと叱られるなど、花壇が直接あなたに語りかけてくるのだ。あるいはまた、この庭という世界の他の部分との関係を反映していることもある。葉の色が変わっていれば、それは土壌の化学成分の変化を示しているか、あるいはカビや菌類など他の生物が寄生しているのかもしれない。アリはたえずボタンのふっくらとしたつぼみの上をウロウロしている。それはボタンの花にどんな影響があるのだろう?

庭師である人間も含め数多くの生物が、意味の場を生みだし、それを維持している。チョウや鳥、昆虫、土壌中の生物が自分自身の領域で動き回りはたらきかけ、相互に作用しあっている様子は、一途でひたむきで美しい。この美しさが「客観的実在」だろうか? もちろん違う。しかしそれもまた、実在する世界なのだ。

人間の身体を意識が作用する対象とみなすならば、身体は意識と共存するものとなる。身体には、わたしたちが知覚しうるあらゆるものが含まれている。身体は、星の彼方へも延び広がれるのである。

——アンリ・ベルクソン（デイヴィッド・マイケル・レヴィン『存在に関する身体の記憶——現象心理学とニヒリズムの脱構築』より）

経験に耳を傾け、自然の精霊《スピリット》を再び指先に招き寄せれば、意識というものを問い直すことができる。つまり意識を知識の中に閉じこめておくのではなく、他者への思いやりの場、庭と会話を交わす場とするのである。生態学者のジョセフ・ミーカーによれば「人類の行う会話とは、命あるあらゆるものに浸透した自然の過程と心身とを親しく結びつける、開かれたたゆみない対話」なのだ。どんな対話においても他の存在に深く心を向けることが必要であり、ミーカーはこう考えている。

世界と上手に対話する方法を学ぶには、まずわたしたちのからだや、この惑星を共有している他の生き物がたえまなく発しているメッセージに注意深く耳を傾けることから始めるといい。今も変わらず最上の対話とはつねに、「わたしはここにいるよ、あなたはどこにいるの？」という、古くからある深淵なテーマにもとづいたものだ。

——『大地にこころを向ける』（*Minding the Earth*）

ひとつぶの砂にも世界を
いちりんの野の花にも天国を見

（*手のひら）

きみのたなごころ*に無限を
そしてひとときのうちに永遠をとらえる
——ウィリアム・ブレイク「無心のまえぶれ」（寿岳文章訳）

わたしたちは死から逃れたいと願っている。だからこそ死ぬ運命にある身体を退け、身体と周囲の世界とのコミュニケーションを拒み、抽象的で永遠の知を求める。しかし科学もまた神話と同じように、不死なるもののありかを教えてくれている。それはわたしたちが属するこの世界、人間をつくりあげている物質だ。物質は死なない。前にも述べたように、物質ははかない一過性の存在ではない。姿をかえ、時空を移動し、ある形態から別の形態へと変化しても、決して消滅することはない。

これとよく似た、変化の中の不死性をわたしたちは知っている。それは数百万もの身体をとおして示される——曾《そう》祖父から受け継いだ頭の形、女性の魅力的な身のこなし、別れぎわに手を振ること、挨拶のときに笑みを浮かべる唇の曲線。これらは遠い昔から変わることなく受け継がれてきたもので、人間が永遠に存続するための遺伝的、社会的方法だ。しかし、個々人を構成している物質は姿を変え、人間の遺伝的な世界や社会的な世界をも越えて広がってゆく。人それぞれをつくりあげている物質は、周囲の世界とのあいだを行き来しているのである。トマス・ハーディは「変身」で、この終わることのない過程を素朴なことばで表現している。

このイチイの木の一部は
祖父の知りあいだった男だ、彼はいま
ここの根もとに抱かれている
この枝は彼の妻かも知れない
血色のよい　ひとりの女の命が
いまは緑の枝に伸びた姿。（……）
だから、この人たちは地下に居るのではなく
葉脈として　細管として　地上の空中に
生《お》い育つもののなかにあふれている、
彼女らは太陽と雨を肌に感じ
かつて彼らをあのような男に、女にしていた
あの活力を再び感じ取っている！

（森松健介訳）

この夫婦は死んだ物質ではなく、神経や血管、五感やエネルギーとして生きている。いまでも、この地球という意識ある存在の一部なのである。身体を取り戻せば、周囲の世界が再び生き生きと動き出し、神聖な森にも精霊《スピリット》が戻ってくる。

●ある死亡広告——一九九四年五月八日●

「父カー・カオル・スズキは五月八日安らかに永眠しました。享年八五歳。遺灰はクァドラアイランドの風に撒《ま》く予定です。生前故人は、日本の自然崇拝の伝統に大いなる力強さを感じていました。死の直前には『わたしは自分が生まれた自然へ戻る。魚の一部となり、木や鳥となる——それがわたしの生まれ変わりだ。味のある充実した人生だった。後悔はない。わたしはお前たちの記憶の中に、そして孫たちの存在をとおして生き続けることになるだろう』と語っていました。」

■生態学的《エコロジカル》な世界観

世界についての新しいとらえ方が生まれてきている。ばらばらになった対象の集まりではなく、関係性の集合として世界をとらえるのである。それが生態学《エコロジー》だ。わたしたちは一本の木といえば、土の上に突き出した茶色の幹と緑色の葉のみを考えがちだ。根までは想像できたとしても、木の大部分を見逃している。木のまわりを動く空気、木の中を流れる水、木の生命源である太陽光、木を支えている大地、これらすべてが「木」という全体を構成しているからだ。

木の発育を促す昆虫や栄養素の吸収を助ける菌類、その他その木に関連するあらゆる生物も「木」の一部なのだろうか? それとも目に見える確固とした部分だけが「本当の」木なのだろうか? その木はひとつの過程、あるいは関係性やつながりとしても存在しているのではないだろうか? その答えは言うまでもない。実際の木と区別のつかない物質で木の実物大模型を作ったとしても、人の目をほんの少しでもごまかすことはできない。人間はそれを見れば、どちらが本物なのかすぐにわかる。「木」とはわたしたちの文化で考えられている以上の存在なのだ。最近では生態学者が科学の言葉を駆使して、世界をさらに充実した表現で描き出している。

木はモノというより、代謝のリズムや組織化する力の中心と言ってもいいかもしれない。蒸散は水と、そこに溶けている物質の流れを上へと導き、土壌からの水分の吸収を促す。木の外観よりむしろこの点に注目すれば、木は水を引き寄せる力の場の中心と考えられるだろう。(……)重視すべきなのは、木としての存在に必要な力の配置であって、(……)外観にこだわっていたのでは、木そのもののありようが見えなくなってしまう。

——ニール・エヴァーンデン『生まれながらの異邦人』

木のように身近なものを新たに定義し直すと、最初は奇妙な感じがする。しかし、その新たな定義が述べているのは、木の形態だけではないことがわかる。森はそこに生えている木のことだけを意味しているのではない。人間と世界は皮膚の境界を越えて互いに交わっているが、木の新たな定義もそれと同じことだ。わたしたちが学んできた「世界を規定する方法」がわざわいして、理解したことを言語では表現しつくしきれない。わたしたちはこの世界に帰属し、世界によってつくりだされ、さらに自らの知識を超越した方法で世界と対話しているのだ。

ああ、マロニエの樹よ。巨大な根を下《おろ》し、花を咲かせるものよ。
お前は葉か？　花か？　それとも幹か？
ああ、音楽に合せて揺れ動く肉体よ。ああ、きらめく眼差《まなざ》しよ。
どうして踊り子を舞踏と区別できようか？
――W・B・イエーツ「学童たちのあいだで」（出淵博訳）

世界は庭ではないと言われるかもしれないし、一枚の葉に思いをよせることはエレベーターやワクチンを発明した人間の発想法ではないかもしれない。たしかに人間が生みだした「世界」は類いまれな空前の発達を見せ、それは抽象化とパターン認識という脳の驚異的な能力によって築きあげられてきた。ところが、この「世界」には生存に欠くことのできない要素が抜け落ちていることがわかった。精神《スピリット》／霊という、全体性と関係性との概念が欠けていたのである。

人間はつねに自らの能力を超える力の存在を信じてきた。死後の世界やわたしたちに宿る霊《スピリット》（神聖な存在）といったものだ。しかし現代文化が語る物語にこうした信念は登場しない。だからこそ神聖な存在と出会うという経験は妨げられ、切りつめられ、人生は痛々しいものになった。その結果はじつに殺伐としたもので、価値も存在も否定されている。しかし注意深く見てみれば、いまでもわたしたち自身の中で、また周囲の環境で、原初の物語が語られていることがわかるだろう。さらに精神《スピリット》／霊を抜き取られた現代文化にでさえ、わたしたちはこの物語を聞くことができるのだ。

■語りかける精神《スピリット》／霊

天よ、喜び祝え、地よ、喜び躍れ
海とそこに満ちるものよ、とどろけ
野とそこにあるすべてのものよ、喜び勇め
森の木々よ、共に喜び歌え
主を迎えて。
主は来られる、地を裁くために来られる。
主は世界を正しく裁き
真実をもって諸国の民を裁かれる。

——詩篇九六・一一〜一三（新共同訳聖書より引用）

詩篇は大地のうたを詩に託している。大地の声を言葉にすることは、人類が誕生して以来、人間に任されてきたわざである。わたしたちは自分自身のことを語り、歌をうたい、儀式や詩に大地の声をのせてきた。反復、リズム、韻《いん》、身振り、踊り、そして言葉。これらはわたしたちが自らの経験を声に出して語り、経験に一貫性をもたせる手法であり、人間が他のあらゆる存在と関わりをもっていることを示す方法でもある。発話や動作のかたちを反復し繰り返すことで、乱雑さの中から意味をかたちづくり、地上に生命をつくりだし維持している循環的で相互依存的な過程——つまりわたしたちもその一部である生命の織物——を模倣し、自ら表現しているのである。死を免れない直線的な時間にかわって、ダンスと詩によって円環を描き出し、世界のリズムに身を任せるのである。

> 死すべき者である人間たちは、土地の本質的な姿である大地の導きに従って飛び跳ね踊る。死すべき者である人間たちは、力のリズムに合わせて飛び跳ね踊る。それは足元にある無限の大地から湧き出るリズムだ。ダンスがうまくなれば身のこなしも晴れがましくなる。みんなで祝い感謝を捧げる。死を免れないことを承諾した証として、自我を大いなる力に委ね、人間の知の基盤である全能の大地へと返すのだ。
>
> ——デイヴィッド・マイケル・レヴィン『存在に関する身体の記憶』より

人間の言語は神からの贈り物であって、それは神の言葉と同じく創造の道具でもあった。本章の冒頭でも述べたホピ族の神話で、スパイダー・ウーマンが「最初の人間」のために「話す力」と「知恵」と「繁殖の力」を要求したときにも示されていたことだ。創世記の神も、アダムに「名づける能力」を授けている。

> 主なる神は、野のあらゆる獣、空のあらゆる鳥を土で形づくり、人のところへ持って来て、人がそれぞれをどう呼ぶか見ておられた。人が呼ぶと、それはすべて、生き物の名となった。

――「創世記」二―一九（新共同訳聖書より引用）

名づけることでアイデンティティーが生まれる。名前は価値と機能を定め、事物に生気を与え、個別の存在とする。いろいろな意味でわたしたちは名前そのものでもある。騒々しい部屋の向こうから名前で呼ばれれば自分のことだとわかるし、自分の名前を表す文字が、なぜか自分自身のような気がするものだ。言語は、存在と意味の世界を紡いでいるのである。

しかし、このことは諸刃の剣でもある。森を「木材」と呼び、魚を「資源」と、原生自然を「原材料」と呼べば、結果的にそれに手を加えることを許すことになる。破壊的な林業が、「大規模伐採とは一時的に草地にすることにすぎません」と宣伝したりする。定義は物事を定め、特定し、限界づけ、それが何であり、また何でないかを示す。定義づけは、人間の脳がその偉大な分類の力をふるうための道具だ。それと対照的に詩は、総合的にまとめるための道具、物語るための道具だ。詩はもっと多くの意味をこめ、より多くの物事を包みこもうとして定義の境界を揺るがし、特殊性のうちに普遍性を見いだす。詩は言葉のダンスであり、意味以上のものを生みだし、周囲のあらゆるものに新たな名と意味を与えてくれる。

わたしが飲むのは脳の奥深くの意味だけだ
鳥も草も石ころも飲んでいる
あらゆる物を流れにのせて、

あの四つの元素にまで向かわせるのだ
水と土と火と空気まで
——シェイマス・ヒーニー「最初の言葉」(The First Words)

詩が生まれて以来、詩人や歌人は心身の分裂と戦い続けてきた。からだと精神／霊《スピリット》とが永遠に手を携えて世界を生き続けるその感覚をうたってきた。詩は断片化した人間、死すべき運命にある人間、満たされぬ欲求をもつ人間を引きつけては、存在の憧憬《どうけい》へと導く。言葉を紡ぎ、意識の矛盾を解消し、話されてはまた消えていく言葉(空気のように実体がなく、息のように消えゆくもの)をとらえては、永遠へと結びつける。

目には見えない力があり、高められた思いが
喜びとなってわたしの心をかき乱した。それは
はるかに深く浸透した何ものかに対する崇高な感覚で、
それが存在するのは落日の光の中であり、
円《まる》い大洋であり、新鮮な大気であり、
青空であり、人の心の中であった。
それは湧き起こる衝動であり、精神であり、
思考する主体と、思考の対象すべてを促し、

万物のなかを駆けめぐる。

――ウィリアム・ワーズワース「ティンターン修道院上流数マイルの地で」〔訳文は『対訳ワーズワス詩集』（岩波書店、山内久明編）より引用〕

デカルト的世界観によって西洋ががんじがらめになると、詩人や作家、哲学者は反撃にうってでた。自然との個人的な体験を武器にして、事物を抽象化する科学原理に立ち向かったのである。十八世紀の終わりから十九世紀初頭にかけてイギリスとヨーロッパ本土では、ロマン主義運動が傑出した詩を生みだした。当時も現在も感傷的で反理性的だと軽視されることも多いが、ロマン主義の優れた詩作は、わたしたちの常識となった知識を根本的にくつがえし、攻撃をしかける。ブレイク、シラー、ワーズワースといった詩人は人間の知覚のリアリティーと重要性、そしてその知覚がもたらす絶大な洞察力の存在を強く訴えた。

芸術家というものは自らの作品を、自然が生みだした作品のようなもの、自然のたえまない創造の過程に似たもの、さらにそれらとまったく同じものと考えている。ゲーテによれば、「偉大なる芸術作品」とは「山なみや川のせせらぎ、平原がまさにそうであるように、自然による創作」なのだ。ヴィクトリア朝時代の偉大な科学者トーマス・ハクスリーはそれを逆から表現し、「生きている自然は機械装置ではなく」、「それは詩である」とした。また画家パウル・クレーにとっては森羅万象が絵画の源泉だった。「わたしはあらかじめ自分自身を宇宙の中に沈みこませ、周囲の存在と親しくつき合い、この地上のあらゆる存在と兄弟のような関係をつくる」

多くの伝統社会において芸術とは実際的なものであり（大きな力をもっているため）、生命のもつ必要性と分かちがたいデザインであって、人々は屋根を支え住居を守る柱に彫刻をし、癒しのために儀式をとり行い、雨乞いの踊りを舞い、砂絵を描く。こうした芸術活動は宇宙の設計《デザイン》を視覚化したものであり、人間と大地を結ぶ太い糸でもあった。しかし現代社会は、こうした本質的価値を芸術からはぎ取ってしまった。金銭的価値が本質的な価値にすり替わった場合もある。ヴァン・ゴッホの「アイリス」をめぐる入札合戦やバレエの高額チケットがいい例だ。また、芸術の目的や過程には何の価値もないなどと公言される場合もある。子供たちの遊びや、兵士の行進曲、寝物語、砂の城（これはもっとも矛盾した存在で、潮が満ちてくれば崩れ去ってしまう要塞）のようなものだというわけだ。

芸術はたんなるゲームや遊びにすぎないのかもしれない。しかしじつは、そこにはもっと本質的なもうひとつの真理があることをわたしたちはよく知っている。世界はまさに遊び以上のものでもそれ以下でもない。世界とは、生命と物質と精神《スピリット》／霊が共演するゲームなのだ。わたしたちもこのゲームに参加し声をあげて、ゲームの語り部となる。言葉を発せば、意思を通わすことができる。歌をうたえば、世界の創造の調べに自ら加わることができるのである。

■精神《スピリット》／霊の力によって生きる

生態系にしっかりと根ざした倫理体系を築くことが、わたしたちの次の重要なステップとなる。まず第一に、このわたしたちの人生のもつ痛切な矛盾に折り合いをつける必要がある。わたしたちが誰であって、どこから来て、何のために存在するのかを本当は「知って」いても、そのことを重視していない。現代の文化はそのような気づきを否定したり隠蔽しようとしたりする傾向があり、そのためわたしたちは真理が精神《スピリット》／霊を体現したものではなく「客観的」なものだと思いこみ、世界から疎外され不安になる。

原材料と資源、モノを作るための死んだ物質でできた世界には、神聖な存在など何もない。だから聖なる森を切りひらき、荒廃させ、あげくは木もただの物質だから問題はないと言い張るのだ。これは数百年前の奴隷商人が彼らの〝商品〟に「人間本来の感情」はないと言っていたのと何ら変わらない。研究の名のもとに大量の実験動物を犠牲にしてきたのも同じことだ。殺虫剤が湖や川を汚染し、海から魚が消え、熱帯雨林は煙と消えてゆく。それは近代の人間があやつる強力な言葉から生み出された世界の姿であり、わたしたちが態度を改め、新たな物語を紡ぎださなければ、今後もこの殺伐とした世界を生きてゆくほかはない。

【経済的価値を超えて】

ノーベル賞は経済学者にも授与されるが、経済学者はわたしたちに関係するあらゆるものに経済的価値を押しつけようとする。たんに労働や財物だけではなく、家族、離婚、子供、愛や憎しみといった人間関係にまで経済価値を押しつけるのである。こうした現象は、経済学が現代生活を支配しているのであって、何ものもその力にはかなわないという思いこみを助長することになる。しかし、どんなにドルやセントの計算をしたところで、決して金では買うことのできない大切なものが数多く存在する。わたしたち一人ひとりがそうした宝物を携えているではないか。なつかしいラブレター、曾《そう》祖父母や大好きだった叔母が身につけていた装身具、子供時代の思い出がいっぱい詰まったスクラップブック。

不動産屋は地価が急騰しているからといって、家を売らないかとせき立ててくる。それでわたし自身も自分の家や、家をつくりあげているものの価値について考えさせられることになった。わたしの家があるこの区画は海に面していて、イングリッシュベイやバンクーバーのダウンタウンが一望でき、さらにウェストバンクーバーとノースバンクーバーの先には山々が連なり、すばらしい眺めが広がる。しかし、わたしにとって本当に大切なものは、経済的な価値を超えている。

門の取っ手は、わたしの大の親友が一週間滞在してフェンス作りを手伝ってくれたときに手彫りで作ってくれたものだ。この門を通るたびに、友のことを思う。またわが家で毎年収穫しているアスパラガスとラズベリーは、義理の父がわたしの好物だと知って植えてくれたものだ。義理の父が丹誠をこめたイングリッシュガーデンは彼の誇りであり、わたしもそこにたたずんでは思いにひたる。義父が庭に立ち、パイプをくわえながらスコップに足をかけている様子が目に浮かぶ。

愛犬のパシャが亡くなったときにはハナミズキの根本に埋めてやった。娘がハムスターやサンショウウオなどのなきがらを近所で見つけてきてはお墓にしていた場所だ。ハナミズキの樹上にはツリーハウスが乗っている。自分で何時間もかけて楽しみながら作りあげたもので、子供たちがそこで遊ぶ様子を楽しく見守りながら、さらに長い幸せな時間を過ごした。家の裏門にはクレマチスのつるがからんでいる。母が亡くなったときには彼女の遺灰をクレマチスのまわりに撒き、姪が死んだときも、その遺灰を彼女のお婆ちゃんの上に撒いた。いまではクレマチスが紫色の花をつけると二人がそばにいるようで、母と姪を亡くした悲しみを慰めてくれる。

家の中では、タラとわたしが結婚したときに父が作ってくれたキッチンキャビネットを今でも使っている。わたしたちはアパートの部屋からそのキャビネットを救出してきた。それは父とわたしたちの懐かしい思い出だ。妻のことや一緒に楽しんだ誕生日やクリスマス、感謝祭の思い出が家じゅうに詰まっている。

不動産市場では、こうした宝物が詰まっているからといって家の値段はびた一文も上がらない。それでもわたしにとっては、それらがあるからこそ自分の家なのであって、金になど替えられない価値がある。こうして話していることはわたしの心や記憶、わたしの経験の中にしか存在しないものだが、それらはわたしの人生を豊かで意味あるものにしてくれている。そこには精神的な価値がある。経済学者にはこの価値を方程式に組みこむことなどできない。しかしこの価値は金やモノと同じく現実的で、どんな大金やモノよりもはるかに大切なものなのだ。

・・

わたしたちはみな、自分にとって一番大切なものは何なのかをよく知っている。それは愛する人であり、生活している場所だ。「ぬくもりのあるところがわが家なり」という言葉が、こうした切実な真実をとらえている。また、自分がもっとも恐れているものは何かについてもよくわかっている。それは別離、喪失、排斥、仲間外れ、そして究極的な追放である死だ。わたしたちの精神性《スピリチュアリティー》／霊性は、生活している土地に適応してゆくための力としてもっとも重要なものなのかもしれない。それは聖なる存在に接し、ひとつにまとまって無秩序化に抵抗する手段となっているのである。

地球のさまざまな文化における信仰と儀式のかたちとその多様性は、われわれの生命が存続するために進化の力が生みだした信じがたいほどすばらしい手段のひとつだといえるだろう。この生態系の中に人間をしっかりと包みこんでいた古き時代の世界観に完全に立ち戻ることはできない。あまりに多くの力が介入してきたためだ。しかしもっとも古い問いかけに戻り、自分の姿をよくよく見つめることで道は開けてくるかもしれない。

人生の意味は何か？ 生きることそのものがその意味だ。なぜわたしたちはここに存在するのか？ それはここに存在するため、そしてこの場に属し、わたし自身であるためだ。世界では多くのことが生起する。水が循環し、土壌が形成され、マッシュルームが育ち、バクテリアが生まれ、金や花崗岩ができ、電磁波が生じ、クリの木が伸びていく。そしてわたしたち人間をつうじて、世界は意識をもつ。（かつてはとてもよく理解されていたことだが）わたしたちにはこの大地と対話ができ、それは双方向的でお互いにとって創造的な営みなのである。そのことがわかれば、感覚をとぎ澄ましてこの意味に満ちた世界へと一歩をふみ出さずにはいられないだろう。

これほどがむしゃらに
生き続けていなければ、
そして一度でも休息をとったならば、

おそらくはとてつもなく大きな沈黙が
この悲しみを止めに入ってくれるだろう
自分自身を理解できず
自らを死に追いやっているこの悲しみを

――パブロ・ネルーダ（ロジャー・S・ゴットリーブ編『この聖なる大地――宗教、自然、環境』より）

第9章 聖なるバランスの回復へ

川や渓谷、小川や森に湿地、貝や魚たちの物語を聞かせてほしい。わたしたちがいるこの場所のことを、どうやってここに来たのか、わたしたちの役柄と役割の物語を。物語を聞かせてほしい。わたしの物語であると同時にみんなの物語でもある、わたしに関わるすべてのものについての物語を。この谷にわたしたちを呼びよせ集めた物語、そこに住む人間たちと谷のすべての生き物を結びつけてくれる物語、昼にはこの丸い大いなる青空の下へ、夜には星空の下へと集わせてくれる物語を。

――トーマス・ベリー『地球の夢』（*The Dream of the Earth*）

人間はまだ幼い生物種で、生命の織物から進化してまだ間もない。しかし人間はすばらしい種でもある。景色を眺め、木々におおわれた渓谷や氷に包まれた北極圏の山の美しさに霊的な高揚感を覚え、星降るような天空を見上げては畏怖心に圧倒され、聖なる土地に入れば崇拝の念で満たされる。自然の美や神秘、不思議を脳が認識し表現することで、人間は地球に特別の贈り物をそえることになった。

しかし、二十世紀になって人間のとほうもない発明の能力と生産性が爆発的に伸びていったことで、人間は自らが属している場所への関心を失ってしまった。この技術による驚異的な力を調節し正しく方向づけるには、古代の美徳を取り戻す必要がある。謙虚になり、学ばなければならないことがたくさんあることを知り、尊敬の念をもって自然を守り回復すること。愛のまなざしを次の選挙や給与明細、株式配当のことよりも遠い水平線に向けるのだ。とりわけわたしたちはこの地球の生物として、自然界への畏敬の心を取り戻し、他のあらゆる生命と調和を保って生活してゆく必要がある。

人間の知識には根本的で深刻な限界があること、そして自らの粗野で強大なテクノロジーがもたらす破壊的結果を認識できるようになれば、それは人間の成熟の証となるだろう。それは政治や行政によって人工的に区分けされた地域に注目するのではなく、自然が描き出す生態系、すなわち山脈や分水界、谷床、河川や湖の水系、湿地など、自然がかたちづくったまとまりに目を向けられる知恵がそなわってきたしるしでもある。

魚類、鳥類、哺乳類、森林といった地球全体にわたる生物の盛衰は、各地に固有の敬うべきリズムを反映している。地球に生命の灯をともし、いまもその燃料を供給し続けている「元素」である空気、水、土、エネルギーそして生物多様性はとくに神聖な存在であるから、それにふさわしく接し、取り扱わなければならない。自らの無知を認め、野生を管理したり自然の力を制する能力がなく、生命をかたちづくっている宇宙の力を把握することすらできないと告白しても、屈辱に感じることはない。限界を理解し、そのことを謙虚に受けとめられるようになれば、それは知恵のはじまりであり、自然界の秩序における人間の居場所の再発見につながる希望が見えてきたということだ。

人間も他の全生物を支えているのと同じ生物的・物理的な要素に依存しているのだから、生物全体を「管理する」責任があるなどと考えるのはあまりに荷が重すぎるというものだ。他の全生物の目をとおして世界を見れば、人間の破壊的な道のりの起源がわかり、人間が「管理者」などではないことにも納得がいくだろう。三八億年以上も生存してきた生物の織物には、自らを管理できるだけの十分な知恵がある。地球の生命維持システムを試行錯誤しながら管理するかわりに、一人ひとりが生態系におよぼす影響を管理することなら誰にでもできる。

最初の大きな問題は、自然へのはたらきかけ方を知ることだ。個人的また社会的な変革をめざして役に立ちたいと思っている人は多い。ところが専門家のあいだで矛盾する意見が多かったり、マスコミがスローガンばかりを際限なく繰り返すため、次第に困惑を感じるようになっている。

わたしたちはもはや人間が生まれつき共通にもっている感覚や、年長者の知恵を信用していない。北米・ニスカ族の偉大なる指導者ジェームズ・ゴスネルに、最初に大規模伐採を見たときの感想をたずねてみた。ゴスネルは「息もつけなかった。大地の皮膚を剥《は》がされたようだった。大地にあんなことをする人間がいるとは信じられなかった」と答えた。ゴスネルも多くの人と同じように、かつて原生林だった広大な領域を伐採することが生命そのものに対する侮辱であることを深く理解していた。

ゴスネルは、こうした行為は神への冒瀆だという自らの良識を信頼しているわけだが、わたしたちの方は林業の「専門家」が「しばらく格好悪いように見えるだけで、すぐに緑でおおわれるようになる」と言われて安心していたりする。こうした専門家はたんなる植林地のことを「森林」と言い、「森林」には動物が繁殖するようになり、一〇〇年以内に木材を切り出せるようになると言う。さらに自信をもってそれが「本来の造林の仕事」だと主張する。しかしわたしたちは心の底では、そうでないことがわかっている。その思いこそが真実なのである。

小川がまっすぐに矯正《きょうせい》され、河岸はコンクリートで墓のように固められているのを目にしたとき、使い捨ての製品を使うとき、分子が体内に吸収されずに通過していくだけの、ニセモノの脂肪でできた食品を食べるとき、ヒツジや人間のクローニングのニュースを聞いたとき、あるいはブタを使って人間に移植するための臓器を生産する話を聞いたとき、それが正しくないことは直感的に理解できる。ところがこうした疑念を表明すると、たいてい「感情的すぎる」と言われる。そうした問題への関心が感情的なものになってしまっては、その関心じたいが無駄になると言わんばかりだ。また、わたしたちには判断を下せるような専門知識がないと言われることもある。しかしそういう場合は自分の直感を信頼し、専門家にその事例を検証するように強く訴えるべきだ。

■わたしたちに何ができるのか？

この地球史上重大な転機にあたって、わたしたちは間違った問題のとらえ方をしている。「どのように負債を減らすか？」あるいは「グローバル経済の中で自らのニッチをいかにして開拓するか？」ではなく、「何のための経済なのか？」「どれだけあれば満足なのか？」と問うべきなのだ。人生に喜びと幸福、心の平和と満足感を与えてくれるのは何なのか？　大量生産経済がおそろしく効率的に市場に注ぎこんでくる過剰な商品は、幸福や満足への道を開いてくれるのだろうか？ あるいは人間と人間以外の生物との関係は、もはや人生の重要な核とはならないのだろうか？ 現在この地球上のどこでもお目にかかれるような食品や商品の画一性は、多様で予想外の変化にとむ「自然」にとってかわりうるものなのだろうか？

わたしたちは、みなが直面している現実の問題を忘れてしまっているのではないだろうか。環境とのバランスを取り戻すための、議論の余地のない条件を満たしてゆくこと。そのことを実行に移さなければならないのだ。わたしたち一人ひとりにも、できることがたくさんある。ここにあげるのはほんの一例にすぎないが、考え方や生き方を変えるうえでは非常に実践的な手段だ。

●あふれかえる情報を批判的に読みとること。その情報源を注意深く確認すること。石油産業や林業会社あるいはタバコ産業など既得の利権をもった業界が出資している組織であれば、信用できない可能性がある。こうした団体のスポークスマンは、環境保護に貢献した経歴を逆手にとって信用を得ていることが多い。しかし、キリストを裏切った後で「信じて下さい。わたしは最初の弟子の一人なのですよ」と言ったところで、ユダの信用が戻るわけもなかった。ＮＧＯや草の根運動がこれほどまでに信頼を勝ちとってきた理由は、その動機がはっきりしていたからだ。巨額の富や市場シェア、権力を狙っているのではなく、彼らは持続可能なコミュニティーや子供たちの未来、きれいな環境や原生自然の保護のために活動しているのだ。

●自分の良識と、情報を判断する能力に自信をもつこと。「ナショナル・インクワイアラー」のような大衆紙に掲載された記事と「サイエンティフィック・アメリカン」「ニューサイエンティスト」「エコロジスト」などの雑誌に発表された情報は別物だ。「ウォールストリートジャーナル」（米国）や「グローブ・アンド・メイル」（カナダ）あるいは「オーストラリアン」といった新聞の記事は企業寄りのバイアスがかかっていることを理解したうえで読まなければならない。書籍にも強力な反環境運動的バイアスのかかったものが多い。そのくせ主張の客観性とバランス感覚を強調しているのである。こうした多くの書籍を反証し白日の下にさらした秀逸な一冊として、ポール・エーリックとアン・エーリックの『科学と理性に対する裏切り』（*Betrayal of Science and Reason*）は必読だ。

●「憂慮する科学者同盟」による一九九二年の声明「世界の科学者から人類への警告」（World Scientists' Warning to Humanity）〔「憂慮する科学者同盟」のホームページは、巻末三五七ページの情報を参照〕で示された、地球生態系の危機の深刻さを納得のゆくまで熟読すること。「専門家」として誰を信用すればいいのか迷う必要はない。近くのお年寄り、この世界の一角であなたが住んでいるその近所で、過去七〇〜八〇年間生活してきた人たちに聞いてみるだけでいい。空気や他の生き物について、水のことや近所、コミュニティーのことについて昔を思い出してもらうのである。どんなふうにお互いに面倒をみたり、話しあったり、一緒に楽しんでいたのかを聞いてみよう。お年寄りは、わずか一世代のあいだに生じたとほうもない変化について聞かせてくれるだろう。あなたがしなければならないことは、お年寄りが体験した変化の速度を未来に投影し、今後数十年で何が残されることになるかを理解することだ。進歩とはこういうものなのか？　現在の暮らし方は持続可能なのだろうか？

●心を遠い未来へ向けてひらき、子供や曾孫《ひまご》たちに遺産として残していくことになるものの問題点を考えてみること。将来の空気や水、土の質はどうなるのか？　子供たちはどんな食物を食べることになるのか？　未来の子供たちが楽しめる原生自然はどのくらい残るのか？　有害物質による汚染や森林伐採、気候変動といった問題を緩和する努力をいま真面目に行わないで、わたしたちが残した惨状を未来の世代は克服することができるだろうか？

●現在もっとも広く受け入れられている思いこみについてよく考え直してみること。現在わたしたちがたどっている破壊的な道は、多くの誤った思いこみがもたらしたものだ。

——多くの人が人間は特別な存在であると信じている。そして人間の知性によって自然界から人工的な環境へと高められたと考えている。しかし、人間にとって空気、水、土、エネルギー、生物多様性は絶対的に必要なのだから、そうした仮説は嘘であることがわかる。

——科学とテクノロジーが自然を管理する知識と手段を提供し、それらによって生じた問題の解決法も発見できると信じている者も多い。だが、テクノロジーは強力だが自分の目的を達成するだけの粗野な道具だ。科学は世界の見方を断片化させたため、わたしたちは人間の活動と技術の応用がどんな悪影響をもたらしたか、それを理解するための背後の文脈が見えないでいる。

——経済が強くなってはじめて、美しい環境を実現する余裕も出てくると信じている者もいる。しかし現実は正反対だ。わたしたちに命と生活を与えてくれているのは生物圏なのだ。人間とその経済は自然環境の範囲内で、自らの居場所を見いださなければならない。無限の経済成長が必要かつ可能だとする考え方は、有限の世界に生きるあらゆる生物を道連れにする自殺行為だ。

——おそらくは三〇〇〇万種もある種のひとつにすぎないにもかかわらず、人間は、全地球は自分の自由になるものと考えている。政府や業界の官僚的に細分化された部署が天然資源を管理してくれるものと考えている。さらに環境アセスメントや費用対効果の分析によって、人間活動の影響を最小にできると考えている。他にもまだたくさんあるが、どの仮説も批判的に分析すれば崩れ去るものばかりだ。しかしそれらが問題にされることはめったにない。

●あなた自身と生命の織物とのあいだの絆について考えること。道路一本向こうの店へ行くのに車を使うと地球にどんな影響を与えるだろう? 一時的には流行しているがすぐに廃《すた》れてしまうような服を買った場合、本当の費用とメリットはどうなのだろうか?

●自分にとって本当に必要な物事の優先順位を決めること。生活するために絶対に必要な物や、充実感が得られ幸福になれるものを順序づけする。それには、ごく基本的な質問に答えていくようにすればいい。ショッピングは、愛する人といっしょに過ごすことよりも大切ですか? もっとお金を稼ぎ、大きな車や最新テクノロジーの機器を手に入れることが、実際にあなたの生物的、社会的、精神的必要性を満足するために必要ですか? あなたやあなたの子供さん、子供たちのお孫さんにとって、コミュニティーや公正さ、原生自然そして種の多様性には価値がないのですか?

本書では、人間には議論の余地のない必要性の段階が少なくとも三つあることを示そうとしてきた。第一のレベルはきれいな空気、清浄な水、汚染されていない土壌や食物、エネルギーと生物多様性など、人間の生物学的必要性を満たす要素のグループだ。これらの基本的条件が満たされていないとすれば、どんな犠牲を払ってでも直ちにそれらを満足させなければ人間に未来はない。

第二のレベルは人間の社会性からくる必要性だ。充実した豊かな人生にするには何よりも愛が必要であり、その条件を満足させる最善の方法は安定した家族とコミュニティーをつくることだ。また、自分の可能性を最大限に伸ばすためには、有意義な雇用と公正さ、そして安全性が確かなものとなっていなければならない。そうでなければわたしたちの人生は不自由で不完全なものになってしまう。

そして最後のレベルが精神的・霊的な存在としての必要性のレベルである。人間の理解と制御を超えた力がこの宇宙には存在し、人間は地球の生命全体と不可分の存在であって、たえまない創造の過程に組みこまれていることを知っておかなければならない。これらの必要性の階層すべてを満足してはじめて、社会はそのメンバーに充実した満足感と機会をもたらすことができ、真の持続可能な社会が築けるのである。

●暮らしの中でわたしたちの基本的な必要性を満たす方法についてよく考えること。つまり経済と、生物圏という現実世界とをつながなければならない。空気と水の浄化、植物の受粉、浸食と洪水の防止、表土の形成など、自然が提供してくれる「サービス」の年間費用を概算してみれば、それこそ数十兆ドルにもなるだろう。真の地球経済をうたうのであれば、これらのサービスも計算に入れねばならない。経済成長が進歩の定義だとする考え方は自殺行為だ。生態学者ポール・エーリックの言うように、有限世界での無限成長などはガン細胞のかかげる信条であって、それに固執していれば結果は破滅を意味する。

人間活動のネガティブな結果を回避するには、パイプの末端ではなく「パイプのおおもと」をどうにかしなければならない。つまり汚染や気候変動などの環境問題を回避しようとするなら、問題が起きてから解決するのではなく、まず第一に問題の原因を未然に防ぐことだ。今後、人間の生産と活動の費用を見積もるには、生態学的な費用とともに自然からしぼり取ってから廃棄するまでの費用、いわゆる「揺りかごから墓場まで」の費用の計算も含めなければならない。現在の経済の手法では、こうした多くの関連費用が無視されている。

●地域コミュニティーの活気と多様性を守ること。将来へ向けてもっとも大きな安定性と回復力をもつであろう社会の単位が、この地域コミュニティーだ。共同体は地域への帰属意識、仲間と支援、目的と意味を、個人にそして家族に提供してくれる。地域コミュニティーでは歴史と文化を、そして価値と未来を分かちあう。ある先住民コミュニティーが林業会社から「一〇ヵ年伐採計画」を示されたとき、その企業に「五〇〇年伐採計画をもって出直してこい」と言ってその計画を突き返したが、驚くにはあたらない。こうした大局的な見通しができるのは、その土地に深く根ざし、その場所に関わってきたコミュニティーだからこそだ。

わたしたちが期待するようなこうしたコミュニティーのサービスを、基本的必要性という土台をふまえて、どのように提供すればいいのか？　短期間での資源浪費や、産業動向からくるにわか景気と不景気の波をともに回避したいコミュニティーでは、長期的に安定した雇用の選択肢を準備し、グローバル経済と市場動向の不確実性の影響をなるべく受けにくい環境を提供しなければならない。さらに地域の資源と人材から、生活に不可欠のさまざまなサービスを提供する必要がある。重要なのはこうした地域コミュニティーが活気を保てるように支援することだ。個々の地域コミュニティーが力強いものでなければ、モザイク模様をなす地球上の全コミュニティーを救うことなどはまず不可能だ。

地域コミュニティーを支援する方法をわかりやすくまとめれば――「地域のものを購入し、地域の旬のものを食べ、地域の人材を雇用し、地域で働き、地域で楽しみなさい」。
●地球の全存在と新たに絆を結びなおすことから始めよう。地球との絆そしてコミュニティーを祝福する儀式やお祭りを行い（あるいは再発見し）、本来の完全な世界観を再び創造する。その基盤になりそうなお祭りはたくさんある。感謝祭にハロウィーン、作物の実りや水、その他地方の特別な産物を祝う季節ごとのお祭りもある。
●活動に参加すること。長い目で見るなら、持続可能な生活には価値観の基本的な転換が必要になる。しかし価値観の大きな転換のためにはまず行動を起こさなければならない。実際にやってみることが重要なのだ。そうした実践をつうじて人は学び、明確な社会参加意識をもつようになる。
もっとも表面的かもしれないが重要なのは、資金面で環境団体を支援することだ。ほとんどの団体が乏しい予算でやりくりしており、ほんのわずかな寄付でも大いに役に立つ。近くの環境団体を調べて、自分の価値観と合うような組織がひとつでも（あるいはいくつも）あれば支援しよう。また、ボランティアをかって出ることだ。環境団体だけでなく、家族とコミュニティーの必要を満たすことに関わっている有意義な団体もたくさんあるから、そのうちの一団体でボランティアをしてもいい。ほとんどのNGOはボランティアの力に依存している。他のボランティアと出会い、活動をすることは楽しく、また同時に教育的意義も大きい。自分の財団「デイヴィッド・スズキ・ファウンデーション」についても、参加してくれているボランティアの数と質の高さには驚いている。わたし自身も財団創設以来ずっとフルタイム・ボランティアをつとめているが、自分の人生でもっとも充実した、報われることの多い活動のひとつになっている。ボランティア活動には人類と未来の利益のために働いているという実感がある。とくに目的を共有できる仲間と出会い、その目的を達成するために一緒に働くことができれば、ボランティアはじつに大きな楽しみとなる。

「運動の成果など、どうしてわかるのですか?」とあきらめのため息をつきながら「どうしろというのですか? わたしたちはとるに足りない存在です」と言う人と出会うことがある。未来がどうなるかは誰にもわからないのだから、あきらめることは言い逃れと同じことだ。たしかに一人ひとりはとるに足りない存在でも、そうした人間がたくさん集まれば、現実的な力になる。わたしにとって活動への参加で報われるのは、いつか自分の子供の目をまっすぐに見つめて「精一杯頑張ったよ」と言えることだ。

そう、わたしは父が教えてくれたことを信じている。人の価値は何を言うかではなく、何をするかで決まるということだ。すべての人が一所懸命に努力し、そして幸運に恵まれれば、子供たちを安心させることができるだろう。子供が怖い夢に目を覚ましたときによくしていたように「もうだいじょうぶだよ」と言ってやれるようになるだろう。しかし、いまはまだ、それほど自信をこめて言うことはできない。

●家庭での生活をできる限り生態系に優しくするように努力すること。「三つのR」reduce(削減)、reuse(再利用)、recycle(リサイクル)の中で、reduceが現在もっとも重要な行動指針になる。まずは、使い捨て商品は便利だという観念を捨てることだ。「使い捨て」は忌避《きひ》すべき言葉にし、「リサイクル可能」より「再利用可能」を優先しよう。現在の経済の大部分は、買って最初はウキウキしてもすぐに飽きてしまい、放り捨ててしまうような安物のアクセサリーや無駄な商品の消費にもとづいている。商品が増産されるのは、本質的な人間の必要性を満足させるためではなく、市場でのシェアを獲得しなければならないからだ。だからこそ、消費者としてわたしたちは不買運動で抵抗の意志を示すべきなのだ。

ただしここで言い添えておきたいが、持続可能な世界が、暗く単調で、味も素っ気もない世界である必要はない。持続可能な世界においても実際の人間の必要性を満たすために役立ち、さらに耐久性、リサイクル可能性、省エネ型で生態系への影響も少ないという原則をとり入れた商品を生産すればよい。わくわくする魅力的な商品を設計するまえにまず、これらの原則を必ず考慮すべきだということだ。

人間の生物的、社会的、精神的・霊的な必要性を満たせる生活が、なにも痛みや犠牲に満ちている必要はない。面白味もないつまらない人生、味も素っ気も笑いもないような人生である必要はない。愛する人たちと語りあい、むつまじく過ごし、ともに仕事や活動をしながら過ごす時間は、新製品を手に入れるつかの間の喜びやヴァーチャル・リアリティーで感覚を麻痺させることよりよっぽど楽しい。

●生活様式を変えるための簡単な方法はたくさんある。健康にもいいし、お金もそれほどかからず、地球の健康にもいい方法だ。ほんの常識的なことで、二世代前までは誰に言われずとも当然のようにやっていたことだ。この指針にしたがって行動すれば、地球を肌で感じながら暮らせることがよくわかる。

――商品を買う前に「これは本当に必要か?」と考えること。

――可能な限り公共交通機関を利用すること。

――一キロぐらいなら歩くか、自転車など車以外の手段を利用すること。

――紙は表裏両面を利用すること。

――子供にはゴミの出ないお弁当をつくってやること。

――地球に優しい生活をするうえで役に立つヒントが出ている書籍はたくさんある。一冊購入してみて、その本が薦めることからまず始めてみる。

●生産システムを設計中の産業は自然の事例を参考にする。自然界では、ある生物の排泄物を別の生物が利用している。太陽に由来するエネルギーを利用して成長し繁殖する植物の場合も、多くの寄生生物や草食動物を養い、枯れてもなお他の生物の食物となっている。さらにその有機物が土に戻り、将来の植物を育む。これと同じように原材料を使うならば、形を変えてもう一度利用し、終わりのない循環を形成できるのである。精製加工をし、製造して販売し、利用して捨てるという一方向的な発想から、自然界の循環にみられる円環的な発想へと考え方を変えるべきである。

●自然の中へ入っていくこと。自然は敵ではなくわたしたちの故郷《ふるさと》だ。実際、自然がわたしたちを支えてくれているのだし、誰のからだにも自然が内在している。あらゆる生物は親類であり、人間とともに生物圏に属している。戸外へ出ればすぐに気づくのは、人間の狂乱的なペースや日程とはまったく違うリズムと計画が存在することだ。顔にあたる雨や風、土と海の匂い、澄み切った大気の向こうにのぼる満天の星、あるいは無数の動物が移動するその壮大さに魅せられる。こうした体験がわたしたちに、「不思議なものへ関心をよせる感性《センス・オブ・ワンダー》」と興奮を呼び覚ます。誰もが子供のころ感じた、世界の秘密を知ったときのあの感覚だ。自らの故郷《ふるさと》である自然界と心の調和が保たれることで、安心感と世界への共感が生まれてくる。

●環境への罪悪感にさいなまれないこと。たしかに「環境への罪」を犯せばがっかりくるし、つらいことだ。でも誰かのTシャツに書いてあったように、「完全な者なんていない」のだ。わたしの場合、車の利用を劇的に減らした。しかし飛行機に乗る機会が多く、一回のフライトごとに膨大な汚染物質と温室効果ガスを放出している。赤身の肉は止めたが魚は食べている。つまりわたしは環境に一〇〇パーセント優しいとはいえない多くの罪なことをしながら生活しているわけだ。

しかしいまもっとも重要なのは、意見を交換し、みんなが地球への影響を減らす方向で頑張っていることを広く伝えることだ。持続可能な生活が実現するようにインフラを整備し、最後には政治的な最優先事項を変えていくような社会支援のしくみを創りだすためにみんなが頑張っている。いまはそれが重要なのだ。

> のっぴきならない立場になるまではためらいがあり、引き返す機会もあって、いつになっても役立たずで、何を始めるにも（生みだすにも）心配が先に立つ。（……）すべてをなげうつ決心を

した瞬間に、神の導きも見えてくる。腹を据《す》えた者には、ふつうなら決して起きないような、ありとあらゆることが生じてきて道が開ける。（……）何をするにせよ、夢見るにしても、まず始めることだ。大胆であることは才能であり力であり魔法でもある。さあ、いまこそ始めよ。

――ゲーテ（P・クリーン、P・コメ『平和――夢ひらくとき』より）

■まとまれば圧倒的な力になる

読者が未来への希望を失わないように、ここで人類学者マーガレット・ミードの言葉を聞いてみるのもいいだろう。「小さなグループではあっても、思慮のある明確な問題意識をもった市民が必ずや世界を変えることになる。実際これまで世界を変えてきたのもそうした力の集まりだったのだから」

ソ連が消滅し軍事競争が終焉し、ベルリンの壁が崩壊し二つのドイツがひとつになり、あるいはまたアパルトヘイトがなくなりネルソン・マンデラが釈放され、南アフリカの大統領になるなどと声高に主張すれば、一九八五年当時なら、まともじゃないと思われただろう。しかし、その後一〇年とたたないうちに想像もつかないことが起きた。しかもほとんど流血もなかった。希望も捨てたものではない。信じられないことが必ず起きる。何が決定的な要因になるかは誰にもわからない。

アメリカ合衆国副大統領だったアル・ゴアは彼の重要な著書『地球の掟――文明と環境のバランスを求めて』（邦訳・ダイヤモンド社）で、高く盛り上がった砂山の物理的性質に関する研究結果を例にあげている。砂粒を一粒ずつ積もらせていくと、砂山はある臨界点までは高くなるが、臨界点からさらに砂を一粒加えると山は崩れて地滑りが起き、大変動が生じる。これは一人ひとりの個人が突如として常識を覆し、社会活動を一変させうることの良いたとえである。この臨界点がいつ訪れるか、どの一粒がとほうもない変動を引き起こす最後の一撃となるかは誰にも予測できない。新たな世界へ向けて努力をしている個人や個々のグループあるいは組織は非力でとるに足りない存在に見えるかもしれないが、個人や団体がまとまれば圧倒的な勢力となる。

一九七二年、国連がはじめて環境世界会議を召集したとき、環境問題に取り組んでいる政府機関は世界中でわずか一〇ヵ所にすぎなかった。それが現在では一三〇ヵ所以上存在する。最初の世界会議に集まったのは実質的にすべて先進工業諸国の代表だった。こんにちでは、あらゆる発展途上国に多くの草の根運動やNGO環境グループが存在する。インドネシアだけでも一〇〇〇以上のグループが活動し、ブラジルからマレーシア、日本そしてケニアでも草の根運動や環境グループが、持続可能な生活様式を求めて活動を展開している。

現在では環境問題をテーマにした雑誌や定期刊行物（たとえば「アース・アイランド」「ワールドウォッチ」「エコロジスト」「ウトネ・リーダー」〈*Utne Reader*〉）がこうした活動を取りあげていて、数千とは言わないまでも数百件のレポートが掲載されている。環境関係の賞も制定され、毎年「ゴールドマン賞」や国連環境計画（UNEP）の「グローバル500賞」、日本の旭硝子財団による「ブループラネット賞」などが数百件の価値ある活動を表彰している。こうした動きが、「変化は起きる」という現実的な希望の土台となっている。

世界中から寄せられる数千もの報告によれば、国家レベル、県・市町村レベル、企業やグループレベルで前向きな動きが生じている。しかしもっとも意義深いのは、個人が立ち上がらずにはいられなくなっていることだ。一人ひとりの行動は地域のみにとどまらず、まさに地球全体に影響が及んでいく。

以下、完全にわたしの個人的な選択になるが、わくわくさせてくれる多くの環境活動のごく一部を紹介しよう。わたしたち一人ひとりが地球の未来に関してどれほど大きな力をもっているかがわかるだろう。

■地球サミットを人々の記憶に刻んだ、ある子供の講演

小さい子供がそれらを導く。

――「イザヤ書」一一―六

もし戦争のために使われているお金をぜんぶ、
貧しさと環境問題を解決するために使えば、
この地球はすばらしい星になるでしょう。
私はまだ子どもだけどそのことを知っています。

――セヴァン・カリス＝スズキ、一二歳　一九九二年六月、リオデジャネイロの地球サミットにて

（『あなたが世界を変える日』〈ナマケモノ倶楽部編・訳、学陽書房〉より訳文引用）

ブラジルの熱帯雨林にあるアウクレの村へ、家族で一〇日間訪問したのは一九八九年のことだった。娘のセヴァンはそのとき九歳、サリカが五歳。村から飛行機で帰るとき、川を汚染し河岸を破壊する金鉱業者による採掘跡が見えた。農夫は作物を育てる土地を求め、苦しまぎれに森を焼き払う。セヴァンはアウクレの新しい友だちの将来が不安になり、バンクーバーに帰るとすぐにECO《エコ》（子ども環境運動、Environmental Children's Organization）というクラブを立ち上げた。一〇歳の少女五人が熱帯雨林の美しさを声にしはじめた。熱帯雨林に住む動植物や人々のことを語り、彼らを守る必要を訴えたのである。やがて少女たちは教室に招かれ講演をするようにもなり、地域ではちょっとした話題になった。

一九九一年になると、セヴァンは一九九二年六月にリオデジャネイロで開催される地球サミットにECO《エコ》も参加したいと言い出した。この会議には史上最大規模で各国の首脳が一堂に会することになっていた。「会議で大人たちはみんなわたしたちの将来のことを話すんでしょ？　それなら、わたしたちがお目付役として必要よ」とセヴァンはせがんだ。わたしはお金がかかるとか、リオは汚染がひどいし危険だとか、おまけに子供の話なんて聞いてくれないぞと言って、無理やり反対した。わたしの方はその話のことはすぐに忘れてしまった。すると、二ヵ月後セヴァンは、誇らしげにECO宛に寄付された一〇〇〇ドルの小切手を見せびらかした。セヴァンが自分の夢を話したアメリカの慈善家からの贈り物だった。

妻のタラとわたしも、地球サミットに集まる人々に子供の思いを聞いてもらうのは重要なことだと気づいた。それでわたしたちは、クラブが調達した寄付と同額を提供すると申し出た。大変な仕事にもめげず、少女たちはサンショウウオのアクセサリー（エコ・ゲッコー）を作って売りはじめ、古本を売り、クッキーの即売会を催した。そうこうしているうちにもう一人の慈善家の関心を引き、あのラフィの目にもとまった。子供たちには有名なシンガーだ。二人は気持ちよく寄付をしてくれた。最後にＥＣＯ《エコ》はイベントを開催してスライドでＥＣＯの目的を発表した。そして、驚いたことにＥＣＯは一万三〇〇〇ドル以上の寄付を集めたのである。わたしたちの援助資金を加えれば、五人の子供と三人の大人がリオへ行くのに十分の金額だった。

ＥＣＯはある青年たちのグループの援助で三つの新聞を発行していて、その新聞もリオへもっていった。地球サミットにＮＧＯとして登録し、「グローバル・フォーラム」〔訳註・「地球サミット」で政府間本会議とは独立して、ＮＧＯが運営した討議・行事の場〕では何百ものグループとともにブースを並べた。写真やポスターでディスプレイの準備をし、例の新聞とＥＣＯのパンフレットを配り、多くの人に話しかけた。まもなく記者とテレビカメラが、カナダからやってきた五人の少女の取材にやってきた。カナダ環境相ジャン・シャレストもうしろに報道陣を引き連れて現れた。そして最後にユニセフのアメリカ局長ウィリアム・グラントが少女たちの話を聞き、「地球サミット」事務局長のモーリス・ストロングに、セヴァンを本会議の演説に招くことを強く勧めると、ストロングは段取りを決めた。

セヴァンは当時一二歳。ＥＣＯの他のメンバーの意見も入れて講演原稿を書き、本会議が行われるリオ・チェントロへ向かうタクシーで何度もリハーサルを繰り返した。セヴァンの講演は最後で、大きな会議場は数百人の代表を飲みこんでいた。講演はこんな内容だ。

まだ子どもの私には、この危機を救うのになにをしたらいいのかはっきりわかりません。でも、あなたたち大人にも知ってほしいんです。あなたたちもよい解決法なんてもっていないっていうことを。(……)

私の国でのむだづかいはたいへんなものです。買っては捨て、また買っては捨てています。それでも物を浪費しつづける北の国々は、南の国々と富をわかちあおうとはしません。物がありあまっているのに、私たちは自分の富を、そのほんの少しでも手ばなすのがこわいんです。(……)

あなたたち大人は私たち子どもに、世のなかでどうふるまうかを教えてくれます。たとえば、争いをしないこと、話しあいで解決すること、他人を尊重すること、ちらかしたら自分でかたずけること、ほかの生き物をむやみに傷つけないこと、わかちあうこと、そして欲ばらないこと。ならばなぜ、あなたたちは、私たちにするなということをしているんですか。(……)

父はいつも私に不言実行、つまり、なにをいうかではなく、なにをするかでその人の値うちが決まる、といいます。しかしあなたたち大人がやっていることのせいで、私は夜になると涙が出ます。あなたたちはいつも私たちを愛しているといいます。しかし、いわせてください。もしそのことがほんとうなら、どうか、ほんとうだということを行動でしめしてください。

〔セヴァン・カリス＝スズキ『あなたが世界を変える』より訳文引用、一部原文を参考に柴田による変更あり〕

心のこもった講演に会議場は感動に包まれ、講演の内容はまたたく間に広まった。地球サミットの閉会式ではモーリス・ストロングがセヴァンの言葉を引用し、各国代表たちの心にサミットに集った意味を刻みこんだ。

ヨットで世界を一周したとき、人々が海をゴミ箱代わりにしているのをこの目で見てきた。家に帰るまでには行動を起こす決心ができていた。まず手始めは裏庭ともいえるシドニー港からだった。

――イアン・キアナン、著者の取材より

■イアン・キアナンと運命のヨットレース

イアン・キアナンはオーストラリアのシドニー出身で、環境運動に旋風を巻き起こした人物だ。このプロ・ヨットマンの人生は一九八六～一九八七年にかけて一変した。一一ヵ国二四名が競う世界一週単独ヨットレースに参加したときだ。キアナンの二〇メートルのヨットでの四万二〇〇〇キロメートルにおよぶ航海は、米国ロードアイランド州のニューポートからはじまった。大西洋をわたって南アフリカのケープタウン、さらに南極大陸まで南下してシドニーへという航海だ。

レースに参加したてのころ、キアナンはいつも荷物になるゴミは捨てていた。ところが問題のレースは、三万三〇〇〇のアメリカの学童が見守っている。だから参加者はゴミをヨットに詰めこんでおくことになっていた。キアナンはそれまで自分がしていたことを恥じた。過ぎ去っていく海を何時間も見ていると、陸からもっとも離れた海の真っただなかでも、人間が作ったがらくたが目についた。とくに発泡スチロールやプラスチックはどこにでも浮いていた。

若いころキアナンが聞いていた話によると、サルガッソー海には海草が広大な範囲に群生し、そこに多くの生物がひしめいているという。そしてこのヨットレースでは何よりもその海草群に出会えるのを楽しみにしていた。ところがキアナンは愕然《がくぜん》とした。まず第一にお目にかかったのはゴムサンダル、ポリ袋に塩ビのパイプだ。失望とともに怒りがこみあげ、キアナンはこのゴミを何とかしなくてはいけないと決断し、まず自分の裏庭であるシドニー港から手をつけることにした。

シドニー到着までに、キアナンはオーストラリアの国家的ヒーローとなっていた。その知名度をうまく使ってキアナンは港をきれいにするアイデアを宣伝した。調達できた資金の八五パーセントを自分のアイデアを伝えるために使った。一九八九年三月、シドニー港で最初の清掃作戦を催した。数千人も集まってくれればいいと思っていた。ところが驚いたことに集まったのは四万人、五〇〇〇トンものゴミを集めた! 思いがけない幸運もあった。清掃作戦の当日、シドニー港に未処理の下水が垂れ流されているのをマスコミが暴露《ばくろ》した。そのニュースで市民の意識に火がつき、素早い行動となって現れたのである。

この世間をアッと言わせたイベントでオーストラリア全体が奮《ふる》い立ち、他の町からも行動を訴える声が湧きあがった。キアナンはタスマニアへ向かい援助を申し出、さらにノーザン・テリトリーのダーウィン、ウーロンゴンへも出向いた。ここではイラワラ湖に沈んでいた一五八台の車と二台のバスを引き上げた。こうした動きが、住民は環境問題に強烈な関心をもっているという政治家へのメッセージとなった。企業はといえば、よき企業市民となる機会をうかがいつつ、環境問題を利用して利益を上げる算段をしていた。
いまでは三月の第一日曜日を「クリーンアップ・オーストラリア・デイ」として八五〇の市町村、五〇万人以上の人々が清掃活動に参加している。キアナンのアイデアは「クリーンアップ・ザ・ワールド」に発展し、国連環境プログラム（UNEP United Nations Environment Program）も各コミュニティーで「クリーンアップ」をすすめる手法の普及に一役買った。一九九六年には世界中で一一〇ヵ国四〇〇〇万人が参加している。キアナンは、豊かな国の人々は貧しい国の人々にくらべて無頓着になっているという。貧しい国々では環境を清浄に保たなければ子供たちの健康に関わる。アフリカや韓国、ポーランド、ロシアでも「クリーンアップ」作戦がはじまっている。この惑星の大洋で夜も寝ず孤独に航海をしてきたキアナンは、自らの恥と憤りを、地域環境に責任をもてる市民を育てる行動計画へと熟成させたのである。

■建築家の新しい姿――ウィリアム・マクドナー

デザインには人間の意志が現れる。人間の手がつくりだしたものが神聖で、生命を育む大地を尊ぶものとなるには、大地を利用して作るだけでなく、作ったものを大地に戻さなければならない。土はもとの土へ、水はもとの水へ。大地から授かったあらゆるものを、生態系に一切危害を加えず問題なく大地へ戻す。これこそエコロジーであり、優れたデザインだ。

――ウィリアム・マクドナー（ケニー・オースベル『大地を取り戻す *Restoring the Earth*』より）

自然界において、動物は生きるために環境から材料を集めて利用している。この点は人間と変わらない。トビゲラの幼虫は砂と小枝を使って巣を作る。ツノナガケブカツノガニはイソギンチャクや海草を甲羅にうまくあしらってカモフラージュしている。ゴリラも木の枝や蔦《つた》、葉を使って念入りに寝床を作る。人間の場合はこれらの生物とは異なる方法で環境から材料を取り出して衣服や住居や商品を作っており、使う材料の量も違う。

人間がつくりだしたものでも、形態と機能が整っていて美しく魅力的であれば称賛に値する。日本刀の洗練された曲線、超音速ジェット機コンコルド、エッフェル塔、セントポール大聖堂がそうだ。デザインの中に形状と効率性が統合されていて直感的にそのすばらしさがわかる。その一方でシャーロッツビルのヴァージニア大学建築学部長ウィリアム・マクドナーによると、現代建築はガラスなどの材料やエネルギーが安く手に入るようになった時代に発展した。その結果、ビル群の外観は見映えはいいものの、省エネに対する配慮はなく、接着剤やカーペット、家具から揮発する有毒な化学物質が充満しているのだ。「わたしたちの文化にはひとつのデザイン戦略がある。つまり『力に物を言わせろ』だ」とマクドナーは言う。

マクドナーは新しいタイプの建築家だ。その態度と価値観は香港での生い立ちが育んだ。香港は慢性的な水不足で、地球上の資源が有限であることをつねに思い知らされていた。マクドナーはエール大学で建築学を専攻して一九七六年に卒業。アラブ石油危機が世界を揺るがした二年後のことだったが、この優れた建築家ですら当時は石油不足という現実を無視していたらしい。

現代建築の近視眼的な考え方を批判するとき、マクドナーは生態哲学者グレゴリー・ベイトソンが語る物語を好んで引用する。イギリスのオクスフォード大学のニューカレッジには、大学本館に巨大なカシの木の梁《はり》があって、一本一本の長さが一二メートル、厚さが五〇センチある。一九八五年、乾燥腐敗がすすんで強度がなくなり、ついに梁を取り替えなければならなくなった。この程度の大きさのカシならイギリス国内でも購入することはできたが、材木一本が約二五万ドル、梁を全部入れ替えれば五〇〇〇万ドルという金額になった。ところがそのとき、大学の林学者が施設管理担当者に知恵を授けた。三五〇年前に本館が建てられたとき、当時の建築家はカシの森を育てて管理するように指示していた。三五〇年くらいして乾燥腐敗がはじまったら、その材で梁を取り替えなさいということだったのだ。じつに長期的な計画だが、マクドナーは建築を考える場合にはこうした発想を標準にしなければならないと考えている。

マクドナーは「三つのR」にもうひとつRを加えている。reduce（削減）、reuse（再利用）、recycle（リサイクル）、そして、redesign（持続可能なデザイン）だ。現代の建築材料に含まれる有害物質を避けるために、マクドナーは根気強く無害な製品を探し続けている。さらにマクドナーの指摘によると、埋め立て処分場のゴミの約三〇パーセントが建築廃材であり、アメリカ合衆国におけるエネルギー消費の五四パーセントが建築に使われているという。したがって、建築デザインが持続可能性の原則に沿うようになれば、廃棄物とエネルギー消費の両面で非常に大きな効果が期待できる。

一九八六年マクドナーは環境防衛基金（ＥＤＦ）に請われ、自然保護とデザインを統合するビルを設計した。この作品は当時の省エネの新基準を導入し、空気の流量はそれまでの標準の六倍も多く、合成繊維の替わりにジュートなどの自然繊維を利用し、接着材のかわりに釘を使った。マクドナーが一番気にしていたのは、それまでの建築物が有毒ガスを排出する建材や設備を過剰に使っていることだった。マクドナーによれば「建築屋は毒をまいている」のであって「本当なら誰も買うべきでない製品や部品を作っている」。マクドナーは生態系に優しい建材を熱心に探し求めている。ある建材が使えるかどうかの判断基準は「生物に突然変異を誘発する物質でなく、発がん性物質でなく、残存性をもつ毒物でなく、重金属でなく、生物の中で濃縮される毒物でなく、内分泌攪乱物質〔環境ホルモン〕でないもの。以上」だ。八千種類以上の化学物質をふるいにかけたが、この基準を満足し、しかも堆肥《たいひ》化でき、食べても問題がなさそうなものは、わずかに三八種類だった。

マクドナーがこの発想を普及させる大きなチャンスを得たのは、オクラホマ州タルサに新築するウォルマートのビル設計を依頼されたときだった。ウォルマートのような巨大店舗の出店は、生態学的、社会的観点から、小規模商店や地域コミュニティーに関心をもつ住民に反対されることが多い。しかし、マクドナーはこの機会を逃さなかった。ウォルマートでは二日に一店の割合で新店舗を建設しているため、建築資材、建築関連製品の消費は膨大なものになる。たとえば、天窓だけでも、並べてみれば一日あたり一キロメートルにもなる。ウォルマートの店舗計画に生態学的な原則を導入すれば、同社の需要規模だけでエコ製品製造会社を立ち上げるのに十分だと、マクドナーは読んだ。

ウォルマートの店舗は店舗として四〇年間使うことを前提として建設されている。そこでマクドナーは、四〇年の期間が過ぎたらマンションに改装できるようにタルサの店舗を設計した。店舗ではフロンを使った資材は使わない。天窓を設置して消費エネルギーを五四パーセント削減する。屋根は製造に大量のエネルギーが必要となる鉄材ではなく、木材を使った。さらにその材木も持続可能な管理・運営をしている林業家から取り寄せるため、「ウッズ・オブ・ザ・ワールド」(Woods of the World)という非営利の林業研究情報システムを立ち上げ、そのデータベースを他の建築家や建設業者も利用できるようにした。

マクドナーは、生態学的思考と持続可能性とは、息をするのと同じくらい自然なものとして生活の中にとけこませる必要があると考えている。

誰もがデザイナーでなければならない。必要なのは多くの創造性だ。わたしたちが解決しようとしている基本的な問題とは、自然界における人間の正当な居場所だ。人間はどうすれば自然のデザインの中におさまることができるのだろうか?

マクドナーの考えでは、あらゆる持続可能性の基盤は地域コミュニティーにあり、すべてのものが互いに依存しあっていることを認識することにかかっている。シャーロッツビルは合衆国憲法と独立宣言の起草者であるトマス・ジェファーソンの故郷《ふるさと》でもある。そこでマクドナーはこのトマス・ジェファーソンを讃える、数々の計画を立てた。

わたしたちは「相互依存」(interdependence)宣言をする予定だ。ジェファーソンが現代にいたとすれば同じことをしただろう。それは、〔企業論理による〕専制政治とは無縁の生き方と自由そして幸福追求の宣言だ。いまこの時を逃せば、世代を越えて影響を与える専制政治がしかれる。その「専制君主」とはわれわれ人間のことであり、われわれの悪しきデザインを指す。

――以上・マクドナー（ケニー・オースベル『大地を取り戻す』より）

■ケニアの森林再生のために――ワンガリ・マーサイ

わたしたち一人ひとりに神がついている。その神はあらゆる生命、この惑星のすべての存在を統合する霊《スピリット》だ。わたしたちになすべきことを告げているのはこの声にちがいない。きっと同じ声が、地球上のすべての者に語りかけているにちがいない――少なくとも世界のゆくえを気遣い、この惑星の運命を心配する者には。

――ワンガリ・マーサイ、「共通認識」（In Context）誌より

ワンガリ・マーサイの、その威厳ある立ち振る舞いとアフリカ民族衣装の鮮やかな色彩、漆黒の肌は、とくに北アメリカでは群集の中でひときわ目立つ。マーサイはいかなる社会の基準に照らしても傑出した女性だ。アメリカで学士号を取得し、ドイツで修士号、ケニアで博士号を取得、夫には「教育の程度が高すぎる、強すぎる、成功しすぎ、頑固すぎて手に負えない」と言われて離婚。ケニアのある政府寄りの女性グループが、マーサイは従順でなく男にも服従せず、ケニアの伝統を

けがしているとして文句をつけた。さらにそのグループは、彼女は政府さらには大統領にまで反抗の声を上げていると非難した。こうした批判は、マーサイがとほうもない熱意をもち、恐れるものを知らない存在であることの証でもあった。

ケニアは石油、電気、石炭のすべてを輸入している。大部分の人は地元の薪《まき》を燃料にせざるを得ない。二十世紀のあいだにケニアの森林は驚くべき速度で伐採され、マーサイの推定によると現在のケニアの森林面積はかつての二・九パーセントにすぎない。しかも村落では慢性的に薪が不足している。マーサイはこう指摘する。

貧困と必要性は、環境の劣化と非常に深い関係にある。(……)深刻な問題を話題にすれば、人々から元気を奪うことになりかねない。自分たちには何もできず、未来も希望もないと思いこませてしまう。この悪循環を断ち切るには、まず見通しのあることから始めるのがいいと思う。木を植えることならとても単純で簡単だ。しかも見通しが明確で誰にでもできる。

——オーブリー・ウォレス『エコ・ヒーローズ——環境保護における十二の勝利の物語』(*Eco-Heroes: Twelve Tales of Environmental Victory*)より

マーサイはケニアの多くの子供たちが、加工された白パンにマーガリンを塗って食べ、砂糖入りのお茶を飲んでいることに気づいた。この食事では子供たちは病気がちで栄養失調のままだ。マーサイはこの貧困な食生活が、調理用の薪不足の直接的な帰結であることを見抜いた。健康状態が思わしくない子供たちが非常に多いのは、プランテーションや燃料のために森林を大規模伐採し、その結果土地が疲弊したことと関係があるとマーサイは考えたのである。耕作地は過剰に耕され、太陽光と降雨から土壌を守る木が一本もなく、表土は日に焼けて流出していった。この洞察をもとに、マーサイは一九七七年の「世界環境デー」に、自宅の裏庭に七本の木を植えた。このつつましい行動がその後「グリーンベルト運動」として知られるまでに成長することになる。

マーサイは畑の周囲に木を植えて保護林をつくるようにケニアの農民を説得しはじめた。農民の七〇パーセントは女性だ。また学校をまわっては生徒をとおして、親にバオバブやアカシア、パパイヤ、クロトン、スギ、柑橘《かんきつ》類、イチジクなどの在来種の樹木を植えるよう伝えた。子供と女性を募り、マーサイの「グリーンベルト運動」はケニア国内で一大勢力となるまでに成長した。これまでに一五〇〇ヵ所の苗畑を擁し、一五〇〇万本の木を無料で寄付してきた。さらにグリーンベルト運動は政府に圧力をかけ、植林の予算をなんと二〇〇〇パーセントも増額させた。植林した一五〇〇万本のうち八〇パーセントが大きく成長し、それを農民たちが利用している。さらに現在、この運動じたいがケニアの八万人以上の人々の収入源となっている。

「グリーンベルト運動」は、身障者や、貧しいうえに失業している若者の雇用の場となっている。また多くの貧しい女性や文字の読めない女性にも手をさしのべ、信頼を得るとともに彼女らを元気づけている。「グリーンベルト運動」では、適切な栄養摂取と伝統的な食物の教育をすると同時に家族計画も推進している。農村地域では組織のスタッフが農具を配給し、種を採取して蒔く訓練を行っている。この運動はケニアにおける変革の大きな力となり、国連にも草の根自然保護のモデルとして認知された。さらにグリーンベルト運動は世界の他の地域での模範ともなり、アフリカの三〇ヵ国以上に拡大し、アメリカ合衆国にも支部が開設されている。

女性としてマーサイはケニアで特異な存在となっている。政府の政策に対して歯に衣着せぬ批判を浴びせる点では、ケニア女性の伝統的な役割分担からは逸脱していた。ナイロビの有名な広場「フリーダム・パーク」を、巨大なオフィスビルを建築するために政府が私物化しようと企んだときにも、マーサイは勇敢な演説を行って反対運動を組織した。

「このビルは二億ドルもします。与党——とはいっても唯一の政党ですが——は外国の銀行から借金する計画です。しかしこの国はすでに債務危機に陥っています——現在すでに海外の銀行に何十億ドルも借金をしているのです。一方で人々は飢えています。彼らには食糧が必要なのです。医薬品が必要なのです。教育が必要なのです。与党の連中と二四時間放送のテレビ局がおさまるような超高層ビルなど必要ありません」

マーサイの発言は、大統領ダニエル・アラップ・モイへの攻撃と受けとられた。彼女は中傷され、逮捕され、殴打もされた。しかしマーサイはケニアに残り、自らの使命をまっとうする道を選んでいる。変革は政治を超えたところにあって、非常に素朴で地域的な運動から動き出すものと考えているからだ。〔訳註・その後、外資の撤退によってこのビル建設計画は中止された〕

「森林の保全は政府や林業家の責任と考えがちですが、それは間違いです。責任はわたしたち一人ひとりにあるのです」

■カール＝ヘンリク・ロベールとナチュラル・ステップ

無機化合物の有毒なシチューを細胞が数十億年をかけて鉱床や森林、魚、土壌、酸素のある空気そして水へと変えていった。これらはみな現在の経済の基盤であり、人間の健康の基盤になっている。唯一のエネルギー源である太陽光の存在によって、これらの天然資源は自律的な循環の過程を形づくり、成長させてきた。ひとつの生物の「廃棄物」は、他の生物の栄養となる。わたしたちが限りなく依存している唯一の過程は、循環的な過程だ。あらゆる一方向的な過程は、やがては終わりをむかえる。

——カール＝ヘンリク・ロベール、「共通認識」（In Context）誌より

カール＝ヘンリク・ロベールの経歴はハリウッド映画まがいだ。ロベールは小児がんを専門とする有名な科学者であり医師だった。年月を重ねるにつれ、ロベールは彼のもとを訪れる多くの子供たちに、環境的要因によって誘発されたと思われるがんがあることに気づきはじめた。また、子供たちに献身的につくす両親の愛にも驚かされた。彼はわたしに「親は子供のためならどんなことでもするものです」と語り、その一方で、親たちは子供の病気の原因と思われる環境に対してはほとんど無関心だったと言う。ロベールはこのことを深刻にとらえ、論文にまとめた。それは、健康で持続可能な社会が満たすべき必要条件とは何かを論じたものだった。

現在まで環境に関するほとんどの議論は、枯死寸前の木のしおれた葉にまつわる話ばかりで、しかもその声は混信状態もいいところだった。しおれた葉は個別で特殊な問題にすぎないのに（……）環境という幹や枝に注意を払う者はほとんどいない。論争の余地のない過程の結果として、木は朽ち落ちつつある。何千もの個別の問題を何度議論に取りあげたところで、それは社会の基盤を崩壊させつつあるシステム異常の一症状にすぎない。

ロベールは自らの分析をとおして、自然界ではエネルギーと資源が循環的に利用されており、ひとつの生物の廃棄物が他の生物の生存の機会となっていることを知った。人間はこの循環を切断して一方向的な生産のモデルを生みだし、この循環的利用を改変してしまったのである。一方向的なモデルによる生産では、大地から資源を掘り出したあと加工・利用し、最後には廃棄物かゴミとして捨てるだけだ。そこでロベールは、持続可能性の原則をすべて洗い出してみることにした。

当時のロベールのやりかたには驚かされる。一九八九年、論文をスウェーデンの第一線の科学者五〇人に送り、自分の議論の批評を仰いだ。結果は批判的なコメントの洪水だったが、それにくじけることなく、ロベールは科学者たちの意見も参考にして論文を書き直し、再送して再び批評を求めたのである。同じことをじつに二一回も繰り返すことで論旨を練りあげ、四つの基本的な概念にまで絞りこむと、五〇人の科学者も異議を唱える者はいなくなった。ロベールは科学界のコンセンサスを得たのである！

それからロベールはその論文をもってスウェーデン王のもとへゆき、論文に王のお墨付きを願い出ると、その願いもかなった。次にロベールはスウェーデンのテレビ局へ走り、自分のアイデアを議論する放送時間をとってくれるよう頼むと、これもうまくいった。続いてスウェーデンのスター俳優のもとを訪ねて番組に協力してもらえるよう交渉した。これも成功。最後に、自分の考えをまとめた小冊子と録音テープを、スウェーデンの全家庭と全学校に総計四三〇万部も配布した。

ロベールのアイデアは「ナチュラル・ステップ」として知られるようになり、スウェーデンの全学校で教育されている。さらにスウェーデン国内五〇以上の企業が規範として採り入れている。現在ナチュラル・ステップは合衆国、イギリス、オーストラリア、カナダ、日本をはじめとして海外の国々へも広がっている。

科学者たちが同意した持続可能社会にとって本質的な、四つの「システム条件」とは何なのだろうか？　一見すると単純なようだが、これらの原則は地球上での人間の活動について、重大な変更を迫るものになっている。

●拡散性物質（鉱物、石油など）を地殻から採掘して地表での総量がたえず増大していけば、自然はこれに堪えられない。
●人工的な残留性化学物質（ＰＣＢなど）がたえず増大していけば、自然はこれに堪えられない。
●自然の再生能力が徹底的に破壊されてしまえば（たとえば個体数の回復能力を超えた過剰な漁獲、肥沃な土地の砂漠化など）、自然はこれに堪えられない。
●したがって生命を維持するには、（ａ）資源を効率的に利用しなければならない、（ｂ）資源の公平な利用を推進しなければならない。貧困を無視すれば、貧しい者はきょうの糧のために、すべての人間の長期的生存に欠かせない資源を切り崩してしまうからだ（たとえば熱帯雨林）。

私たちは、互いに浸透し合う2つの世界に住んでいる。1つは40億年以上にわたる、進化というるつぼの中で形成されてきた自然の世界であり、もう1つは過去数千年のあいだ、人びとが自分たちの手でデザインしてきた道路や都市、農場や工芸品などの人工的な世界である。2つの世界を危機的にしている状況――サスティナブル〔持続可能〕ではない状況――は、この2つの世界が統合されていないことによるものだ。

――シム・ヴァンダーリン、スチュアート・コーワン『シム・ヴァンダーリンとスチュアート・コーワンのエコロジカル・デザイン』（邦訳・ビオシティ、林昭男、渡和由訳、訳文は邦訳より引用）

ロベールのアイデアは多くの企業や政府の中に根づきつつある。ナチュラル・ステップは地球のもつ受容と再生の能力を基準にし、それに照らして人間のさまざまな活動を評価する。これによって、不完全な科学にもとづいて人間活動の限界を設定しようと苦闘する専門家も解放されることになる。ナチュラル・ステップの「システム条件」を導入する場合、企業や団体は自らの解決法と、それによって存続していくための方法を自ら発見していかなければならない。それによって、ナチュラル・ステップの過程を自分自身のものとすることができるのである。これは魅力的で前向きな活動であり、大きなインパクトをもつ取り組みだ。

■生物多様性を擁護する――ヴァンダナ・シヴァ

以前は地球の家族といえばさまざまな社会の人間だけではなく、すべての生き物が家族だった。山や川も生きている。ヒンドゥー語の“Vasudhaiva Kutumbam”は「大地の家族」という意味で、小さい生き物も大きな生き物もわけへだてのない、すべての生命にとっての民主主義を意味する。生命の織物の中で事物が生態学的にどうかみ合っているかについては、わたしたち人間にはまったく見当もつかないのだから〔生き物をわけへだてる根拠もなかった〕。

――ヴァンダナ・シヴァ（ケニー・オースベル『大地を取り戻す』より）

ヴァンダナ・シヴァはその生い立ちにもよるが、情熱的で献身的なインド女性だ。母親は教育関係の高級官僚で、インドがパキスタンと袂《たもと》を分かってからは農民となった。ヴァンダナは母親がつねづね、森は存在のひとつのモデルなのだと指摘していたことを記憶している。父親は上級森林保護官で、ヴァンダナを連れてよくヒマラヤ山麓の森を旅した。実際、ヴァンダナは一五歳になるまで都会を目にしたことはなかったが、そのころには自然との深い絆がしっかりと結ばれていて、それが彼女の行動と思考のあらゆる基盤となっている。

自然を愛する思いから、シヴァはカナダの大学院へすすみ、物質の基本構造を探求する量子物理学を研究した。この分野で学んだことは、宇宙のもっとも基本的な粒子における予測不可能性と多様性であり、この概念は現在のシヴァの思想と行動に満ちあふれている。大学在学中は、夏になるとかつて父とともに旅した一帯をトレッキングしていた。このトレッキングの最中に出会ったのが、有名な「チプコ運動」(「チプコ」の文字通りの意味は「木に抱きつく人」)の女性たちだった。女性たちは自ら木に抱きついて伐採を食い止めていたのである。シヴァはこの運動に関わるようになった。

博士号を取得するころには、北アメリカでの仕事を断りインドへ戻っていた。ちょうど「緑の革命」〔訳註・一九六〇年代初めからはじまった農業技術の革新のこと。高収量品種の穀類の開発により、収量は飛躍的に増大し、発展途上国へも普及した〕で誇張されていた長所も疑問視されはじめたころだった。「緑の革命」の一環として多くの国々では、伝統的な地域固有の遺伝的に多様な穀物の種子にかわって、厳選された数種の系統のみが用いられるようになり、肥料と水、除草剤(植物間の競争を抑えるため)と殺虫剤が大量に必要になった。同時に穀物の作付けと収穫するための農業機械も導入された。

インドなどの国では、人口の七〇パーセントが小規模農民であり、緑の革命の影響は甚大だった。自給自足的なコミュニティーでは、それまでその地域に必要な作物を栽培していたわけだが、それが海外市場向けの作物を供給させられるようになった。その結果、農作業をするうえでどうしても地域外の専門家に依存せざるを得なくなり、農業機械を多用する高価な農業のしくみに組みこまれてしまったのである。シヴァによると、「現代世界は自然や文化の概念を、工業をモデルにして築いてきた。たとえば森を評価する場合、森が生命を支える能力ではなく、材木の価値で判断するのである」。

シヴァが目にした「緑の革命」の結果は、害虫の大発生の重要な防御システムとなっていた生物多様性の枯渇だった。生物多様性は土壌を肥沃にし家畜の餌も供給してくれるわけだから、人々が食べていくためになくてはならないものだった。結局土壌は疲弊し、コミュニティーはずたずたにされ、企業だけが儲けた。シヴァは農民とともに多国籍種苗会社に真っ向から立ち向かい、伝統的農業が守ってきた遺伝的多様性を保全する運動に着手した。一九九一年シヴァは『緑の革命とその暴力』(邦訳・日本経済評論社)を著し、喧伝《けんでん》されている緑の革命による恩恵を反証してみせた。

シヴァはまた「科学・技術・自然資源政策研究財団」(Research Foundation for Science, Technology and Natural Resources Policy)を設立している。この財団をつうじてシヴァが発見したことは、何よりインドの企業が、交配種子を「発明」として特許取得する権利を持っていることだった。それによって企業はまさに、農業の基盤を完全に支配していたのである。ひとたび特許が認められれば、特許権の所有者に特許使用料を払わなければその種子の再利用や交換、再販はできなくなる。しかも、ひとつの植物におそらく三万から一〇万ある遺伝子のひとつかふたつを操作すれば、企業はそれを新種と主張できるのである。こうした事態が意味することを悟ると、シヴァは企業による種子の支配をやめさせねばならないと決意した。

「ガンジーが「繊維革命」に対してかつての糸車《チャルカ》を復活させたとすれば、この生命工学の時代には、かつての種子を復活させることが理にかなっている。(……)一粒一粒の種子にはコミュニティーの歴史が刻まれている。さらに種子には、人々がどんな生活を望むのか、どんな農業を、土壌とどんな関係を望むのかという、政治的な意思表明がこめられている」

量子物理学者でもあるシヴァは、あらゆるところに「可能性」が存在し、結果もつねに多様であることを熟知している。人間の自由とは、可能性あるいは選択の道を開いておくことであって、可能性を制限することではない。巨大企業が生産手段を支配し、画一的な技術や思想を普及させて生産を均一化し、その確実な結果を強引に求めてくることになれば、わたしたちの選択の幅は縮小し、不測の事態に対して無防備になってしまうだろう。

資本金四七〇億ドル、世界最大の穀物商社カーギルが、伝統的なインドの種子に関する特許を申請したとき、シヴァは同社のもくろみを止めさせねばならないことを悟った。特許が承認されれば、最終的に農民は自分の種子を使えなくなる。インドの農民は種子を知的財産ととらえ、カーギル社の動きに抗議した。一九九三年、農民たちがデリーにあるカーギル社の支社を襲い、書類に火をつける事件が起きた。その数ヵ月後、今度はカーギル社が二五〇〇万ドルを投資した種子加工施設が完全に破壊され、さらに矢継ぎ早に五〇万以上の農民がバンガロールに結集し、植物特許法に抗議した。集団デモからまもなくして、カーギル社はインドでは種子特許を取得しないと発表した。

「資源主義」とは世界のあらゆるものを利用可能性と制御可能性によってのみ評価する、世界に対する固定観念のひとつだが、シヴァにとってバイオテクノロジーと生物特許は、まさにこの「資源主義」を醜悪なまでに拡張したものだった。

「生命が遺伝子の鉱山にされてしまえば、安全など言っていられなくなる。この認識が二十世紀のインド奴隷貿易、すなわち『遺伝素材貿易』に対する抵抗の実質的な基盤となる」

シヴァは生物学のもっとも重要な教訓、すなわち多様性が生命の回復能力の要《かなめ》であり、農民にとって収穫の礎《いしずえ》であることを熟知していた。

「多様性を育む義務は、より大きなバランスを保ち続けるための宇宙的な義務でもある。インドで種子を守り続けることは、その義務をはたすことなのだ」

農民が利用する地域固有の穀物品種の多様性を保護するために、シヴァは一〇行《こう》の「種子銀行」を各地域に設立してきた。シヴァはこの銀行がやがては、未来の世代がたえず変化する世界の不確実性を回避するための、きわめて重要な遺産になると考えている。さらにシヴァはインドに「特許権無効地区」をつくりたいと考えており、現在は農民と園芸家が協同して種子保存をすすめる世界的ネットワーク作りに奔走している。同時にマレーシアを基盤とした「第三世界ネットワーク」(Third World Network)とも協力し、バイオテクノロジーにおける急速な変化に遅れをとらないようにしながら、多国籍企業そして世界貿易機関(WTO)などの経済団体の、利益至上主義の動きに立ち向かっている。

■マングローブで地球を再森林化する——向後《こうご》元彦

すべての森林は生命の領域です。マングローブ林は陸地と海の接点にあることから特異な存在となっています。エビや魚、鳥にとっては安全な避難場所です。砂漠では、生物は厳しい生活を強いられます。マングローブを植えると、木がまだ小さいうちから動物が入ってくるのがわかります。まず最初にお目にかかるのが小さいカニで、餌になる微生物に引き寄せられたにちがいありません。それから小魚が潮の流れに乗ってやってくるようになり、それを追って大型の魚が入ってきます。さらに大型のカニもやってきます。そしてマングローブの木には鳥もとまるようになります。

——向後元彦、デイヴィッド・T・スズキの取材より

向後元彦は気取らない男で、ヒゲは伸び放題、髪はボサボサだ。しかし二、三分話をすると、そのマングローブに対する熱い思いに引きこまれてしまう。海と陸の境界領域にしがみつくように存在する森林が地球的な規模で失われていることを知り、向後は海辺に再び緑を取り戻したいと思っている。そして昔と同じようにいつの日か、大陸の沿岸がマングローブ林でおおわれることを信じている。

向後は煙突のようにタバコをふかしながら、禁煙をおし着せるような環境主義は「生態学的ピューリタニズム」だと揶揄《やゆ》し、いわゆる環境主義者らしくはない。世界中にマングローブ林を復活させるという壮大な計画に関わるようになった理由も、決して大げさなものではない。

学生時代、向後は登山に情熱を燃やし、いまでも登山の話となれば目が輝いてくる。親は就職をするようにせかすものの、自分がこよなく愛せるのは向後の言葉で言えば「自然の中の生活」、つまりアウトドアしか考えられなかった。この自然への愛着は少年のころ育まれた。

「わたしは一九四〇年東京生まれで、戦後まもなく小学校に入学しました。戦争中のアメリカ軍の空襲でほとんどの町は壊滅しましたが、豊かな日本の自然環境はほとんど無傷でした。そのころは空気もきれいで、わたしはチョウを採集していました。わたしが環境主義者となったのもこの体験

がもとになっています」

　向後は一九七八年、当時クウェートで仕事をしていた兄のもとを訪ねて旅に出た。向後がクウェートで目にしたのは、石油資源に恵まれ、ビルや道路に莫大な金を注ぎこむことはできてもどこにも森林のない国の姿だった。しかし向後には人々が植物を愛していることはわかった。世話や水やりが大変なのにもかかわらず、家のまわりに植物を植えているからだ。次第に向後の胸の中に、これが大きな仕事につながるのではないかという思いがふくらんでいった。クウェートにマングローブの森を復活させるのである。淡水はクウェートでは高価だが、海水と砂漠はふんだんにある。向後は小さな島にマングローブを植林することから始めた。そしてついに「マングローブ植林行動計画」（Action for Mangrove Reforestation）を立ち上げることになった。

　現在もっとも注視されているのは温帯雨林と熱帯雨林のゆくえだ。かつて地球の陸地面積の三〇パーセント以上をおおいつくしていた森林である。この一帯に多くの者の目が向くのは理解できる。世界中の動植物の大部分の種がこれらの森林に生息しているからだ。マングローブ林の場合も豊かな生物生息地を形成するが、それが支えているのは陸地と海の境目に生息する特殊な生物コミュニティーだ。向後によれば、

「保護はマングローブ林を維持する最善の方法ですが、残された時間は限られています。だから植林しなければならないのです。多くの人が植林してくれれば、その後はその人たちがマングローブの世話をし守ってくれるでしょう。だから僕はみなさんに植林をお願いしているのです。一人一本ずつ植えれば五五億本になります。植林した人々は『これがわたしの木だ』と言うでしょう。さら

に後には『これがわたしの生態系だ』と言えるようになるのです」

向後はヴェトナムを、マングローブ植林をすすめる重要な地域と考えている。ヴェトナムの人々には移植の伝統があるからだ。戦争の真っ最中、人々は夜になると外へ出てマングローブの種を植えていた。四〇万ヘクタールあったマングローブ林の半分以上がアメリカ軍の枯れ葉剤によって消失し、残ったのはわずかに一四万ヘクタールだった。向後は一〇年以上かけて二〇万ヘクタールの植林をしたいと考えている。そうすれば全海岸が再びマングローブでおおわれることになる。総費用はおよそ二〇〇〇万ドルにすぎない。

向後はエネルギーと楽観主義に満ちあふれているだけでなく、地球環境の現状についても理解していて、マングローブ林が地球環境のごく一部にすぎないことも十分に心得ている。そのことに思いをめぐらすとき向後は沈痛な表情を見せるが、根っからの前向きな性分は現実主義によって鍛えられていた。

「わたしの仕事はマングローブを植林することです。どんな仕事でも基本的にちがいはありません。シベリアのタイガ〔針葉樹林帯〕を破壊していれば、その再生は困難をきわめるでしょう。でもマングローブ林のように、問題を個別にとらえてゆけば、楽観的になれるし自分でもやれそうな気がしてきます。どの分野の専門家もみな同じように感じていると思います。しかし、多様な問題が相互に作用しながら新たな問題を生みだしていて、これらすべてのことを考えると、わたしも悲観的になってしまいます。二〇五〇年には、想像もできないような問題に直面しているかもしれません」

■ムハマド・ユヌスと「グラミン銀行」の取り組み

信用は一部の裕福な人々の特権だとする神話は打破しなければならない。最も小さい村を、その村の中の最も小さい人をごらんなさい。非常に有能で、非常に知的です。あとはこうした人たちが生活を変えられるように適切な支援環境をつくればいいだけです。

——ムハマド・ユヌス（デイヴィッド・ブーアスタイン「大胆不敵、裸足の銀行 The Barefoot Bank with Cheek」より）

安定した雇用先のない人や自動車や家を持たない人にとって、銀行ローンの利用などは問題外だ。担保があるか堅実な職に就いていなければ、こういった人たちは借金に対する危険度が高いというわけだ。オーストラリアやカナダ、合衆国のような国に住んでいる人にとっても借金をすることは簡単ではないのだから、地球上でもっとも貧しい国々の人々の状況を想像してみるといい。そう昔のことではないが、バングラデシュは経済的にまったく無気力な国とみなされていた。人によっては、同国が立ち直ることはないから、バングラデシュへの援助は停止すべきだと主張する者もあった。ムハマド・ユヌスは、そうした考えが偽りであることを証明した。

ユヌスが合衆国で経済学の博士号取得に懸命になっていた一九六〇年代、当時は学生運動が盛りあがっていて、それがユヌスの理想主義の火を燃え上がらせた。一九七二年にバングラデシュに戻ったユヌスは、母国の多くの人々の生活を改善したかった。何か援助はできないかと学生を連れて、地元の農民や村民に会いに行った。一九七六年のことで、ユヌスはチッタゴン大学経済学部の学部長となっていた。村の中を歩いていて、スフィヤ・カトゥンという未亡人に出会ったとき、ユヌスはすばらしいヒントを得た。カトゥンは売り物にする竹製のスツールを編んでいた。そして彼女の収入を知ってショックを受けた。わずか一日二セントだというのである。どうしてそれしか稼げないのかたずねてみると、竹を現金で仕入れなければならず、金貸しの利息が非常に高いから、ほとんど利益がないということだった。

ユヌスはこの村で同じような問題をかかえている者が他にもいないか探してみることにした。学生と一緒に調べてみると、四二人分のリストが集まった。この四二人全員が自由に材料を買って働くためには二六ドルあればよかった。ユヌスはこう言っている。

「何とか生計を立てようとしている有能で腕に技術のあるこの四二人に、二六ドルを支援することもできない社会の一員であることが恥ずかしくてならなかった」

こんなわずかな金額のローンの場合、ふつうの銀行だと手数料がローンよりも高くついてしまう。その一方、人々は極端に貧しく文字も読めないし、担保もない。

二年後、ユヌスはグラミン銀行（グラミンは「村」の意味）の最初の支店を開設した。この銀行が他の銀行と違うのは、(一)ローンは一回で返済すること、(二)もっとも貧しく土地を持たない者だけがローンを受ける資格がある、(三)ローンの対象となる最下層の社会的経済的水準にある女性を探し出す。一家の財産が通常の銀行のローン条件をはるかに下回っている女性に対してローンを設定する。担保のかわりに、ローンを受ける女性は「五人組」のメンバーとなる。五人が一組になって五人分のローン総額に責任をもつのである。さらにこの五人組は「四〇人センター」に所属し、毎週寄り合うことになっている。

この銀行は驚くほど成功している。一九八三年までにグラミン銀行は八六の支店と五万八〇〇〇人の顧客があったが、いまでは一〇五〇の支店が三万五〇〇〇の集落、二〇〇〇万人の顧客をカバーするまでになった。〔訳註・二〇〇三年三月現在で一一八一の支店が四万二〇〇〇以上の集落の約二六〇万人に融資を行っている〕顧客の九四パーセントは女性だ。驚くのは、ローンの九七パーセント以上がちゃんと一回で返済されていることだ。

このグラミン銀行とともに、四〇〇以上のさまざまなビジネスが立ち上がっている。たとえば、精米業やアイスクリームの棒を作る商売、カラシ油を加工する仕事などだ。現在では、グラミン銀行の事例に元気づけられ、世界中の多くの地域で同様の銀行が設立されている。地球上でもっとも豊かな国アメリカもその例にもれない。「マイクロクレジット」「マイクロ経済」「マイクロローン」「マイクロバンク」という言葉に、世界銀行と国連も注目するようになった。ムハマド・ユヌスの労に報いる最高の贈り物だ。

■聖なるバランスへの変革

ここで紹介した人々はほんの一握りにすぎず、社会に重要な影響を与えてきたエコ・ヒーローたちは実際には何百人もいる。さらにこれらのエコ・ヒーローに協力している人々は何百万人にものぼり、資金を寄付し、とくに名を知られることもなく私心をなくしてボランティアとして活動する人もいれば、手紙を書いたり、団体でのさまざまな行動に献身的に参加する人もいる。みんなで協力して未来の世代のために変革をすすめることは喜びであり、そこに希望もある。

わたしたち一人ひとりに、変革に向けて強力にはたらきかける能力がそなわっている。みんなで協力すれば、あの古代の持続的な調和を取り戻すこともできる。その調和のもとで、地球の神聖で自己再生的な過程とのバランスを保ちながら、人間とこの地球上のすべての生き物のもつ必要性をともに満たせるようになる。

自然は主体であると同時に客体でもある。自然は地球の生物である人間にとって母なる源であり、それは肉体的、感情的、美的、道徳的でまた宗教的存在でもある人間に、生命を与える滋養となってくれる。自然は大きな神聖なるコミュニティーであり、わたしたちもその一員だ。このコミュニティーから疎外されれば、わたしたちを人間たらしめている何もかもが得られなくなる。このコミュニティーを傷つけることは、われわれ自らの存在を消し去ってしまうことなのだ。

——トーマス・ベリー『地球の夢』(*The Dream of the Earth*)

訳者あとがき

本書『生命の聖なるバランス――地球と人間の新しい絆のために』（原題は *"The Sacred Balance: Rediscovering Our Place in Nature"*）の原著者のプロフィールを紹介しておきましょう。

デイヴィッド・T・スズキ博士は一九三六年カナダ太平洋岸の都市バンクーバーに生まれた日系三世で、世界的に有名な遺伝学者であり環境運動家、そして環境や科学技術の世界をわかりやすく丁寧に説明する名解説者でもあります。カナダの長寿テレビ科学番組「ザ・ネイチャー・オブ・シングズ」（*The Nature of Things*）をはじめ数々のテレビ番組やラジオ番組のキャスターとして活躍する一方、世界中を講演旅行で飛び回り環境の大切さを説いています。

米国アーマスト大学で生物学を専攻し、シカゴ大学で動物学の博士号を取得。一九六九年、三三歳でブリティッシュコロンビア大学の正教授となり、その後同大学の「持続可能発展研究所」名誉教授となりました。さらに自らも、持続可能な社会の実現を求め一九九一年にパートナーのタラ・カリスとともに「デイヴィッド・スズキ・ファウンデーション」を立ち上げ、環境保護と自然との調和を回復するための活動を積極的に展開しています。テレビやラジオでも科学番組の解説を三十年にわたって続け、多くの賞を受賞しています。二〇〇二年一〇月には本書をもとにした四回シリーズのテレビ番組「ザ・セイクリッド・バランス」（*The Sacred Balance*）がカナダのＣＢＣテレビで放映されています。もちろん番組の案内役は博士自身です。

また執筆協力者であるアマンダ・マコーネルは「ザ・ネイチャー・オブ・シングズ」を中心に百本以上のドキュメンタリーの脚本を書いている作家でありプロデューサーで、彼女も数々の賞を受賞しています。今回のテレビシリーズ「ザ・セイクリッド・バランス」でもプロデューサーをつとめました。

「わたしたちは空気であり、水であり、大地であり太陽である」（……）環境はわたしたちと分離したかたちで「外部に」存在するのではない。わたしたち自身が環境そのものであるならば、環境を脅かすことはできないではないか。先住民〔の考え方〕はまったく正しかったのである。わたしたちは地球から生まれ、「四つの聖なる元素」である地（土）、水、火、風（空気）からできているのである。

（本書「はじめに」より）

自然の不確定さや制約から自由になろうとするあまり、人間は自らが「自然」の一部であることを了解できなくなり、環境や他の生物に対する配慮ができず、自然や生態系を破壊してもその痛みが感じられなくなったと著者は指摘します。さらに、自然から遠ざかったことで人生も生きる歓びとはほど遠い、せち辛いものになってしまったと言います。たしかにそのとおりでしょう。現代の生活は必要なことはすべて市場にまかせっきりになっています。こうした生活では、「自然」とは夏休みやゴールデンウィークに車の渋滞を耐え忍んでたどり着く景勝地にすぎません。それだけに「わたしたちは空気であり、水であり、大地であり太陽である」という言葉がかえって新鮮に響いてきます。

著者は人間が「自然」と和解し、再び自然との絆を取り戻すことが環境問題の解決へ向けた第一歩だとする一方で、読者を「生きる意味」の再発見の旅へと誘います。そもそも「自然」は、人間と環境を分け隔てることなく浸透しているものです。都市で生活しようとどんな時代に生きようと、この事実に変わりはありません。ただその事実に目を伏せているにすぎないのです。「自然」は生命や物質が織りなすさまざまな過程や法則が複雑にからみあい、まさに「聖なるバランス」と言うべき生きている全体を構成しています。この「自然」の働きや法則性を完全に操作・管理することは不可能で、その無限とも思える複雑さと操作不可能性のゆえに、自然はわたしたちの精神世界の母胎でもあるのです。かつての「自然」は時空を超越した魑魅魍魎《ちみもうりょう》が跋扈《ばっこ》し精霊たちが飛び回る、美しくて厳しい、畏怖の念を呼び覚まさずにはいられない世界でした。こうした「自然」を科学的知見と先住民の知恵をかりながら再発見しようというのが、たんなる環境保護の訴えを超えた、博士からの呼びかけなのです。

そしてこの再発見の方法論として著者が提案するのは、一人一人が住んでいる場所／自然／地域に生かされつつ、そこをかけがえのない場所として大切にし豊かなものに育んでゆくこと。そうすることで「聖なるバランス」に参加していることが感じとれるようになり、自然との和解が成立し、そこに持続可能な未来への希望も開けてくるというのが著者の信念なのです。「デイヴィッド・スズキ・ファウンデーション」の活動もこうした信念にもとづいています。

物質の循環、進化、生態学、精神世界を見わたす広い視点に立ち、科学技術を批判しつつも、それを道具として有効に利用しながら、未来の子どもたちに自然の奥深い意味と豊かさを受け渡してゆきたい。こうした著者のゆるぎない思いをこの邦訳で多くの読者の方々に伝えることができ、また「自然」との絆の結びなおしの一歩になれば、訳者として幸いに思います。

なお、本書第9章に登場した団体や人物のその後について、参考のために若干の補足をしておきます。詳しくは巻末のウェブや邦訳書を参照してください。

ECO《エコ》（子ども環境運動）の中心的存在だったセヴァン・カリス＝スズキは著者の娘さんです。一二歳の時にブラジルのリオでの地球サミット（UNCED、国連環境開発会議）での伝説的なスピーチで各国の代表を感動させたあとも、世界各国で講演活動を展開し、積極的な環境啓蒙活動を続けています。二〇〇二年にはヨハネスブルグ・サミット（NSSD、持続可能な開発に関する世界首脳会議）へ、アナン国連事務総長の私的諮問委員会メンバーとして参加。同年には日本各地でも講演を行い、多くのNGOグループとの交流を深めています。インターネット上では「スカイフィッシュ・プロジェクト」を主宰し、誰かが動いてくれるのを待つのではなく「各個人が環境に対する責任を認識することから始めよう」と訴えています。

イアン・キアナンの「クリーンアップ・オーストラリア」運動は現在も成長を続け、毎年六〇万以上のボランティアがクリーンアップ・デイのゴミ拾いに奮闘しています。また「クリーンアップ・ザ・ワールド」も順調に展開し、二〇〇〇年には一四〇カ国以上、のべ一億五〇〇〇万人が参加し、じつに運動当初の一〇〇〇倍の規模にまで発展しました。キアナンは一九九八年にUNEP国連笹川環境賞を受賞しています。

建築家のウィリアム・マクドナーは「一貫した哲学にもとづく理想主義が世界の建築を変えつつある」として一九九九年にタイム誌の'Hero for the Planet'に選出されました。また、「ウィリアム・マクドナー+パートナーズ」（William McDonough+Partners）を設立し、アメリカをはじめ全世界で、生態学的、社会的、経済的な配慮の行き届いた建築設計を展開しています。

「グリーンベルト運動」のワンガリ・マーサイは一九九七年に大統領選に立候補しましたが、さまざまな妨害にあい惨敗を喫しました。しかしこの敗北にくじけることなく、ケニアの政治を改革し、民衆のための政治の実現をめざして運動を続けています。グリーンベルト運動は一九九八〜一九九九年にかけて組織の立てなおしがあり、これまでの植林運動に加え、食糧問題、草の根レベルの環境教育、運動ネットワークの形成という新たな活動が始動しています。

「ナチュラルステップ」は一九九七年には日本にも紹介され、ナチュラルステップ・ジャパンとして活動をしてきました（二〇〇三年五月に組織替えによって業務は「国際NGOナチュラル・ステップ・インターナショナル」へ移行）。市民、企業、行政などへの研修事業をはじめ、持続可能社会の実現に関連する調査・研究事業をすすめています。創始者のカール＝ヘンリク・ロベールは二〇〇一年に「持続可能な社会を構築するために必要な条件を科学的に導き、企業や自治体の環境意識を改革した」功績により、地球環境国際賞「ブループラネット賞」を受賞しました。

ヴァンダナ・シヴァの創設した「科学・技術・自然資源政策研究財団」は地域固有の種子に対する農民の権利と生物多様性を守る運動を支援するだけでなく、グローバリゼーション、特許権、知的財産権、バイオテクノロジー、有害廃棄物、また世界貿易機関（WTO）が、地域に根ざした持続可能な農業にいかなる影響を与えるかを追求し、持続可能農業と社会の公正さを育ててゆくために世界的規模で活動しています。さらに生物多様性にもとづいた持続可能生活様式の教育活動も実施しています。

向後《こうご》元彦が主催する「マングローブ植林行動計画」はベトナム、ミャンマー、エクアドルを中心に植林活動を展開し、一九九九年からすすめているミャンマーの植林は二〇〇二年までに三四五ヘクタールが実現しました。また、植林技術の研究開発の協力やマングローブ植林学校の主宰も行っています。

ムハマド・ユヌスの創設した「グラミン銀行」ではマイクロクレジットなどの銀行業務の他に、インフラの充実をめざした活動も行っていて、インターネットサービスプロバイダー、携帯電話会社、再生可能エネルギー供給会社、教育基金など多彩な企業やNPOがグラミン・ファミリーとして事業展開をしています。

最後になりましたが、翻訳にあたって、株式会社日本教文社の田中晴夫さん、株式会社バベルの鈴木由紀子さんに大変お世話になりました。この場をかりて感謝申し上げます。

二〇〇三年八月

柴田譲治

▼以下にデイヴィッド・T・スズキ博士の関連ホームページと、本書第9章に登場した、環境保護に取り組むさまざまな人物・団体のホームページと関連書籍を紹介しておきます。

【デイヴィッド・T・スズキ博士関係ホームページ】

＊デイヴィッド・スズキ・ファウンデーション
http://www.davidsuzuki.org/
（問い合わせ先eメール＝solutions@davidsuzuki.org）
THE DAVID SUZUKI FOUNDATION
Suite 219, 2211 West 4th Avenue,Vancouver, BC V6K 4S2, CANADA
電話＝(604) 732-4228　FAX＝(604) 732-0752

＊CBC（カナダ国営放送）の番組
「ザ・セイクリッド・バランス」（*The Sacred Balance*）
http://www.sacredbalance.com/web/portal/

http://www.cbc.ca/sacredbalance/
「ザ・ネイチャー・オブ・シングズ」(*The Nature of Things*)
http://www.cbc.ca/natureofthings/

【第9章に登場した人物・団体の関連書籍とホームページ】

●憂慮する科学者同盟(Union of Concerned Scientists)(三〇八ページ)
http://www.ucsusa.org/
＊共同声明「世界の科学者から人類への警告」(World Scientists' Warning to Humanity)
http://www.ucsusa.org/ucs/about/page.cfm?pageID=1009

●セヴァン・カリス＝スズキ(三二〇ページ)
＊著書『あなたが世界を変える日──12歳の少女が環境サミットで語った伝説のスピーチ』(ナマケモノ倶楽部編・訳、学陽書房、二〇〇三)
＊The Sloth Club
http://www.slothclub.org/
＊ナマケモノ倶楽部(The Sloth Clubの日本の関連団体)
http://www.sloth.gr.jp/J-index.htm
＊スカイフィッシュ・プロジェクト
http://www.skyfishproject.org/

●イアン・キアナンと「クリーンアップ・ザ・ワールド」(三二四ページ)
http://www.cleanup.com.au/

●環境建築家ウィリアム・マクドナー（三二六ページ）
http://www.mcdonough.com/
*ウィリアム・マクドナー＋パートナーズ
http://www.mcdonoughpartners.com/
●ワンガリ・マーサイと「グリーンベルト運動」（三三一ページ）
http://www.geocities.com/gbm0001/
●カール＝ヘンリク・ロベールと「ナチュラル・ステップ」（三三五ページ）
*著書『ナチュラル・ステップ――スウェーデンにおける人と企業の環境教育』（市河俊男訳、新評論、一九九六）
*国際NGOナチュラル・ステップ・インターナショナル（日本支部）
http://www.tnsj.org/tnsj/tnsjdata/f01.htm
●ヴァンダナ・シヴァと「科学・技術・自然資源政策研究財団」（三三九ページ）
*著書『緑の革命とその暴力』（浜谷喜美子訳、日本経済評論社、一九九七）
『ウォーター・ウォーズ――水の私有化、汚染そして利益をめぐって』（神尾賢二訳、緑風出版、二〇〇三）
『バイオパイラシー――グローバル化による生命と文化の略奪』（松本丈二訳、緑風出版、二〇〇二）
『生物多様性の危機――精神のモノカルチャー』（高橋由紀、戸田清訳、三一書房、一九九七）
『生きる歓び――イデオロギーとしての近代科学批判』（熊崎実訳、築地書館、一九九四）他
*科学・技術・自然資源政策研究財団
http://www.vshiva.net/index.html

●向後元彦とNGO「マングローブ植林行動計画」(三四三ページ)
＊著書『緑の冒険――沙漠にマングローブを育てる』(岩波書店、一九八八)
http://www3.big.or.jp/~actmang/
●ムハマド・ユヌスと「グラミン銀行」(三四七ページ)
＊著書『ムハマド・ユヌス自伝――貧困なき世界をめざす銀行家』(猪熊弘子訳、早川書房、一九九八)
＊グラミン銀行
http://www.grameen-info.org/

◎訳者紹介――**柴田譲治**(しばた・じょうじ)＝一九五七年神奈川県川崎市生まれ。早稲田大学大学院理工学研究科卒。サイエンスライター(「ニュートン」「オムニ」などの科学雑誌、週刊誌ほかに執筆)、数学の専門学校教員などを経て翻訳業。一九九二年にはリオデジャネイロの地球環境サミットおよびグローバルフォーラムに参加。科学論やテクノロジー批判、またスロー・ライフなどの問題に関心をもち、現在は石川県金沢市内の里山に移り住み、翻訳業のかたわら畑作りに勤しむ。訳書には他にビル・ランブレヒト『遺伝子組み換え作物が世界を支配する』(仮題・日本教文社近刊)など数冊がある。

原　註

■第1章　ホモ・サピエンス――地球に生まれて

(13ページ) Thomas Berry, *The Dream of the Earth* (San Francisco: Sierra Club Books, 1988).

(14ページ)「脳の大きさ」――Carl Sagan, *Broca's Brain* (New York: Random House, 1974). セーガン,C.『サイエンス・アドベンチャー』中村保夫訳, 新潮社, 1986年.

(14ページ)「脳は秩序を形成している」――François Jacob, *The Logic of Living Systems: A History of Heredity* (London: Allen Lane, 1970). ジャコブ, F.『生命の論理』島原武, 松井喜三訳, みすず書房, 1977年.

(15ページ) Claude Lévi-Strauss, "The Concept of Primitiveness," in *Man the Hunter*, ed. Richard B. Lee and Irven de Vore (Hawthorne, N.Y.: Aldine, 1968).

(16ページ) Gerardo Reichel-Dolmatoff, *Amazonian Cosmos: The Sexual and Religious Symholism of the Tukano Indians* (Chicago: University of Chicago Press, 1971).

(17ページ) Maria Montessori, *To Educate the Human Potential* (N.p.: Kalakshetra, 1948). モンテッソーリ, M.『人間の可能性を伸ばすために』田中正浩訳, エンデルレ書店, 1992年.

(19ページ) John Donne, "The First Anniversary," *The Poems of John Donne* (New York: Oxford University Press, 1957). ダン, J.「記念日の歌」〔邦訳引用は『ジョン・ダン全詩集』(湯浅信之訳, 名古屋大学出版会, 1996年) による〕

(20ページ) Bernard Lown and Evjueni Chazov, 以下の引用より. P. Crean and P. Kome, eds., *Peace, A Dream Unfolding* (Toronto: Lester & Orpen Dennys, 1986).

(21ページ) Charles R. Darwin, *The Origin of Species* (London: John Murray, 1859). ダーウィン, C.『種の起源』八杉龍一訳, 岩波書店, 1984年.

(21ページ) Stephen Jay Gould, *Wonderful Life: The Burgess Shale and the Nature of History* (New York: W.W. Norton, 1989). グールド, スティーヴン・J.『ワンダフル・ライフ――バージェス頁岩と生物進化の物語』渡辺政隆訳, 早川書房, 1993年.

(22ページ) Donald R. Griffen, *Animal Thinking* (Cambridge, Mass.: Harvard University Press, 1984).グリフィン, ドナルド・R.『動物は何を考えているか』渡辺政隆訳, どうぶつ社, 1989年.

(22ページ) Santiago Ramon y Cajal, *Recollections of My Life* (Cambridge, Mass.: Harvard University Press, 1969).

(24ページ) Roger Sperry, "Changed Concepts of Brain and Consciousness: Some Value Implications," *Zygon: Journal of Religion and Science* 20 (1985):1.

(24ページ) Ian Lowe（私信）
(25ページ) Edward O. Wilson, *The Diversity of Life* (New York: W.W.Norton, 1992). ウィルソン, エドワード・O.『生命の多様性』大貫昌子, 牧野俊一訳, 岩波書店, 1995年.
(26ページ) Edward O. Wilson, "Biophilia and the Conservation Ethic," in *The Biophilia Hypothesis*, ed. S. R. Kellert and E. O. Wilson (Washington, D.C.: Island Press, 1993).
(26ページ) Wilson, *The Diversity of Life*（ウィルソン, エドワード・O.『生命の多様性』）
(28ページ) Ronald W. Clark, *Einstein: The Life and Times* (New York: Avon Books, 1971).
(28ページ) Jonathan Marks, *Human Biodiversity: Genes, Race and History* (Hawthorne, N.Y.: Aldine de Gruyter, 1995).
(30ページ) Brian Swimme, *The Hidden Heart of the Cosmos*, 1996.（ビデオ）
(30ページ) Robert Browning, "Caliban upon Setebos," *The Norton Anthology of English Literature* (New York: W.W. Norton, 1987).
(31ページ) Simon Nelson Patten, 以下の引用より. H. Allen, "Bye-bye America's Pie," *Washington Post*, Feb. 11, 1992.
(31ページ) Paul Wachtel, *The Poverty of Affluence: A Psychological Portrait of the American Way of Life* (Gabriola Island, B.C. New Society, 1988). ワクテル, ポール・L.『「豊かさ」の貧困』土屋政雄訳, ＴＢＳブリタニカ, 1985年.
(32ページ)「解決策は消費」——Alan Thein Durning, *How Much Is Enough? The Consumer Society and the Future of the Earth* (New York: W.W. Norton, 1992). ダーニング, A.『どれだけ消費すれば満足なのか』山藤泰訳, ダイヤモンド社, 1996年.
(32ページ) Victor Lebow, 以下の引用より. Vance Packard, *The Waste Makers* (David McKay, 1960). パッカード, V.『浪費をつくり出す人々』南博, 石川弘義訳, ダイヤモンド社, 1961年.
(32ページ)「アメリカ経済の『究極の目的』」——R. Reich, *The Work of Nations: Preparing Ourselves for 21st-Century Capitalism* (New York: Alfred A. Knopf, 1991.)
(32ページ) Donald R. Keough, 以下の引用より. R. Cohen, "For Coke, World Is Its Oyster," *New York Times*, Nov. 21, 1991.
(33ページ) P.M. McCann, K. Fullgrabe and W.Godfrey-Smith, *Social Implications of Technological Change* (Canberra: Department of Science and Technology, 1984).
(33ページ) Allen D. Kanner and Mary E. Gomes, "The All-Consuming Self," *Adbusters*, Summer 1995.
(35ページ) Benjamin Franklin, 以下の引用より. H. Goldberg and R.T. Lewis, *Money Madness: The Psychology of Saving, Spending, Loving, Hating Money* (New York: William Morrow, 1978). ゴールドバーグ・H., ルイス, ロバート・T.『マネー・マッドネス』野末陳平訳, 三笠書房, 1979年.
(35ページ) "All-Consuming Passion: Waking Up from the American Dream." New Road Map Foundation (Seattle) 発行の小冊子より.

(38ページ) George Eliot, *Middlemarch* (London: Penguin Books, 1871). エリオット, G.『ミドルマーチ』工藤好美, 淀川郁子訳, 講談社, 1998年.
(39ページ) Albert Einstein, 以下の引用より. P. Crean and P. Kome, eds., *Peace, A Dream Unfolding.*
(39ページ) World Commission on Environment and Development, *Our Common Future* (New York: Oxford University Press, 1987). 環境と開発に関する世界委員会(編)『地球の未来を守るために――Our common future』 福武書店, 1987年.
(40ページ) Paul Ehrlich, *The Machinery of Nature* (New York: Simon & Schuster, 1986).
(41ページ) "Preserving and Cherishing the Earth: An Appeal for Joint Commitment in Science and Religion," 以下の引用より. Peter Knudtson and David T. Suzuki, *Wisdom of the Elders* (Toronto: Stoddart, 1992).
(42ページ) Lyall Watson, *Supernature* (Anchor Press, 1973). ワトスン, L.『スーパーネイチュア』 牧野賢治訳, 蒼樹書房, 1974年.

■第2章　風――緑の息吹

(44ページ) Harlow Shapley, *Beyond the Ohservatory* (New York: Scribners, 1967).
(44ページ) Gerard Manley Hopkins, *The Blessed Virgin Compared to the Air We Breathe* (Oxford: Oxford University Press, 1948).
(45ページ) Plato, *Phaedro*, 以下の引用より. D.T. Blumenstock, *The Ocean of Air* (New Brunswick, N.J.: Rutgers University Press, 1959). (プラトン『パイドン 』岩田靖夫訳, 岩波書店, 1998年.)
(47ページ) Father José de Acosta, *Natural and Moral History* (1590), 以下の引用より. Blumenstock, *The Ocean of Air.* (アコスタ『新大陸自然文化史　上』増田義郎訳・注, 岩波書店, 1966 年.〈大航海時代叢書Ⅲ〉)
(47〜48ページ) Jonathan Weiner, *The Next One Hundred Years* (New York: Bantam Books, 1990). ワイナー, J.『THE NEXT 100 YEARS　次の百年・地球はどうなる?』根本順吉訳, 飛鳥新社 , 1990年.
(49ページ)「からだには驚くほど多くの安全装置が組みこまれている」―― A. Despopoulus and S. Silbernagl, *Color Atlas of Physiology*, 4th ed. (New York: Theime Medical Publishers, 1991). 『生理学アトラス』福原武彦, 入来正躬訳, 文光堂, 1992年.
(56ページ) Shapley, *Beyond the Observatory.*
(58ページ)「原始大気の組成」――Composition of primordial atmosphere, James Lovelock, *Gaia: The Practical Science of Planetary Medicine* (London: Allen & Unwin, 1991). ラヴロック, ジェームス・E.『G A I A――生命惑星・地球』糸川英夫監訳, N T T出版, 1993年.
(64ページ)「大気圏最下層の圧力」――Blumenstock, *The Ocean of Air.*
(70ページ) E. Goldsmith, P. Bunyard, N. Hildyard and P. McCully, *Imperilled Planet* (Cambridge, Mass.: MIT Press, 1990).
(71ページ) V. Shatalov, 以下より. *The Home Planet*, ed. K.W. Kelley (Herts, U.K.:

Queen Anne Press, 1988). ケリー, ケヴィン・W.（企画編集）『地球／母なる星』竹内均監修, 田草川弘ほか訳, 小学館, 1988年.

■第3章　水――わたしたちの身体を海が流れる

(74〜75ページ)「地球上の水量」――M. Keating, *To the Last Drop: Canada and the World's Water Crisis* (Toronto: MacMillan Canada, 1986).

(76ページ) William Shakespeare, *The Tempest, The Works of Shakespeare* (New York: MacMillan, 1900). シェイクスピア, W.『テンペスト』松岡和子訳, 筑摩書房, 2000年.（シェイクスピア全集８）

(81ページ) Jack Vallentyne, *American Society of Landscape Architects* (Ontario Chapter) 4, no. 4 (Sept.-Oct. 1987).

(83ページ)「生命の作用による水素の固定」――James Lovelock, *Gaia: The Practical Science of Planetary Medicine* (London: Allen & Unwin, 1991). ラヴロック, ジェームス・E.『ＧＡＩＡ――生命惑星・地球』糸川英夫監訳, NTT出版, 1993年.

(84ページ) Vladimir Vernadsky, in M.I. Budyko, S.F. Lemeshko and V.G. Yanuta, *The Evolution of the Biosphere* (N.p.: D. Reidel Publishing, 1986).『生物圏の進化――地球上の生物と気候の歴史と未来』内嶋善兵衛訳, 農林水産省農林水産技術会議事務局研究開発課, 1987年.（バイオマス関連文献翻訳シリーズ　no.2）

(85ページ) Daniel Hillel, *Out of the Earth: Civilization and the Life of the Soil* (Herts, U.K.: Maxwell MacMillan, 1986).

(86ページ)「毎日失われる分の水の摂取量」――A. Despopoulus and S. Silbernagl, *Color Atlas of Physiology*, 4th ed. (New York: Theime Medical Publishers, 1991).『生理学アトラス』福原武彦, 入来正躬訳, 文光堂, 1992年.

(88〜89ページ) Peter Warshall, "The Morality of Molecular Water," *Whole Earth Review*, Spring 1995.

(93ページ) Samuel Taylor Coleridge, *The Rime of the Ancient Mariner, The Norton Anthology of English Literature* (New York: W.W. Norton, 1987).

(94ページ)「淡水は地球上で最も稀少な水」――W. E. Akin, *Global Patterns in Climate, Vegetation and Soils* (Norman: University of Oklahoma Press, 1991).

(96ページ) Leonardo da Vinci, 以下の引用より. Hillel, *Out of the Earth*.

(97ページ)「五大湖は地球の全淡水の20パーセントを占める」――K. Lanz, *The Greenpeace Book of Water* (Newton Abbot, U.K.: David And Charles, 1995).

(97ページ)「河川水の量と利用」――M. Keating, *To the Last Drop*.

(97ページ) Samuel Taylor Coleridge, *Kubla Khan, The Norton Anthology of English Literature* (New York: W.W. Norton, 1987). コールリッジ, サミュエル・T.「忽必烈汗（フビライ・ハン）」〔邦訳引用は『イギリス名詩選』（岩波書店, 平井正穂編, 1990年）による〕

(104〜105ページ) Vallentyne, *American Society of Landscape Architects.*

(105〜106ページ) Rachel Carson, *Silent Spring* (Boston: Houghton Mifflin, 1962). カーソン, R.『沈黙の春』青樹簗一訳, 新潮社, 2001年.

■第4章 「土」から生まれて

(108〜109ページ) Daniel Hillel, *Out of the Earth: Civilization and the Life of the Soil* (Herts, U.K.: Maxwell MacMillan, 1991).

(111ページ) Luther Standing Bear, *My People the Sioux*, ed. E.A. Brininstool (reprint, Lincoln: University of Nebraska Press, 1975).

(111ページ) Aldo Leopold, *Round River*(New York: Oxford University Press, 1993)pp. 145-146.

(112ページ) Gisday Wa and Delgam Uukw, *The Spirit of the Land* (Gabriola, B.C.: Reflections, 1987).

(112〜113ページ) S. Lomayaktewa, M. Lansa, N. Nayatewa, C. Kewanyama, J. Pongayesvia, T. Banyaca Sr., D. Monogyre and C. Shattuck, mimeographed statement of Hopi religious leaders, 1990, 以下の引用より. Peter Knudtson and David T. Suzuki, *Wisdom of the Elders* (Toronto: Stoddart, 1992).

(113ページ) Carl Sagan et al., "Preserving and Cherishing the Earth: An Appeal for Joint Commitment in Science and Religion," 以下の引用より. Knudtson and Suzuki, *Wisdom of the Elders.*

(114ページ) Leonardo da Vinci, 以下の引用より. Hillel, *Out of the Earth.*

(117ページ) Hillel, *Out of the Earth.*

(121ページ) Homer; 以下の引用より. R.S. Gottlieb, *This Sacred Earth: Religion, Nature, Environment* (London: Routledge, 1996).

(128〜129ページ〈図4・3〉)「土壌の層位」――Frank Press and Raymond Siever, *Earth* (San Francisco: W.H. Freeman & Company, 1982).

(131ページ)「ビタミンの必要性」――A. Despopoulus and S. Silbernagl, *Color Atlas of Physiology*, 4th ed. (New York: Theime Medical Publishers, 1991). 『生理学アトラス』福原武彦, 入来正躬訳, 文光堂, 1992年.

(138ページ) Vernon Gill Carter and Tom Dale, *Topsoil and Civilization* (Norman: University of Oklahoma Press, 1974) カーター, V.G., デール, T.『土と文明』山路健訳, 家の光協会, 1995年.

(138ページ) Senator Herbert Sparrow, *Soil at Risk: Canada's Eroding Future* (Ottawa: Government of Canada, 1984).

(138ページ)「アメリカでの表土の枯渇」――D. Helms and S.L. Flader, eds., *The History of Soil and Water Conservation* (Berkeley: University of California Press, 1985).

(138ページ)「オーストラリアでの表土の枯渇」――*Australia: State of the Environment* (Victoria: CSIRO, 1996).

(139ページ)「アボリジニーによる管理された焼畑技術の広範囲な駆使」――T. Flannery, *The Future Eaters* (Victoria, Australia: Reed Books, 1994).

(139ページ) 出所不明, 匿名の引用. 以下より. Carter and Dale, *Topsoil and Civilization.* カーター, V.G., デール, T.『土と文明』山路健訳, 家の光協会, 1995年.

(140ページ) Henry Kendall and David Pimentel, "Constraints on the Expansion of Global Food Supply," *Ambio* 23 (1994).
(141ページ) Bernard Campbell, *Human Ecology* (New York: Heinemann Educational, 1983).
(142ページ) David Pimentel, "Natural Resources and an Optimum Human Population," *Population and Environment* 15, no. 5 (1994).
(142ページ) W.C. Lowdermilk, "Conquest of the Land through 7,000 Years," Soil Conservation Service, Bulletin 99. (Washington, D.C.: U.S. Department of Agriculture, 1953).
(143ページ)「ワスワニピの人々」——Knudtson and Suzuki, *Wisdom of the Elders.*
(144ページ) 同上.
(145ページ) Aldo Leopold, *A Sand County Almanac* (New York: Oxford University Press, 1949). レオポルド, A.『野生のうたが聞こえる』新島義昭訳, 講談社, 1997年.

■第5章　聖なる「火」のエネルギー

(146ページ) ビンゲンのヒルデガルト, 以下の引用より. David MacLagan, *Creation Myths: Man's Introduction to the World* (London: Thames & Hudson, 1977). マクラガン, D.『天地創造　世界と人間の始源』松村一男訳, 平凡社, 1992年.（イメージの博物誌. 20）
(146ページ) Wallace Stevens, "Sunday Morning," *The Norton Anthology of Poetry* (New York: W.W. Norton, 1923).
(147ページ) Rig-Veda X.129, 以下の引用より. MacLagan, *Creation Myths.*（マクラガン, D.『天地創造　世界と人間の始源』松村一男訳, 平凡社, 1992年.）〔邦訳引用は『リグ・ヴェーダ讃歌』(辻直四郎訳, 岩波書店, 1970年) による〕
(149ページ)「人間のからだは空調システムを完備した住宅」——A. Despopoulus and S. Silbernagl, *Color Atlas of Physiology*, 4th ed. (New York: Theime Medical Publishers, 1991).『生理学アトラス』福原武彦, 入来正躬訳, 文光堂, 1992年.
(153〜154ページ)「プロメテウスの神話」——*Larousse Encyclopedia of Mythology* (London: Batchworth Press, 1959).
(156ページ) Stanley L. Miller, "A Production of Amino Acids under Possible Primitive Earth Conditions," Science 117 (1953): 528-529.
(156〜157ページ)「生物中のすべての巨大分子群を生成するのに必要な分子を生み出す実験」——C. Ponnamperuma, *The Origins of Life* (New York: Dutton, 1972).
(163ページ)「化石燃料は一回かぎりの贈り物」——E.J. Tarbuck and F.K. Lutgens, *The Earth: An Introduction to Physical Geology* (Columbus: Merrill Publishing, 1987).
(164ページ) David Pimentel, "Natural Resources and an Optimum Human Population," *Population and Environment* 15, no. 5 (1994).
(165ページ)「宇宙空間から夜の地球を眺めるマルコム・スミス」——以下の引用より. *Guardian*, April 25, 1989.

(165ページ) Maurice Strong, 以下の引用より. *Guardian*, April 25, 1989.
(167ページ)「持続可能経済の姿を描き出す」——David Pimentel, "Natural Resources."
(168ページ) 同上.
(169ページ)「ガソリン1リットルで150キロメートル走る超低燃費車」——A. Lovins and L.H. Lovins, "Reinventing the Wheels," *Atlantic Monthly* 271 (1995): 75-81.
(169ページ)「居住空間を設計, 建設する時間を稼ぐ」——M. Safdie with W. Kohn, *The City after the Automobile* (Westview Press, 1998).
(169ページ)「製造過程におけるエネルギーと物質の利用を減らす」——E. von Weizsacker, A. Lovins and L.H. Lovins, *Factor 4: Doubling Wealth-Halving Resources Use* (London: Allen & Unwin, 1997). ワイツゼッカー, E. von, ロビンス, エイモリー・B., ロビンス, ハンター・L.『ファクター4——豊かさを2倍に, 資源消費を半分に』佐々木建訳, 省エネルギーセンター, 1998年.

■第6章　生命の絆に守られて——第五の元素「生物多様性」

(170ページ) Charles R. Darwin, *The Origin of Species* (London: John Murray, 1859). ダーウィン, C.『種の起源』八杉龍一訳, 岩波書店, 1984年.
(170ページ) Lynn Margulis, *Five Kingdoms* (San Francisco: W.H. Freeman & Company, 1982). マルグリス, L., シュヴァルツ, カーリーン・V.『五つの王国』川島誠一郎, 根平邦人訳, 日経サイエンス社, 1987年.
(171ページ) Black Elk, 以下の引用より. T.C. McLuhan, *Touch the Earth* (New York: Promontory Press, 1971).
(172ページ) Bernard Campbell, *Human Ecology* (Heinemann Educational, 1983).
(173ページ)「これまでに絶滅した種の割合」——R. Leakey and R. Lewin, *The Sixth Extinction: Biodiversity and Its Survival* (London: Weidenfield & Nicolson, 1995).
(173〜174ページ) Bepkororoti（ブラジルのKayapo族の首長）, 以下の引用より. Oxfam report, "Amazonian Oxfam's Work in the Amazon Basin."
(174ページ) Sunderlal Bahuguna（Chipko運動の広報担当）, 以下の引用より. E. Goldsmith, P. Bunyard, N. Hildyard and P. McCully, *Imperilled Planet* (Cambridge, Mass.: MIT Press, 1990).
(178ページ)「微生物と大型生物のバイオマス総量の比較」——Stephen Jay Gould, *Full House: The Spread of Excellence from Plato to Darwin* (New York: Crown, 1996). グールド, スティーヴン・J.『フルハウス——生命の全容』渡辺政隆訳, 早川書房, 1998年.
(180ページ) Victor B. Scheffer, *Spire of Form: Glimpses of Evolution* (Seattle: University of Washington Press, 1983). シェファー, ヴィクター・B.『進化の博物学』渡辺政隆, 榊原充隆訳, 平河出版社, 1986年.
(182ページ) George Wald, "The Search for Common Ground," *Zygon: The Journal of Religion and Science* 11 (1996): 46.

(183ページ)「ブラック・エルクの言葉」—— J.G. Neihardt, *Black Elk Speaks* (New York: Washington Square Press, 1959).ナイハルト, ジョン・G.『ブラック・エルクは語る』宮下嶺夫訳, 阿部珠理監修, めるくまーる, 2001年.

(183ページ) Stephen Jay Gould, *The Mismeasure of Man* (New York: W.W. Norton, 1981). グールド, スティーヴン・J.『人間の測りまちがい』(増補改訂版) 鈴木善次, 森脇靖子訳, 河出書房新社, 1998年.

(185ページ) Edward O. Wilson, *The Diversity of Life* (Cambridge, Mass.: Harvard University Press, 1992). ウィルソン, エドワード・O.『生命の多様性』大貫昌子, 牧野俊一訳, 岩波書店, 1995年.

(186ページ)「トウモロコシのごま葉枯れ病による被害」——Gail Schumann, "Plant Diseases: Their Biology and Social Impact," American Phytopath Society, 1991.

(187ページ) George P. Buchert, "Genetic Diversity: An Indicator of Sustainability" (1995年10月17-18日, 以下での配布資料: Advancing Boreal Mixed Management in Ontario (Sault Ste. Marie, Onttario)

(188ページ)「熱帯雨林への外来種の導入」——Francis Hallé (私信)

(191ページ〈図6・3〉)「地球全体に広がった人類」——L. Cavalli-Sforza and F. Cavalli-Sforza, *The Great Human Diasporas: The History of Diversity and Evolution* (Menlo Park, Calif.: Addison-Wesley, 1995).

(192ページ) Vandana Shiva, *Monocultures of the Mind: Perspectives on Biodiversity and Biotechnology* (New York: Oxford University Press, 1993). ヴァンダナ・シヴァ『生物多様性の危機』高橋由紀, 戸田清訳, 三一書房, 1997年.

(194〜195ページ) Lynn Margulis, "Symbiosis and Evolution," *Scientific American* 225 (1971):48-57.

(196ページ) Edward O. Wilson, "Learning to Love the Creepy Crawlies," *The Nature of Things* (Toronto: CBC, 1996). (テレビ番組)

(197ページ) Howard T. Odum, *Environment, Power and Society* (New York: John Wiley & Sons, 1971).

(200ページ) Jonathan Weiner, *The Next One Hundred Years* (New York: Bantam Books, 1990). ワイナー, J.『THE NEXT 100 YEARS 次の百年・地球はどうなる?』根本順吉訳, 飛鳥新社, 1990年.

(201ページ)「ジェームズ・ラヴロックとガイアの概念」——同上.

(204ページ)「人間は肉体も精神も自然によって育まれている」—— Y. Baskin, *The Work of Nature: How the Diversity of Life Sustains Us* (Washington, D.C.: Island Press, 1997). バスキン, Y.『生物多様性の意味』藤倉良訳, ダイヤモンド社, 2001年.

(204ページ)「地球のもつ生産力の大部分を人間が消費」——P.M. Vitousek, P.R. Ehrlich, A. H. Ehrlich and P. A. Matson, "Human Appropriation of the Products of Photosynthesis," *BioScience* 36 (1986): 368-373.

(205〜206ページ) Alan Thein Durning, "Saving the Forests: What Will It Take?" Worldwatch Paper 117, Dec. 1993.

(207ページ) John Fowles, 以下の引用より. T.C. McLuhan, *Touch the Earth* (New

York: Promontory Press, 1971).
(208ページ) Edward O. Wilson, "Biophilia and the Conservation Ethic," in *The Biophilia Hypothesis*, ed. S.R. Kellert and E.O. Wilson (Washington, D.C.: Island Press, 1993).
(209ページ) E. Goldsmith, P. Bunyard, N. Hildyard and P. McCully, *Imperilled Planet* (Cambridge, Mass.: MIT Press, 1990).
(209～210ページ) Wilson, "Biophilia and the Conservation Ethic."
(210ページ) John A. Livingston, *One Cosmic Instant* (Toronto: McClelland & Stewart, 1973). リヴィングストン, ジョン・A.『破壊の伝統』日高敏隆, 羽田節子訳, 講談社, 1992年.
(211ページ) Richard Preston, *The Hot Zone* (New York: Pantheon Books, 1994). プレストン, R.『ホット・ゾーン』高見浩訳, 小学館, 1999年.
(213ページ) Jonathan Schell, *The Abolition* (New York: Alfred A. Knopf, 1984).
(216ページ) Rachel Carson, *The Sense of Wonder* (New York: Harper & Row, 1965). カーソン, R.『センス・オブ・ワンダー』上遠恵子訳, 新潮社, 1996年.
(217ページ)「タスマニア・ペダー湖のダム」——"Pedder 2000: A Symbol of Hope at the New Millennium," Global 500 Forum Newsletter no. 13, Feb. 1995.
(217～218ページ) Pope John Paul II , "The Ecological Crisis: A Common Responsibility." Message for celebration of World Day of Peace, 1990.
(218ページ) Wilson, "Biophilia and the Conservation Ethic."
(219～223ページ) St. Francis of Assisi, "The Canticle of Brother Sun," in E. Doyle, *St. Francis and the Song of Brotherhood* (New York: Seabury Press, 1980).「太陽の歌」〔邦訳転載はCaietanus Esser, O.F.M.編著『アシジの聖フランシスコの小品集』(改訳版)(庄司篤訳, 聖母の騎士社, 1988年)より〕

■ 第7章 「愛」という自然の法則

(224ページ) Abraham H. Maslow, *Motivation and Personality* (New York: Harper & Row, 1970).マズロー, A.H.『人間性の心理学』(改訂新版) 小口忠彦訳, 産業能率大学出版部, 1987年.
(225ページ) 同上.
(226ページ) Ashley Montagu, *The Direction of Human Development* (New York: Harper & Brothers, 1955).
(227ページ) Ashley Montagu, *Growing Young* (New York: McGraw-Hill, 1981). モンターギュ, A.『ネオテニー——新しい人間進化論』尾本恵市, 越智典子訳, どうぶつ社, 1986年.
(229ページ) Desiderius Erasmus (1465-1536), 以下の引用より. P. Crean and P. Kome, eds., *Peace, A Dream Unfolding* (Toronto: Lester & Orpen Dennys, 1986).〔邦訳引用はデシデリウス・エラスムス『平和の訴え』(箕輪三郎訳, 岩波書店, 1989年) による〕
(230ページ)「サルの赤ん坊を使った実験」——H.F. Harlow and M.K. Harlow, "Social Deprivation in Monkeys," Scientific American 207 (1962): 136-146.

(230〜231ページ) Montagu, *Direction of Human Development.*
(231ページ) Montagu, *Growing Young.*（モンターギュ，A.『ネオテニー——新しい人間進化論』）
(232ページ) Alfred Adler, *Social Interest: A Challenge to Mankind* (New York: Putnam, 1938).
(233ページ) Montagu, *Growing Young.*（モンターギュ，A.『ネオテニー——新しい人間進化論』）
(233〜234ページ)「幸福と他の因子との相関性」——D. G. Myers and E. Diener, "The Pursuit of Happiness," *Scientific American*, May 1996.
(234ページ) John Donne, *Devotions upon Emergent Occasions*, Meditation XVII, in *Complete Poetry and Selected Prose* (New York: Random House, 1929).
(235ページ) Montagu, *Growing Young.*（モンターギュ，A.『ネオテニー——新しい人間進化論』）
(236〜237ページ) 同上.
(238ページ) Andre Gide, *The Journals of Andre Gide,* vol I (New York: Alfred A. Knopf, 1947). ジイド，A.『ジイドの日記　I　1889〜1911』新庄嘉章訳，新潮社，1954年.
(238〜239ページ) Maslow, *Motivation and Personality*.（マズロー，A.H.『人間性の心理学』）
(239ページ)「ルーマニアの幼児」——D. E. Johnson, L. C. Miller, S. Iverson, W. Thomas, B. Franchino, K. Dole, M.T. Kiernan, M.K. Georgieff and M. K. Hostetter, "The Health of Children Adopted from Romania," *Journal of the American Medical Association* 268 (1992): 3446-3451.
(240ページ)「子供用収容施設『リャガーネ』の実態」——Children's Health Care Collaborative Study Group, "Romanian Health and Social Care System for Children and Families: Future Directions in Health Care Reform," *British Medical Journal* 304 (1992): 556-559.
(240〜241ページ)「大人が子供の面倒をみる必要性」——S. Blakeslee, "Making Baby Smart: Words Are Way," *International Herald Tribune*, April 18, 1997.
(241ページ)「ルーマニアにおける幼児死亡事例の調査」——D.R. Rosenberg, K. Pajer and M. Rancurello, "Neuropsychiatric Assessment of Orphans in One Romanian Orphanage for 'Unsalvageables,'" *Journal of the American Medical Association* 268 (1992): 3489-3490.
(242ページ)「アメリカ人の養子となったルーマニアの子供たち」——Johnson et al., "Health of Children Adopted from Romania."
(242ページ)「状況の改善に対する子供たちの反応」——同上.
(243ページ) Sarah Jay, "When Children Adopted Overseas Come with too Many Problems," *New York Times*, June 23, 1996.
(243ページ)「ヴィクトール・グローザ博士の調査」——同上.
(244ページ)「就学年齢に達している児童のなかで母親と生き別れになった割合」——I. Zivcic, "Emotional Reactions of Children to War Stress in Croatia," *Journal*

of The American Academy of Child Adolescent Psychiatry 32 (1993): 709-713.
(244ページ)「家族をなくした子供の症状」——L.C. Terr, "Childhood Traumas: An Outline and Overview," *American Journal of Psychiatry* 148 (1991):10-20.
(244ページ)「信頼できる親しい大人がいることは、子供にとって非常に大きな支えとなる」——Zivcic, "Emotional Reactions of Children to War Stress in Croatia,"
(244〜245ページ) Montagu, *Direction of Human Development.*
(247〜248ページ) John Robinson and Caroline van Bers, *Living Within Our Means* (Vancouver: David Suzuki Foundation, 1996).
(249ページ) Anthony Stevens, "A Basic Need," *Resurgence Magazine*, Jan./Feb. 1996.
(250ページ) Prince Modupe, *I Was a Savage* (N.p.: Museum Press, 1958).
(252ページ)「社会的目的より経済的目的を優先した結果」——J.P. Grayson, "The Closure of a Factory and Its Impact on Health," *International Journal of Health Sciences* 15 (1985): 69-93.
(252ページ)「社会的目的より経済的目的を優先した結果」——R. Catalano, "The Health Effects of Economic Insecurity," *American Journal of Public Health* 81 (1991):1148-1152.
(252ページ)「社会的目的より経済的目的を優先した結果」——S. Platt, "Unemployment and Suicidal Behaviour: A Review of the Literature," *Society Science Medicine* 19 (1984): 93-115.
(252ページ)「社会的目的より経済的目的を優先した結果」——L. Taitz, J. King, J. Nicholson and M. Kessel, "Unemployment and Child Abuse," *British Medical Journal Clinical Research Edition*, 294 (1987): 1074-1076.
(252ページ)「社会的目的より経済的目的を優先した結果」——M. Brenner, "Economic Change, Alcohol Consumption and Heart Disease Mortality in Nine Industrialized Countries, " *Social Science Medicine* 25 (1987): 119-132.
(253ページ)「生きがいある雇用の必要性」——R.L. Jin, C.P. Shah and T.J. Svoboda, "The Impact of Unemployment on Health: A Review of the Evidence." *Canadian Medical Association Journal* 153 (1995): 529-540.
(253ページ)「生きがいある雇用の必要性」——J.L. Brown and E. Pollitt, "Malnutrition, Poverty and Intellectual Development," *Scientific American*, Feb. 1996, pp. 38-43.
(253ページ) Mahatma Gandhi, 以下の引用より. P. Crean and P. Kome, eds., *Peace, A Dream Unfolding* (Toronto: Lester & Orpen Dennys, 1986).
(255ページ) Ivaluardjuk, 引用は以下による. K. Rasmussen, "Intellectual Culture of the Caribou Eskimoes," *Report of the Fifth Thule Expedition, 1921-1924*, vol. 7, 1930.
(256ページ)「『バイオフィリア』の定義」—— Edward O. Wilson, *Biophilia: The Human Bond with Other Species* (Cambridge, Mass.: Harvard University Press, 1984). ウィルソン, エドワード・O.『バイオフィリア——人間と生物の絆』狩野秀之訳, 平凡社, 1994年.
(256ページ) Henry David Thoreau, *Walden* (Princeton: Princeton University Press,

1971). ソロー, ヘンリー・D.『森の生活 ——ウォールデン』飯田実訳, 岩波書店, 1995年.

(257ページ) Wilson, *Biophilia.* (ウィルソン, エドワード・O.『バイオフィリア——人間と生物の絆』)

(258〜259ページ)「バイオフィリア仮説を裏づける研究」——*The Biophilia Hypothesis*, ed. S.R. Kellert and E.O. Wilson (Washington, D.C.: Island Press, 1993).

(260ページ) Anita Barrows, "The Ecological Self in Childhood," *Ecopsychology Newsletter*, Issue no. 4, Fall 1995.

(260ページ)「小児喘息の増加」——"The Scary Spread of Asthma and How to Protect Your Kids," *Newsweek*, May 26, 1997.

(261ページ)「自己が自然界にまで拡張して感じられれば」——T. Roszak, "Where Psyche Meets Gaia," in *Ecopsychology: Restoring the Earth, Healing the Mind*, ed. T. Roszak, M.E. Gomes and A.D. Kanner (San Francisco: Sierra Club Books, 1995).

(261ページ) Gary Nabhan, "A Child's Need for Wilderness," *Ecopsychology Newsletter*, Issue no. 4, Fall 1995.

(262〜263ページ) Paul Shepard, *Nature and Madness* (San Francisco: Sierra Club Books, 1982).

(263〜264ページ) Vine Deloria, *We Talk, You Listen* (New York: Delta Books, 1970).

(264ページ) Chellis Glendenning, "Technology, Trauma and the Wild," in *Ecopsychology: Restoring the Earth, Healing the Mind*, ed. T. Roszak, M.E. Gomes and A.D. Kanner (San Francisco: Sierra Club Books, 1995).

■ 第8章　聖なる物質——自然にやどる精神性／霊性

(266ページ) W.B. Yeats, "Sailing to Byzantium," *The Norton Anthology of English Literature* (New York: W.W. Norton, 1927). イエーツ,W.B.「ビザンチウムへの船出」〔邦訳引用は『イエーツ詩集』(加島祥造訳編, 思潮社, 1997年) より高松雄一訳による〕

(267ページ)「ホピの神話」——B.C. Sproul, *Primal Myths: Creating the World* (New York: Harper & Row, 1979).

(268ページ)「アフリカの神話」——同上.

(269〜270ページ) T.S. Eliot, *The Waste Land*, "I, The Burial of the Dead," *The Norton Anthology of English Literature* (New York: W.W. Norton, 1922) . エリオット, T.S.『荒地』西脇順三郎訳, 創元社, 1952年.

(270〜271ページ)「アステカの哀歌」——Margot Astrov, ed., *American Indian Prose and Poetry* (New York: Capricorn, 1962).

(274ページ) M. K. Dudley, 以下による. *This Sacred Earth: Religion, Nature, Environment*, ed. R.S. Gottlieb (London: Routledge, 1996).

(275ページ)「オーストラリア先住民の信仰」——D. Kingsley, *Ecology and Religion: Ecological Spirituality in Cross-Cultural Perspective* (New York: Prentice-Hall, 1995).

(276ページ) Lao Tzu, *The Complete Works of Lao Tzu: Tao Te Ching and Hua Hu Ching*, trans. Hua-Ching Ni (Santa Monica, Calif.: SevenStar Communications, 1979). 〔邦訳引用は『老子』(金谷治, 講談社, 1997年) による〕

(276ページ) Annie Dillard, *Teaching a Stone to Talk* (New York: HarperCollins, 1982). ディラード, A.『石に話すことを教える』内田美恵訳, めるくまーる, 1993年.

(278〜279ページ) Daniel Swartz, "Jews, Jewish Texts and Nature," in *This Sacred Earth: Religion, Nature, Environment*, ed. R. S. Gottlieb (London: Routledge, 1996).

(280ページ) Richard Wilbur, "Epistemology," in *The Norton Anthology of Modern Poetry*, ed. R. Ellmann and R. O'Clair (New York: W.W. Norton, 1973).

(281ページ) Neil Evernden, *The Natural Alien: Humankind and Environment* (Toronto: University of Toronto Press, 1993).

(282ページ) Jacques Monod, *Chance and Necessity* (New York: Vintage Books, 1972). モノー, J.『偶然と必然』渡辺格, 村上光彦訳, みすず書房, 1972年.

(284ページ) Lame Deer, 以下の引用より. D.M. Levin, *The Body's Recollection of Being: Phenomenal Psychology and Deconstruction of Nihilism* (London: Routledge & Kegan Paul, 1985).

(284ページ) Erich Neumann, *Origins and History of Consciousness* (Princeton: Princeton University Press, 1954). ノイマン, E.『意識の起源史』林道義訳, 紀伊國屋書店, 1984年.

(286ページ) Henri Bergson, 以下の引用より. Levin, *The Body's Recollection of Being*.

(286ページ) Joseph Meeker, *Minding the Earth* (Alameda, Calif.: Latham Foundation, 1988).

(286〜287ページ) William Blake, "Auguries of Innocence," *Complete Writings* (New York: Oxford University Press, 1972). ブレイク, W.「無心のまえぶれ」〔邦訳引用は『ブレイク詩集』(寿岳文章訳, 彌生書房, 1968年) による〕

(288ページ) Thomas Hardy, "Transformation" (New York: Penguin Books, 1960). ハーディ, T.「変身」〔邦訳引用は『トマス・ハーディ全詩集 II』(森松健介訳, 中央大学出版部, 1995年) による〕

(290ページ) Evernden, *The Natural Alien*.

(291ページ) W.B. Yeats, "Among School Children," *The Norton Anthology of English Literature* (New York: W.W. Norton, 1927). イエーツ, W.B.「学童たちのあいだで」〔邦訳引用は『イエーツ詩集』(加島祥造訳編, 思潮社, 1997年) より出淵博訳による〕

(293ページ)「死すべき者である人間たちは、大地の導きに従って飛び跳ね踊る」——Levin, *The Body's Recollection of Being*.

(294ページ)「大規模伐採とは一時的に草地にすることにすぎません」—— P. Moore, *Pacific Spirit* (N.p.: Terra Bella, 1996).

(294〜295ページ) Seamus Heaney, "The First Words," *The Spirit Level* (London: Faber & Faber, 1996).

(295〜296ページ) William Wordsworth, "Lines Composed a Few Miles above

Tintern Abbey on Revisiting the Wye during a Tour," *The Norton Anthology of English Literature* (New York, W.W. Norton, 1987). ワーズワース, W.「ティンターン修道院上流数マイルの地で」〔邦訳引用は『対訳ワーズワス詩集』(山内久明編, 岩波書店, 1998年) による〕

(296ページ)「芸術家たちの言葉」—— B. and T. Roszak, "Deep Form in Art and Nature," *Resurgence* (1996), 176.

(301～302ページ) Pablo Neruda, 以下の引用より. *This Sacred Earth*, ed. R.S. Gottlieb.

■第9章　聖なるバランスの回復へ

(303ページ) Thomas Berry, *The Dream of the Earth* (San Francisco: Sierra Club Books, 1988).

(308ページ) Paul Ehrlich and Anne Ehrlich, *Betrayal of Science and Reason: How Anti-Environmental Rhetoric Threatens Our Future* (Washington, D.C.: Island Press, 1997).

(317～318ページ) Goethe, 以下の引用より. P. Crean and P. Kome, eds., *Peace, A Dream Unfolding* (Toronto: Lester & Orpen Dennys, 1986).

(318ページ) Al Gore, *Earth in the Balance* (Boston: Houghton Mifflin, 1992). ゴア, A.『地球の掟』小杉隆訳, ダイヤモンド社, 1992年.

(319ページ)「環境問題に取り組む政府機関の数」——M.K. Tolba, "Redefining UNEP," *Our Planet* 8, no. 5 (1997): 9-11.

(320～323ページ) Severn Cullis-Suzuki, *Tell the World* (Toronto: Doubleday, 1993). スズキ, セヴァン=C.『あなたが世界を変える日——12歳の少女が環境サミットで語った伝説のスピーチ』ナマケモノ倶楽部編・訳, 学陽書房, 2003年.

(324ページ) イアン・キアナンの話題は1997年4月22日, シドニーでのデイヴィッド・T・スズキとのインタビューによる.

(326ページ) ウィリアム・マクドナーの話題は以下による. K. Ausubel, *Restoring the Earth: Visionary Solutions from the Bioneers* (Tiburon, Calif.: H.J. Kramer, 1997).

(331ページ) Wangari Maathai, 以下の引用による. P. Sears, *In Context*, Spring, 1991.

(332ページ) Maathai, 以下の引用による. Aubrey Wallace, *Eco-Heroes: Twelve Tales of Environmental Victory* (San Francisco: Mercury House, 1993).

(334～335ページ)「Emagazine.com」(http://www.emagazine.com/) 掲載の記事より.

(335ページ) Karl-Henry Robert, "Educating the Nation: The Natural Step," *In Context*, Spring 1991.

(338ページ) Sim van der Ryn and Stuart Cowan, *Ecological Design* (Washington, D.C.: Island Press, 1996). ヴァンダーリン, S., コーワン, S.『シム・ヴァンダーリンとスチュアート・コーワンのエコロジカル・デザイン』林昭男, 渡和由訳, ビオシティ, 1997年.

(339ページ) ヴァンダナ・シヴァの話題は以下による. K. Ausubel, *Restoring the Earth: Visionary Solutions from the Bioneers* (Tiburon, Calif.: H.J. Kramer, 1997).

(342～343ページ) Vandana Shiva, 引用は以下による. *E / The Environment Magazine,* Jan./Feb.,n.d.
(343ページ) 向後元彦の話題はデイヴィッド・T・スズキの自著 “*The Japan We Never Knew*” 執筆向けの取材による.
(347ページ) ムハマド・ユヌスの話題は以下による. D. Borstein, “The Barefoot Bank with Cheek,” *Atlantic Monthly*, December 1995.
(350ページ) Thomas Berry, *The Dream of the Earth* (San Francisco: Sierra Club Books, 1988).

生《せい》命《めい》の聖《せい》なるバランス

――地球《ちきゅう》と人間《にんげん》の新《あたら》しい絆《きずな》のために

初版発行――平成一五年九月二五日
再版発行――平成一五年一〇月二〇日

著者――デイヴィッド・T・スズキ
訳者――柴田譲治（しばた・じょうじ）

発行者――岸　重人
発行所――株式会社日本教文社
東京都港区赤坂九―六―四四　〒一〇七―八六七四
電話　〇三（三四〇一）九一一一（代表）
〇三（三四〇一）九一一四（編集）
FAX　〇三（三四〇一）九一一八（編集）
〇三（三四〇一）九一三九（営業）
振替＝〇〇一四〇―四―五五五一九
印刷・製本――凸版印刷
装幀――山田英春
●日本教文社のホームページ　http://www.kyobunsha.co.jp/

THE SACRED BALANCE
by David T. Suzuki with Amanda McConnell

ISBN4-531-08136-6　Printed in Japan